教育部人文社会科学重要研究基地云南大学
西南边疆少数民族研究中心文库·经济民族学研究丛书
云南大学民族学一流学科建设经费资助

资源配置视野下的聚落社会

以湖南通道阳烂为案例

ZIYUAN PEIZHI SHIYEXIA DE JULUO SHEHUI
YI HUNAN TONGDAO YANGLAN WEI ANLI

罗康隆◎著

人民出版社

序

如果我们把“民族(MinZu)”视为可能具备某种血缘或地缘关系、集体记忆与生活方式，以及文化认同等必要共享资源的人类共同体，那么这一概念便能够容纳“族群”概念，从而拥有充分的时空弹性与表达形式的多样性。在把“经济”视为通过资源价值的创造、转化、流通和实现，来满足人类各群体生活需求的系列活动的基点上，不同的民族在一定程度上“呈现了不同的经济类型、不同的行为方式、不同的利益诉求和不同的目标差异”①。这是因为，囊括了礼物交换、再分配与市场交换等丰富内容的人类经济活动，总是不同程度地与不同民族的具体个体行为、家庭生活、亲属制度、宗教习俗、群体价值观及社会制度等紧密嵌合。即便是在当前的全球化时代，通过民族生计方式转型、民族文化产业化、少数民族扶贫、跨境贸易和流动、移民与难民生存适应等方面，经济活动依然深刻体现出鲜明的民族性即族性(ethnicity)特征②。民族因此是观察、阐释人类经济活动的一个至关重要的视角。反之，各民族的构建与发展也离不开经济要素的参与。当然，不同的历史发展阶段与人类社会性质的

① 陈庆德、潘春梅、郑宇：《经济人类学》，人民出版社2012年版，第12页。

② “族性”一般指血统与文化的社会构建、血统与文化的社会动员以及围绕它们建立起来的分类系统的逻辑内涵与含义，是民族或族群等人类群体所共同具备和共享的要素。参见[英]斯蒂芬·芬顿《族性》，劳焕强等译，中央民族大学出版社2009年版，第3—4页。

不同,经济要素影响民族形成与发展的具体方式与机制也是不断变化的。

聚焦民族与经济的互动关系,无论是对于民族还是经济而言,都将为我们开启全新的视角。然而遗憾的是,尽管相关研究已经从不同角度切入这一命题,但从民族学学科本位出发,采用整体性视角并专注于二者关系的探讨至今匮乏。经济民族学因此将立足民族学本体,着眼于探析经济的民族性表征与民族的经济构建,以创建一门具有领域开拓性和理论超越性的学科体系。

一、经济民族学构建的学科背景

经济民族学与民族经济学、经济人类学显然存在不可割舍的密切联系。杨堃于 1985 年提出了“经济民族学”的概念:“我所说的经济民族学,也叫作经济人类学……它是介乎政治经济学与民族学之间的一门边缘学科。它是以民族学调查方法研究各落后民族的经济生活,并以此为对象的一门科学。”他还认为“我国少数民族经济学,它的科学性质是属于经济民族学的”①。先生的设想极具前瞻性,他的理想是以马克思主义理论为指导,整合政治经济学、经济人类学与中国少数民族经济学,以形成一门全新的学科。但这一宏大构想未能如愿实现,其中的重要原因之一应该是与学科定位尚较为模糊有关。经济民族学学科的再次提出,绝不只是对前辈学者学科构想的修正和实现,还旨在推动学科真正回归民族学母体,并以此构建自身的学科体系。

具体从相关学科的发展来看,由于在经济学与民族学之间定位不清,民族经济学或中国少数民族经济学学科在历经三十多年的发展后,至今仍面临着障碍和困境。在学科初建时,民族经济学属于经济学的一个分支。直至目前,国内大部分相关研究机构仍将二者归属于经济学。但也有相当一部分学者认为,中国少数民族经济应当归属于民族学,定位于中国经济民族学②。而导致

① 杨堃:《论拉法格对民族学与经济民族学的贡献》,《思想战线》1985 年第 1 期。

② 包玉山:《中国少数民族经济的学科归属问题》,《中央民族大学学报》2001 年第 4 期。

长期争论的根源正是学科母体的显著差异。以区域经济学为主导范式,"民族经济学创建和发展的时代背景决定了20世纪八九十年代的研究从区域和民族的特殊性出发,更多地关注发展问题,在研究特殊性时也关照了'非经济因素'等对民族经济发展的影响,但对经济过程的文化因素及其影响研究不够,2000年以后这方面的研究得到加强"。① 尽管有意识地强化了对经济问题的文化分析,但由于大部分研究并没有开展民族学人类学视为立身之本的参与式田野调查,因此,导致与民族学人类学学科长期难以对话的尴尬局面。

文化分析的匮乏与研究对象的失焦具有直接的因果关系。尽管声称关注民族发展,但主流经济学的研究范式尤其是区域经济学的主导地位,决定了既有相关研究常常以区域来替代民族对象。由于"国家疆界与民族界限的重叠交叉,又往往使许多民族分属于不同的国家,或在一个国家实体中包容了众多的民族……(造成了)处于同一地域的不同民族共同体与当地区域经济的发展,产生了严重的不同步现象"。② 区域经济与民族经济的非一致性发展,甚至会遮蔽基层少数民族的真实经济样态。研究对象的失焦还可能表现为另一种倾向,即部分研究"把该学科的理论体系进行了极端的膨胀,从中国到世界,似乎无所不包。……若按这种体系,把'民族'进行了彻底的抽象,其学术研究的指针就成问题了"。③ 缺乏对少数民族经济长期的深度体验、感知和把握,甚至完全没有民族志田野调查资料的支撑,决定了既有研究大多只能囿于区域经济学、政治经济学等范围内展开讨论,从而在相当程度上消解了创建富有创新性的理论分析模型,进而开辟一块分支学科独有领地的可能性。循此路径继续前行,曾经理想的经济学与民族学的联姻可能终究难以实现。

可资借鉴的是,西方经济人类学早在20世纪六七十年代就已经历过与之类似的、长达十余年的学科性质与研究方法的争论,并已在相当程度上回答了

① 黄健英、于亚男:《改革开放40年民族经济学的发展》,《民族研究》2008年第6期。

② 陈庆德、潘春梅、郑宇:《经济人类学》,人民出版社2017年版,第376页。

③ 李忠斌:《关于民族经济学学科体系建构的宏观思考》,《思想战线》2004年第4期。

经济学与人类学如何结合的问题。虽然作为与实体论派相对立、力主采用主流经济学方法的形式论派，与前者存在直接的理论预设、分析视角、核心观点等诸多方面的尖锐对立，但它们具备相对一致的前提立场，即将研究建立在坚实的民族志资料的基础之上，即便资料可能是二手的甚至是三手的。于是，形式论派构建了渔猎采集生计运作模型，家庭劳动力配置分析模型，农村市场地理结构模型，迁徙部落流动工资测算及商业企业决策模型以及生态资源、牲畜存量与文化变迁关系模型，提出了影响深远、基于边际效益递减的农业"过密化"学说等。它们不仅推动了人类学的显著发展，同时也在修正、补充、挑战主流经济学的过程中，构成了主流经济学本身不可或缺的重要组成部分。

这场争论向我们明示，无论是采用民族学人类学擅长的整体性视角的文化阐释，还是采用经济学构建模型的形式分析，甚至来自更多不同学科的对同一研究对象的切入，都能够殊途同归地直击民族经济问题的实质。但必要的共识起点在于，在扎实、深切把握民族经济生活真实状况的基础上，聚焦、追问具有学术深度和理论创新的真问题。

当然，立足于人类学的西方经济人类学也不可能自然而然地演化出经济民族学这一学科。从发展历程来看，虽然人类学传统上注重对边缘群体的调查研究，但其中的少数民族从来都只是边缘群体中具有代表性的一个类别而已。简言之，经济人类学从来就不是专注于民族经济的学科。尤其是发展到当代，在历史学、人类学、经济学、社会学乃至精神分析学等多学科理论方法的共同滋养中，经济人类学研究"已经拓展到生产方式、交换体系、消费文化、经济社会制度、生态、贫困、发展、社会性别、食物、传统文化的保护与发展、旅游、文化产业及学科基础理论等领域"①。而在理论方法方面，特别是随着近年来主流经济学方法的大量运用，"这种变化趋势使得经济学和经济人类学之间的界限逐渐模糊"②。在一段时期中，部分学者甚至认为经济人类学其实已经

① 陈庆德、潘春梅、郑宇:《经济人类学》，人民出版社 2012 年版，第 135 页。

② 施琳:《论经济人类学的重要研究主题》，《黑龙江民族丛刊》2018 年第 2 期。

与经济学别无二致。可见,学科的显著泛化不仅体现在研究对象方面对民族对象的失焦,同时也体现在理论方法方面与民族学学科的疏离。西方经济人类学因此无论在学科起源与当前发展方面,还是在研究对象与理论方法等方面,都已经展现出与本文讨论的经济民族学的迥异旨趣。

更值得重视的是,西方经济人类学中一些关键理论预设是需要谨慎反思的。例如,该学科传统上高度重视礼物互惠交换,其中隐藏的理论预设是,前现代社会中各族群的经济活动封闭性极高,即便如“库拉”那样大规模的交换活动也是如此。该学科的主要目标是,发现区别于现代市场经济的另一种交换体系的存在。但这种潜藏着西方中心论的理论预设并不符合中国民族经济的状况。因为中国各民族的经济活动除了礼物互惠之外,同时还借助于皇权制度中的国家与市场的双重性运作,很早就已经将各民族群体裹挟其中,从而塑造了中华民族经济层面的“多元一体”事实①。可见,成长于乡村、市场与国家三重维度交织之中,具备多层面立体结构的中国民族经济,离开任何一方都难以有效阐释其实质。类似的基于历史事实与坚实调查的理论批判,正是构筑经济民族学学科体系的重要理论基石。

经济民族学因而是在民族经济学、中国少数民族经济学学科归属定位模糊,西方经济人类学研究对象逐步疏离民族本体以及部分理论预设与研究方法需要反思重构的背景下,倡导从经济学、人类学等学科回归于民族学母体,从而系统性、整体性地探索民族与经济相互作用的一门新学科。

二、学科的发展脉络与理论基础

从历史学、经济学、社会学、民族学与人类学等学科出发,学者们已经从不同视角各有侧重地探讨了经济要素与民族构建的关系。既有研究是经济民族

① 郑宇:《经济人类学的中国化与中国化的经济人类学》,《广西民族大学学报》2019 年第1 期。

学理论探索的重要基础和起点。

第一，具有经济决定论导向的路径，即经济要素是民族构建的基础性乃至决定性要素。马克思提出的生产力和生产关系、经济基础和上层建筑等范畴，揭示了经济要素对于构建、改造人类社会关系的基础性作用，这一研究主要基于以摩尔根等为代表的社会单向进化论。恩格斯在《家庭、私有制和国家的起源》中指出，氏族的生存主要依赖于原始共产经济。生产资料的增多、劳动部门职能的分化、交换行为的频繁出现、劳动生产率的提高等经济要素的变化，导致了公共财产的私有化。个体私有家庭成为社会的基本经济单位[①]，逐步催生了阶层分化乃至保护私有财产的力量——国家的形成[②]，从中可见经济要素对于推动早期民族社会向民族国家转变的基础性作用。

具有强烈政治意识形态色彩的四个客观要素说[③]，进一步强调了民族形成和发展的经济动因，并形成延续至今的深远影响。无论是以主流经济学为代表的诸多学科，还是作为一种不证自明的“常识”，通常都理所当然地把经济发展视为推动民族社会形成、分化、演进的核心动力。当然，这类认知路径也就被赋予了浓烈的经济决定论色彩。

第二，以“嵌入”论为代表的具有社会主导论倾向的路径。波兰尼立足前现代社会，指出人类的经济行为是嵌入其社会关系之中的[④]。基于不同性质的人类社会，他提炼出三种社会整合模式，即互惠、再分配与市场交换。其中，互惠秉持对称性原则，集中体现于小规模的亲属或地缘熟人群体之中，主要通过连绵不断的礼物互惠交换，实现熟人社会的持续巩固和再生产。再分配采

---

① 参见恩格斯：《家庭、私有制和国家的起源》，《马克思恩格斯选集》第4卷，人民出版社2012年版，第164页。

② 参见恩格斯：《家庭、私有制和国家的起源》，《马克思恩格斯选集》第4卷，人民出版社2012年版，第97—107页。

③ 斯大林：《马克思主义和民族问题》，《斯大林选集》（上卷），人民出版社1979年版，第64页。

④ ［英］卡尔·波兰尼：《巨变：当代政治与经济的起源》，黄树民译，社会科学文献出版社2017年版，第96页。

用集中性原则,主要体现在具有某种实际的或象征的意义权力中心,并与之对应的较大规模的、阶层分化的民族社会之中,如中世纪的欧洲宗教社会、前现代社会中的各类帝制国家等。权力中心通过财物的再分配方式,实现了对内部各族群的统治和支配,并强化了既有的基于身分与财富区隔的不平等社会结构。

在波兰尼的基础上,萨林斯进一步引入了"社会距离"维度,将互惠扩展为慷慨互惠、平衡互惠和负性互惠①,进一步确认了各族群成员交换的方式、频度与性质主要是由他们的社会关系的亲疏程度及其空间分布距离决定的。经济人类学中的实体论派,由此揭示了社会本身对于经济运作所具有的主导、控制甚至是决定性的作用。这一理论路径与族群理论中强调关注族群所置身的具体时空与社会文化场域的"情境论",具有内在的逻辑相似性。

第三,资源配置的权力主导及其批判理论。这一理论路径聚焦通过政治权力来配置资源,由此产生对民族共同体的构建、凝聚或破坏作用。其中具有代表性的如20世纪七八十年代涌现的新马克思主义,尤其是其中的世界理论体系。以沃勒斯坦、弗兰克、萨米尔·阿明等为代表的学者,指出全球范围内的各民族国家之间,因为市场经济分工的依附关系而形成了"中心—半边缘—边缘"的结构性不平等体系。学者们发现,发展"在本质上是一个政治过程",因为"当我们谈论'不发达'时,问题的本质其实是不平等的全球权力关系"②。现代社会由市场经济的制度化运作所造成的结构性的不平等,并不仅仅在全球各民族国家之间得到体现,同时也普遍出现在各国内部的各民族之间。而当代民族矛盾与冲突的本质,在相当程度上便可以追溯至基于市场经济的资源博弈,它们借助"民族性要素在资源博弈过程中的广泛运用,根源于

---

① [美]马歇尔·萨林斯:《石器时代经济学》,张经纬等译,生活·读书·新知三联书店2009年版,第221—226页。

② [英]凯蒂·加德纳、大卫·刘易斯:《人类学、发展与后现代挑战》,张有春译,中国人民大学出版社2008年版,第7页。

当代世界政治经济体系的不平等，也是对不均衡发展表现为域化形式的一种回应”①。

在现代市场经济之外，民族性要素也常常在资源博弈过程中得到运用和展现。例如，原本是游牧族群的巴加拉人在与富尔人接触的过程中，为获得富尔人的草场资源而将自身纳入富尔人的族群之中；而定居的富尔人为了获取投资牛的利益，也通过游牧化加入巴加拉族群②。可见，“当族群性被表达为是对于所有群体都认定是珍贵的珍稀资源而展开的经济和政治竞争时，族群性就获得了它全部的最显著的重要性”③。这类围绕生存资源、经济利益或支配性权力资源而展开的族群竞争和博弈，显然是与族群理论中的“工具论”一脉相承的。

第四，经济要素与民族构建互动论。具有代表性的如 20 世纪 30 年代斯图尔德所开创的生计方式研究。从生产技术、工具与生态环境的关系，生产技术与人的行为方式的关系，以及行为方式对文化其他方面的影响出发，斯图尔德推衍出技术、环境与族群行为文化相关联的三重互动分析④，由此阐明越是“原始”的生产工具越会受制于环境的制约，而族群随着生产技术掌握程度的提高，很大程度上能够更加适应环境，创造出更具“效用”的文化核心要素，进而对族群的家庭制度、政治制度、风俗习性等产生一系列重大影响，特定生计方式及族群文化因此构成了相互构建的关系。与之相应，林耀华与切博克萨罗夫于 1958 年共同提出的“中国经济文化类型”学说，同样高度重视生计方式与民族社会文化类型之间的相互构建作用，“其概念本身就把经济与文化

① 陈庆德：《资源博弈过程中的民族性要素》，《北方民族大学学报》2010 年第 1 期。

② ［挪威］贡纳尔·哈兰：《民族过程中的经济决定要素》，［挪威］弗雷德里克·巴斯主编：《族群与边界——文化差异下的社会组织》，李丽琴译，商务印书馆 2014 年版，第 48—62 页。

③ ［挪威］托马斯·许兰德·埃里克森：《小地方，大论题——社会文化人类学导论》，董薇译，商务印书馆 2008 年版，第 353—354 页。

④ 夏建中：《文化人类学理论学派——文化研究的历史》，中国人民大学出版社 1997 年版，第 229 页。

组合在了一起”①。这类强调经济要素与民族社会文化类型相互生成的理论路径,与族群理论中以巴斯为代表的边界互动理论具有论证逻辑的内在共通性。

第五,经济运作的文化符号逻辑构建路径。在当代影响重大的阐释人类学的引导下,这一理论脉络的实质,可以说是强调文化符号逻辑主导乃至决定族群的经济生活规则,及至族群社会的生成和发展。其中的代表性学者萨林斯针对石器时代的经济行为予以文化价值观阐释,指出基于“原初而丰裕的社会”所形成的,诸如为使用价值的生产、资源开发的有限性、反剩余积累等一系列文化逻辑,在相当程度上决定了人们对于采集狩猎生计的选择和坚守,由此造就了以家户为单位的低度生产模式,包括资源与劳动力的低度利用及其普遍短缺。与之相对,在高度生产的部族社会中,“不论亲属关系、首领权威还是仪式规则,它们不但是社会体系的一部分,更是决定经济的力量。这些力量依托家庭之上的社会结构,以及生产过程之外的文化结构,控制着社会经济的张弛。”②由亲属关系、权力制度和仪式规则共同构成的社会文化逻辑的结构性转变,赋予了原本处于无序离散状态的个体家庭以整合力量,进而通过物资的内向流动、集体生产目标的强调、家户内部的分配运动等,汇集形成了一个高度生产、社会整合力度也更强的家族社会共同体。

布迪厄的文化资本理论进一步表明:“所有的文化符号与实践——从艺术趣味、服饰风格、饮食习惯,到宗教、科学与哲学乃至语言本身——都体现了强化社会区隔的利益与功能。”③在此意义上,族群内部乃至民族之间的社会区隔,当然同样会在当代民族文化的符号化生产中构筑。这种经济运作的文

① 龙远蔚主编:《中国少数民族经济研究导论》,民族出版社2004年版,第72页。

② [美]马歇尔·萨林斯:《石器时代经济学》,张经纬等译,生活·读书·新知三联书店2009年版,第117页。

③ [美]戴维·斯沃茨:《文化与权力——布尔迪厄的社会学》,陶东风译,上海译文出版社2012年版,第7页。

化符号逻辑构建的理论路径，与族群理论中的“原生论”同根同源，因此，具有较为明显的理论基点与研究目标的一致性。

综观以上经济要素与民族建构关系的研究，在对象方面分别关注了民族的诸多亚层次，涉及从家户、氏族、家族、族群、部落联盟、村落、民族、国家乃至世界体系的广阔范围；再从对于二者关系研究的基本路径来看，分别表现出经济决定论、社会主导论、权力主导论、互动论以及文化构建论的理论主张或倾向。毫无疑问，既有研究针对不同历史阶段、不同性质的民族社会群体，通过从不同视角的深度切入贡献了诸多的真知灼见，并为经济民族学的理论探索奠定了不可或缺的坚实基础。但问题在于，既有研究均不同程度地局限于特定的时代、对象或范畴，缺乏对于民族建构与经济要素相互作用机制的整体性的系统理论阐释，而这正是经济民族学学科构建的起点所在。

三、经济民族学学科属性界定与发展探索

经济民族学以民族学为母体，立足于民族学学科本位。在对既有理论的批判性运用、学科理论体系的探索以及系列民族志实践的基础上，它聚焦经济的民族表征与民族的经济构建，即从民族的角度探析经济的运作机制，从经济的维度阐释民族的构建与演化。

对于民族共同体而言，经济绝非只是意味着某些资源要素的流动或配置，还拥有复杂的结构性差异与多样的表达形式。从最直观的民族构成层次来看，就可以划分出亚层次的族群经济，族群或民族之间的族际经济，以及民族、区域与国家之间的经济互动关系等。进一步从不同时代、不同类型的民族以及民族存续的不同“需求”出发，在民族生存的意义上，经济便意味着谋生手段即生计方式。生计方式显然在任何时代、任何社会中均具有不可或缺的基础性作用，然而，生计的重要程度会随着时代变迁而发生改变，甚至在当代的部分民族社会中可能演变为构建族群的附属性要素。在民族社会秩序维护与

安全保障的意义上，经济则通常意味着再生产与消费的保障，所以与共同体的再分配机制息息相关，从而表现为基于亲属、地缘关系的共同生产、相互换工等具备显著集体性的组织方式，或者基于部落联盟、国家权力中心的再分配制度；在民族交往与拓展的意义上，经济更多表达为联系和巩固人们交往的族内与族际物资、劳动力和信息等的流动，囊括了互惠、婚姻交换、市场交易，以及基于象征或实际权力的再分配等多样形式；在民族认同的意义上，经济常常被用作维护群体社会秩序、强化民族或国家认同的手段，乃至衍生出社会再生产或巩固群体伦理道德的功能。经济因而具备多重的民族表征及相应的多样表达形式。

再从民族的经济构建层面来看，经济要素是影响民族构建的一个变量。经济要素曾经一度被默认为横跨时空，对于人类社会的形成和发展具有决定性影响的不变量；与之相对，在当代最具影响力的族群理论中，经济要素却被有意无意地忽略，或者被放置到前所未有的边缘地位。如此悖论式的极端对立态度其实表明，经济要素对于民族的构建、影响的方式及其程度，是随着民族社会发展的历史阶段以及民族性质、结构与特征的变化而不断演变的。

在当代，关于经济要素与民族构建关系的分析呈现出更为丰富的可能路径，至少包括少数民族经济交往与族群关系、遗产的保护开发与族际关系互动、经济文化类型与族群交往影响、现代市场经济与民族主义演变、消费行为中的族群认同与族内社会分层、资源博弈与民族集体记忆和文化重构、扶贫发展与民族认同关系反思，以及当代民族价值观、经济行为演变及其与族群认同的互动，还有跨境流动与共享经济背景下的民族国家关系演变等。

经济民族学呼吁研究的主体回归民族主体，聚焦的核心回归民族经济问题的本真场域，学科的属性回归民族学母体，经济民族学的学科构建因此是学科性质与架构的根本转变，是从研究对象到基本理念、从调查分析方法到逻辑体系的深刻变革。当然，这并不意味着对既有学科与理论的摒弃，而是以它们为基础的批判性继承和发展。因此，经济民族学既具有学科历史积累的坚实基础，同时更旨在通过相关学科的有机整合实现质的超越。这一学科主张秉持田野调查参与式观察法，积极采纳人类学、民族学、经济学、社会学、历史学等学科富有成效的理论方法，在对各民族经济生活的“深描”中书写民族志作品；将民族经济活动视为一个子系统并关联于相应的民族社会文化背景，一方面从不同的经济事项中挖掘其深层的族性动因，另一方面力图从不同的特定民族社会行为、活动和事项中揭示其经济因素的制约与影响机制，由此去深入理解处于同一时空中的不同民族经济发展类型，处于同一经济过程中的不同民族的经济体系，以及不同民族经济体的不同经济行为和不同价值追求。这一学科的直接目的，是构建一门真正针对经济的民族运作与民族的经济问题，具有前沿性、透视性与反思性的新的学科；而其终极指向则是回归人本身，即在把人类不同民族视为整体的“类”的基础之上，在民族与经济视角的深度交织中探索构建人类命运共同体的生存之道。

郑　宇

2019年10月12日于纾语堂

自　　序

在村落社会,不论是从人与物的起源,还是家族社会的组织,抑或是村民的生计方式,还是象征系统,似乎都是在围绕着资源展开。在人们面对的资源稀缺上,不同文化下的人群建构起了对资源的不同利用方式。文化不仅是认识资源的前提,也在分野资源,使资源在不同的文化下呈现出不同的序列;文化不仅组合了资源,也规约了人们利用资源的方式,人们是在特定的文化下去利用有限而稀缺的资源,在风险最小化的前提下,实现对资源利用的最大化;就人类来说,不同民族所构造出的不同文化事实就是应对这种资源稀缺的结果。由此,在人类可以生存的环境内,由于民族文化的差异而形成了对资源利用的文化制衡格局,资源利用制衡格局的形成是人类生存安全的基础,也是人类可以永续发展的前提。

自然这个概念暗含三个过程的统一:一是自然选择的过程;二是从出生到发展成熟的过程;三是生态过程,即某物种的生命与其他物种,与同物种的其他个体,甚至是与非物种之间的动态关系。而文化概念暗含的是历史的过程。自然与文化这些过程的统一与同现,其实都是历史性的,可以称为"历史的自然"与"历史的文化"。没有历史过程的自然与文化,我们就无从加以研究。

无论自然的历史还是文化的历史,都是"交流"的历史。在人类的交流中,一直都是对习得他人的东西做着修改与创造。这样的创造与修改有可能是对"真实情况"的歪曲,因为它认为我们在接收信息、储存信息并在对其进行传递的过程中,都是一种试探性的过程。在这一过程中,我们对别人的意图进行联想,然后尽我们最大努力去再现它,有时还不可避免地改变其原有形态。在这样的过程中,个人层面和社会层面都创造了分化。由此而分化在不同的族群之间就出现了系统性差异,一旦这种系统性差异变成常识,被视为规律了。另外一些系统性差异则被遗忘,被视为偶然。正是因为如此,就产生了一种错综复杂的社会。人类若想在这样的社会中生存下来,就必须具备这一文化演化的能力。

文化是通往生态、生计、生命的不二法门。"三生"是一体的,不同的民族在文化的作用下,其在通往"三生"的历程中所需要应对的自然环境与社会环境是不尽一致的。故是如此,各民族之间才创造出了千姿百态的文化。在特定环境中展现出的文化多样性并不具有承接关系,甚至也不具有可比性,但他们之间具有"互助""相辅""交流"等关系。这些关系是在文化应对生境中被不断地调整,每一次相互关系的调整所创造出来的文化事实都是一次创造与新生。这就形成了文化这条不断流淌的河流,文化事实的保持、创造与变迁是永恒的。

生态、生计与生命的耦合体是一个十分复杂的有机体。其中每一个看似单独部分也是一个复杂的有机体。因此,文化是在应对三个复杂有机体所共生的耦合体。其复杂的程度可想而知,可以用"不可理喻"来形容。文化要应对的生态系统中诸如植物、动物、气候、土壤、水文等以及生态系统各组成部分之间的关系,以及这些关系或是由于其间某一因素的改变而引发的生态系统之变化后果。文化需识别这些情况,要做精确判断,以利人类生命之需,着实也是一件十分艰难的历程。而在这样的环境中所建构起的"生计方式"所需要的生态知识、生态智慧也是难以详尽的。而在建构"生计方式"中还要应对特定的社会环境——人与物、人与人、生产力与生产关系、制度与信仰、技术与经济、国家与地方等。而这些环境在时常变化,其间的组合关系错综复杂。文化在应对这样的关系变化时，都会创造出适应人之生命循环的文化事实。这比起文化应对生态系统所创造的文化事实不仅更为复杂，也更为艰难。人类的生命是由文化造就的，不论是自然生命，还是社会生命，不论是世俗生命，还是神性生命。总之，文化作为通往“三生”历程之路径所形成的文化事实有机体，就像潘拉多的“盒子”，蕴藏这无限的分子，而这些分子的生命力是难以详尽的。这就是文化之魅力。

生态之于人类，亦如人类之于生态，人类只是地球生态系统中的一个物种。任何一个物种在地球生态系统中都有其生态位，也即是都有其维持生命存在的能量，这一能量所存在的区域就是这一物种的生态位。故而生态位对于任何一个物种而言都是特定的。诸如数万种植物在地球上的存在，皆是其所生存的区域能为其提供生存的能量，这能量可能来自该区域的气候、土地、水文以及其他物种的支持，以及自然可能提供的能量。也可以说是每一种植物所能生存的区域景观都是特定的。动物可以靠自己的脚或者翅膀在地区上位移，看似不像植物那样被困在某一特定地域，其实动物的能量来源仍是特定的，“一山不容二虎”“北极熊不能到热带”“热带动物不能去寒带生活”等。虽然“候鸟”可以随不同之季节而迁徙，但它们的食物来源被其生物属性所限制。动物之间还存在“食物链”以相互制衡其规模。人虽为动物之一，但人与其他动物有本质的区别，其区别在于，人的生物属性是“杂食动物”，既可以吃植物，又可以吃动物，甚至可以把动物与植物杂食在一起，使其美味养身，也可以文化的方式将其可食用的时间延长，有时甚至延长到几十年、上百年仍然可以食用，以度过食物短缺的饥荒期。人类是“文化动物”。人类以文化去认识地球生态系统，以文化把生态系统中可以直接食用的能量来源对象进行分类，也可以把不能直接食用的对象以文化的手段进行“再创造”与“再发明”，以助于人类之生存，还可以通过文化将可以直接食用的与不可食用的物质通过物理与化学的方式进行再构造，使人类的生命能量来源得以更加广泛。人类从自身出发，发现生态系统中的万物有缘，再到万物有灵，到万物归灵，使人类敬畏自然,敬畏创造,敬畏生命。于是以文化的方式开创了“制度”,以文化的力量来组织人类的行为。人类构建起各种学问/学科,构建起了各种工具,也构建起了各种“关系”等,使人类超越了自己的生物性,以文化的力量在地球上自由行动,甚至可以到地球以外的星球上行动。人类不再受生物的直接束缚。但人类的这一能量源的拓展是在文化内实现的。一旦人类的文化受阻或者被破坏至崩溃时,人类也就自毁了;也许其他动物、植物的生态仍然存在。因为地球生态系统不只是为人类而存在的。

笔者在侗族村落做调查时,感悟到了一个事实:村民的日常行为,包括非正式规约和正式规约下的行为,都是在同自然生境与社会生境博弈,在这样的博弈中获得生存与延续。在这样的博弈中创造出来丰富多彩的侗族文化。可以说,文化的产物是人们对自然与社会博弈的秩序,是约束人们如何博弈的规则。而文化本身则是告知、训规和指导人们如何与自然生境和社会生境进行博弈的信息体系。一句话,文化是指导人类生存发展与延续的信息系统。人类活动的“合规律性和合目的性的统一”,是靠人类特有的文化来实现的。不同的生态环境模塑出不同的文化事实,特定的自然环境下稳定特定的文化事实;反过来,特定的文化只有适应特殊的自然环境,才能发展和传承下去。人作为自为性存在的主体,能动地认识自然和改造自然,同时也作为文化的载体,成为理解和表述不同文化的重要线索。不同的民族其文化表现形式各有差异,在尊重自然规律的前提下,利用文化,为我所用。人类不断学会如何和自然与社会打交道,建立一种关系,这是一个历史发展的过程,靠人的主体性不断反思去认识自然与社会规律性的变化和特点,通过人类的文化实现人活动的合规律性与合目的性的统一。这既是该书研究的起点,也是其终点。

罗康隆

2021 年农历二月初二于三泉书院

目　录

导　　言

村落的一位寨老这样给我述说：

“昨夜，我在床上辗转反侧，时刻想着这件事情。时间过得真快，我还没有思考了几句，鸡又叫了，我努力地想啊，还是很难想出来。汗水湿透了全身，都怪我没有文化，编出的歌又不对头，随便唱一下。这样就把它记录下来了。”

“言归正传，我们阳烂村的祖先是从江西来的，开始来的太公叫龙松麻，他是镇守南方的英雄，不是别人。我们的祖先姓龙，他像五台山的棕树一样，他的功劳非常的显赫，经常受到皇帝的嘉奖。再说威远侯王杨再思镇守诚州，他把他的家人搬到独坡上岩村住，后来又搬到了西塘，住在那崎岖的岩坡上。杨、龙两姓都搬到这里来成家，铁树开花，人财两旺，就像太阳一样普照着大地，从此发扬光大。他们两家就像亲兄弟一样住在阳烂村。相互的联系，不仅是口头的传述，还有文字的记载。我们之间可以打架，但不可以记仇。以前这里没有人住，树长的很多，草也长的很多。以前，这里不是这么平平坦坦的，他们是用自己的双手一点一点创造出来的，如修筑田地和池塘，才变成了今天的这个样子。

因为姓杨的是后来才搬到这来的，所以没有山林、田地。而姓龙的又主动送给他们。屋场都在岩石上，把房子修在那上面，在山坡上开创的屋场又蛮多，男女老少都去开荒山，开荒山之后就有吃有剩了。后来又来了个姓吴的，在阳烂的寨头边。到民国的时候就搬走了，搬到了陇城乡竹塘村。

以前，在老一辈就开始讨论起来，就是有关西塘、饮东、阳烂集中起来叫阳烂。他们之所以叫阳烂是因为免得分分裂裂，他们都同意了，所以阳烂这个名字就这样定下来了。

从那以后人民的生活水平就提高了，就希望把村子建设得更加完美。从这以后就开始修路了。到了清乾隆五十二年开始修筑鼓楼。老人们都说我们的那座鼓楼就像龙头一样珍贵。由于龙头，天上的神灵会保佑金银财宝进阳烂村。以前，祖辈人出了很多秀才，大概村里面有四十几块秀才牌匾。富贵双全，有吃有喝有用有穿。几百年来，祖先积德，这些都是祖先留下来的遗物，我们要保护它，让它长久留存，风吹雨打，我们大家都为此而着急啊。

到了二零零一年重修鼓楼，让它重放异彩。男女都齐心协力，年轻人都听老年人的话，把鼓楼建设得比较完美。戏台和风雨桥，都要重修。没有多久修好了。每个人都为大家着想，很快就完成了，老人们还把剩余的钱修了一个篮球场，要努力学习，打到北京去拿个冠军回来。像这样的年代样样都好，到处唱歌，吹芦笙。这样的年代，干鱼都要重开眼界，世界是多么美好，现在开心，时代很好，没有苦恼，阳烂村一定会长寿无疆。”①

① 这是村民杨校生（2005 年去世，时 70 岁）写出来的“村落史”。

图 0-1　阳烂村进入中国申报世界文化遗产预备名录

这位老人,姓杨,名校生,是我 1995 年暑假第一次去阳烂村做调查时的报道人,也是我在通道侗族地区进行田野调查的第一位报道人。他在 20 世纪 50 年代担任过小学代课老师、民办教师;20 世纪 70 年代担任过村主任,是他把侗戏从广西三江引到阳烂来,并经过他的改良而形成为了通道侗族的“侗戏”;[①]20 世纪 80 年代以后组建了阳烂侗戏班子,他担任戏班班主,直到他 2005 年去世。他对阳烂村附近的侗族情况了如指掌,也算得上是一个当地的“侗族通”。

我从 1995 年开始进入阳烂侗族村寨,直到 2005 年他离开人世的这十年

① 参见罗康隆:《桃源深处一侗家》,云南人民出版社 2014 年版。

图 0-2　2004 年暑假，笔者在阳烂村田野调查

间，每年暑假都要到他家住上半把个月。在与他朝夕相处的这十年间，我从他身上系统地理解了侗族文化的博大精深，也从此深深地喜欢上了侗族，爱上了侗族文化。在他去世后，我又找到了另外一位报道人，他姓龙，名建云。他在北京当过兵，退伍后在村里担任大队会计。他是一位附近知名的侗族草医，擅长治疗各类肿瘤；他还是一位懂得看阴阳的地理先生，经常到附近四村八寨举行各种“阴阳”仪式活动。到目前，我已经在阳烂及其周边的村落“游荡”了二十四年了。这二十四年下来，上至七八十岁的老人，下至三五岁的小孩都成了我的好朋友。尤其是在 20 世纪 90 年代去阳烂调查时见到的小孩子，二十多年后都当上爹妈了，我也参加过不少人的婚礼，见证了他们的成长。我也见证了聚落里中年人的老去，参加了不少人的葬礼。很荣幸的是，在我游荡侗寨二十多年之际，在阳烂侗寨在老人协会和村支两委的共同商议下，于 2015 年 11

月授予我为阳烂的“荣誉村民”。这个证书是村民对我的最高荣誉，也是我从事民族学研究的最高荣誉。

我当初进入阳烂侗寨很有学术抱负，甚至雄心勃勃。当时我想，如果我以民族学的基本理论与田野调查方法在这个不大的侗族村寨待上二十多年，肯定不会比马林诺夫斯基在西太平洋群岛待上三年差，何况他是由于外界的原因被迫滞留在小岛上，不情愿地与当地“土著”打交道，都能做出经典的民族志。而我则不一样，我是自愿的，我对侗族文化有天然的感情，我更有自己的学术理想与学术抱负。我也很自豪地认为，只要潜心在阳烂从事二十多年的田野调查，我同样能够写出一系列侗族文化的民族志来。

在我多次进入阳烂侗寨后，以前对侗族有所理解的信心逐渐瓦解了。我越是在阳烂多呆几天，就越对侗族文化感到无知，甚至迷茫。我每次进入阳烂侗寨都会有新的发现，都会有新的收获。我每次与阳烂人交流的时候，他们总会给我讲出不同的“阳烂故事”或者他们不同的特殊经历，我每次参加阳烂侗寨的集体活动时，总会有很多的“死角”让我无法看到，我能看到的只是侗族文化的冰山一角；而我每次参加完阳烂侗寨的家庭或者个人聚会活动，更是难以琢磨侗族文化是如何的在滋养他们。我发觉阳烂这一个小小的侗族村寨就是一个侗族文化的无底洞，我好像没有能力或者是没有什么好的方法与有效的路径去看透这个侗族文化。

这些困惑引发了我对阳烂侗族文化研究的一些想法。想法之一就是请我的报道人杨校生自己来“讲述”阳烂村落的历史与文化。于是，杨校生就在辗转难眠中写下了他的“心路历史”。在杨校生去世之后，在对侗族文化感知的基础上，我草拟出了一系列的“问题”情况表，请龙建云按照这些问题情况表去收集资料，而龙建云则编出了有十余万字的《阳烂古侗寨》。我以这样的方式来收集资料，主要是想获得一个“主位”的参照系，看看他们所收集的资料与我所观察到的“资料”之间存在什么样的差异，或者我们之间的关注点为何会出现“偏差”。然后，我便以这样的“差异”与“偏差”再度参与观察阳烂乡民的生活实况,以这样的“差异”与“偏差”去进行访谈与参与观察。我期待能够以这样的方式去接近阳烂侗寨文化的实质,去把握阳烂侗族村寨的文化脉络。

其实,我当时还有一个想法,就是想把阳烂这个侗寨的文化“做透”,一旦能够把一个侗族聚落的文化做透,就可以掌握或者了解其他侗族村落的文化,或者侗族整体的文化。因为在我的预设中,一个民族的文化在逻辑上是“一致”的,在功能上是“相同”的,在内涵上是“相同”的,在形式上是“类似”的。于是,在20多年的田野调查中,我时时盯住阳烂侗寨不放,每次的田野调查,不论是我个人独行,还是带领学生,都在阳烂安营扎寨,甚至我的学生自行去做田野调查,也要叮咛他们一定要入住阳烂侗寨。阳烂周边的二十余个侗族村落①我也都去过,只要这些村寨有集体活动,我也会参加。我还与我的报道人到这些村寨去走过亲戚,去看过报道人到这些村寨演出过侗戏,去看过报道人治疗病人,但在这些侗寨居住的时间不长,一般就三五天而已。然而,每到一个村寨,都会有一种新奇感。我知道,“狗吃牛屎贪大”是民族学田野调查的大忌。民族学田野调查的功力不在“贪大”而在“解剖麻雀”。因此,我二十多年来就想解剖阳烂这只侗族文化的“麻雀”,通过对阳烂侗寨这只“麻雀”的解剖来理解侗族文化。

也正因为如此,我才有资格或者能力来解读我早已去世的报道人当年写给我的那段文字。他所述说的这段话,如果细细地去琢磨,确实称得上是他的“心路历史”。他能够用汉文书写自己聚落社会的历史,这本身就说明了他个人的成长历程。他为“祖辈人出了很多秀才,大概村里面有四十几块秀才牌匾”引以为豪(在我的调查中,确实存在清代中后期的四块秀才匾,没有四十几块),从中可以看出阳烂侗寨对汉文化的敬仰或者受汉文化的影响深远。因为在很多侗寨村落的老百姓会讲汉语会写汉字,但在记述本村落的“事件”时,大多采用以汉字记侗音的记录方式,作为懂汉语的外来人可以认识他们所

① 这些村落,包括通道的皇都、都天、芋头、横岭、平坦、高团、高步、紫檀;广西三江县的高友、高秀、林溪、平铺以及程阳八寨等。

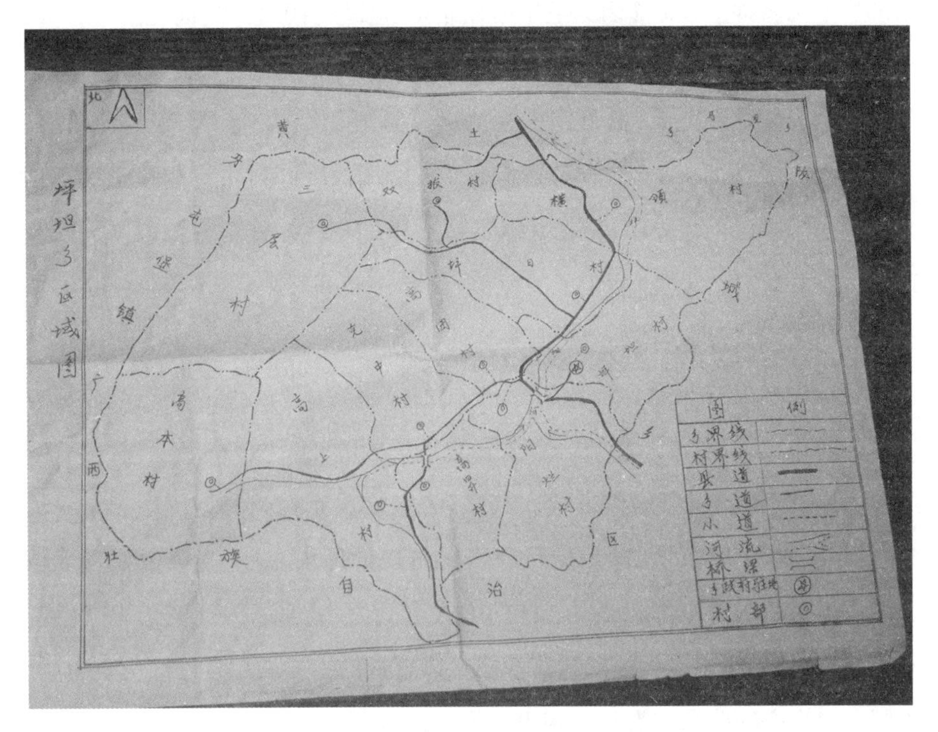

图 0-4　笔者 2004 年手绘阳灿村示意地图

书写的“汉字”,但根本不理解这些汉字所记载的内容。要理解这些汉字背后的内容,还需要翻译到侗语中去理解。这是我在侗族地区收集到了不少的“汉字文本”,我却无法解读的原因所在。

这位老人在文字中,记述了阳烂聚落杨姓与龙姓两个姓氏家族的不同来历,尤其是后来者杨姓如何在先进寨子的杨姓的关照下获得了生计资源,然后杨、龙两姓建立起了特殊的关系——可以打架但不能记仇。因为他们都是受到皇帝嘉奖过的威远侯镇守诚州杨再思的属下,这不但体现了家族之间的地域关系,也体现了国家进程中地域社会的家族情结。在文字中,提到的确定地名,修建鼓楼、风雨桥、庙宇等都是老人们共同商议决定的,这正是反映出阳烂侗寨寨老制、款首制在地方管理中的力量。但又对年久失修的这些建筑表现出了深深的忧虑,他寄望后人们要不懈努力,要像祖先那样团结一致,要把自己的影响力推向"北京"(因为毛主席在北京,这就是阳烂人最向往的地方,村里人以是否到过北京作为最荣耀的事来看待)。在这位老人的心目中,村落的年轻人要能够去北京,给村落争光的事就是要靠"打篮球"。于是,老人们还把剩余的钱修了一个篮球场,要后生们努力学习,打到北京去拿个冠军回来。并对未来的阳烂做了美好的图景:像这样的年代样样都好,到处唱歌,吹芦笙;这样的年代,干鱼(晒干了的死鱼)都要重新开眼来看世界;世界是多么美好,大家开心,没有苦恼,阳烂侗寨到处欢歌笑语。

杨校生老人的这段不到1000字的回忆,勾勒出了阳烂侗寨由古至今那有血有肉的历史构架,展示出了丰富多彩的历史画卷,由此透露出了"村落—家族"历史的建构历程与建构模式。在以往,人们没有把这种"历史"当成"历史",其实,这种村民的村落历史反映出了村民的历史心性,我敢说如果地球上的每个村落的历史都能够以这样的方式得到展示的话,人类的历史就不得不重新改写;如果中国大地的村落都能够以这样的方式展示自己的历史的话,中国通史也必须改写。没有家族史、村落史、社区史、地区史、民族史,就不可能有国家史、区域史和世界史。也就是说,今天的宏大话语都可能成为一种谎言。

然而,在村落社会中,不论是从人与物的起源,还是家族社会的组织,抑或是村民的生计方式,还是象征系统,似乎都是围绕着资源在展开。在人们面对的资源稀缺时,不同文化下的人群建构起了对资源的利用方式。文化不仅是认识资源的前提,文化也在分野资源,使资源在不同的文化下呈现出不同的序列;文化不仅组合了资源,也规约了人们利用资源的方式,人们是在特定的文化下去利用有限而稀缺的资源,在风险最小化的前提下,实现对资源的最大化利用;就人类来说,不同民族所构造出的不同文化就是应对这种资源稀缺的结果,也是一种表达。由此,在人类可以生存的环境内,由于民族文化的差异而形成了对资源利用的文化制衡格局,资源利用制衡格局的形成是人类生存安全的基础,也是人类可以永续发展的前提。因此,这本民族志,笔者拟从聚落社会资源配置的维度来解读侗族村落的本土知识与资源利用的关系。

笔者从1995年开始对阳烂村进行调查。从那时起，就想了解阳烂村的历史——村落与家族的历史。我询问了村里的老人，通过他们的回忆，使我对该村落与家族的历史有了一个大概认识，但不能说就了解了该村落的历史。其实没有谁敢说自己了解本民族、本国家的历史，也不敢说了解自己家庭、家族、聚落的历史，学者如此，专家如此，村民也如此。任何人不论怎样去了解历史，但他必然是降生在历史中，成长在历史中，生活在文化里，在历史与文化的滋养中，获得了生命，生命的延续与意义，就是在其历史与文化中展现的。我在阳烂侗寨做了24年的田野调查，我仍然感觉对这个侗寨并不熟悉，但为了表达笔者对早已仙逝的报道人的哀思，也是给被我“打搅”二十余年的阳烂老百姓的一种回报，才只好斗胆抛出这部阳烂侗寨的民族志，以为学界之批评。

第一章　民间聚落与家族

第一节　人与物的起源传说

不论是国家的历史，还是民族的历史，不论是家族与村落的历史，还是个人的历史，其演绎的主题在一定意义上都是人与资源关系的历史。为了表达人类对资源占有的正当性和利用资源的合法性，不同的学科都在孜孜以求。考古学、人类学、历史学、生命科学、民族学等学科都以自己独特的方法，在为人类历史的存在与演进进行探索。民族学作为一门关注民族文化及其行为的学科，对民族历史及其演进的不断探索。每一个民族都有自己关于人类的起源故事，这种关系人类起源的记忆成为聚落社会乡民最早的记忆。民族学者可以通过这种民间记忆的诠释，来认知人类的本源，来探究人类与宇宙的关系，以解答人类作为生命物质在地球生态系统中存在的合理性与价值。

人类对自己起源的记忆，各民族有不同的方式，有的是通过神话、故事，有的是通过对生殖图腾的崇拜，有的是通过文字记载，有的是通过歌舞，等等。不同的民族选择不同的方式来进行记忆，是与自己所处的“生境”①有密切关

① 生境：对任何一个民族来说，他一定占有一片特定的自然空间，这片空间中所有自然特性则构成了该民族特有的生存环境。此外，各民族还与其他民族以各种不同方式共存，也还要与其他社会范畴，如国家，以不同方式并存。这些围绕在具体一个民族周围的全部社会实体，又构成了该民族的另一种生存生境，即该民族的社会生境。一个民族的自然生境和社会生境都是特有的，两者的总和合称该民族的固有生存环境。（参见杨庭硕、罗康隆、潘盛之《民族文化与生境》，第1页，贵州人民出版社1992年版，第1页。）

系的，也是各民族在其文化的流变历史过程中积淀下来最为有效的方法。侗族是一个“饭养心、歌养身”的民族，于是，在侗族社会中有关人类起源的记忆便保存在他们的歌中，以歌的记忆方式流传下来。

图 1-1　村里女孩唱侗歌

在我第一次走进阳烂侗寨时，没有收集到他们的《人类起源歌》。但我在1999 年参加阳烂聚落里的“祭祖”活动中，第一次在阳烂听到了侗族的《人类起源歌》。当时十分激动，但遗憾的是我当时没有能录下来，而更多地去关注祭祖活动的仪式了。我早先在查阅侗族文献时，就知道侗族有自己的《人类起源歌》，而且在侗族聚落里还十分流行。于是，在我脑海里时常会浮现侗族的《人类起源歌》，一有机会，我就会录音整理，以阳烂的《人类起源歌》与其他侗族地区的进行比较。在 2002 年阳烂侗寨再次举行祭祖活动时，我以充分的准备记录下了阳烂聚落的《人类起源歌》。

“我不说根，便不知尾，不说边缘，便无中间，不说祖先，便无父的时代，不说父的年月，便无我们的日子。不说孙辈，便无曾孙后代。不说混沌初开，便无当今世界。当初唐骆置根，唐登置岭，洪王置雨，吴王置姓，山上置土地，水下置龙王，置龙在河，置岩在山，置蛇居穴洞，置虎在山林，置雷居天上，置云雾在山头，置人们居乡村。说起源由话长，因为八男同地起，九宝同地养，因为地要翻天，天要覆地，发起齐天洪水，使得六国一片汪洋。

人们见死不回生，只剩姜良、姜妹创造人，姜良、姜妹两兄妹，男无处配，女无处婚，他俩打破常规成亲，成亲三年，生得儿子，捡得阿妹，男不像男女不像女，稀奇古怪异常人，喂奶不吃，喂饭不吞。姜妹没有法子养，姜良将他砍烂。撒向地上尽生灵，肠子聪明变汉人，骨头坚硬成苗人，拿肉做侗人，肝脏做壮人，创造天下世间，千千万万无数人……

今我讲根源来历远，汉人中原来，我们在南边，古来汉家人多，有三百姓，侗家人少，姓只有六十零。汉人读书考文章，侗人行年游乡村。

昔时行年根何处，在那古洲里边起的根，村脚刻标记在城岸，寨头砍刀痕在廊亭，做游村往来的凭证。行年寨客好齐整，芦笙吹得动地鸣。人人有黄带装扮，个个用花带束身，有妻的穿起华丽的蓑衣，单身汉也是全身一崭新，银舌鸡尾插头上，羽官串吊衣襟，蛮绒花巾系前面，红毯披后身，蛮绒罗伞遮头，茅草画符胡身，芦笙开路在前行，后面跟随一大群。

姜良创俗礼在前走，姜妹制俗规在后，姜良创俗礼给乡村，姜妹置俗规给后人。父制鸡尾插头，母制侗布着身，一代传一代，一世传一世，过了老一代，年轻人继承，古时流传至今。竹老了，重生笋，过一山，换一岑，老鸭过了，小鸭长成，过了父辈，换上我们新一代。常记昔日先辈恩德，相沿遵行，有本才有末，有根才有茎，野芹有蔓，阳藿有根，有公公种棉花，也有婆婆纺纱人，千般从地起，万物从地生。

唐骆置根本，唐登置源头，观天上日月，数四季时辰。天上降雨水，地下开田塘，分宅想，置三界，上界安置神仙，中界居住人们，下界藏放鬼魂，置虎在山，制雷给天，造龙在河，置野兽给坡岑”。

这是我根据阳烂聚落祭祖活动时，聚落祭司现场的唱词录音整理而成。由于语音的差异，我还找了通道县侗学会的会长进行了核对，最终确定下来的文本。为了进一步核实该唱词的准确性，我还多次跟阳烂侗寨的“太史公”龙儒太①请教，并对这段唱词反复进行过校正。让我意外的是，我们在校正这段唱词时，他却口述了另外一首侗族的《人类起源歌》。

“姜古置天，盘古置地，马王制弩，吴王创姓，山上置土地，水下置龙王，安排龙在江河，安排雷居天上，安排云飘山头，安排人居乡村，安排雾绕山头，安排黎民居四乡，制了世上无数姓，姓姓无数人，六国地下太平均。讲到混沌年间，八男同地起，八宝同地养。

第一先养母帝，第二养龙王公，第三养虎郎公，第四养猫郎公，第五养蛇郎公，第六养雷郎公，第七养姜良公，第八养得满女姜妹。

说起缘由话长，因为雷公雷婆，脾气不好，性情暴躁，一讲就捶，再讲就打，打上半天，忽落地下，空中轰雷响，大地乱动颤，这时姜良去到河边去来青苔，绕过三间屋五间仓。捉得雷公，铜锁未扣，铁链来绑，抓进屋，关进仓。

姜良去到十盘九宝，做些猎物换卖，姜妹挑水过仓边，雷公像条溜滑的小鱼，花言巧语地讲：‘姜良知去知返，你这姜妹，何不送点水给我喝？送件麻衣给我穿？你要做什么好看的，我会帮你做得更好看。’姜妹真的

① 龙儒太，阳烂村人，2003年去世，他是阳烂的“万事通”“活字典”，对阳烂的历史掌故了如指掌；他能说会道，是周边四村八寨著名的“祭司”，也是出面的阴阳地理先生，所以，当地老百姓就把他比作汉代的司马迁，称为阳烂聚落的“太史公”。在村头一块石碑上就刻有“太史龙儒太”。

送水给他喝，送麻衣给他穿。雷公喝第一瓢水两眼光闪闪，喝第二瓢水，双眼亮眯眯，打破仓，捶破屋，他叫青龙塞井，黄龙堵河，发齐天洪水，淹没人世间。

引郎贯公和太白金星，送个瓜种给姜妹，菜园来种，麻地来栽，天天去看，朝朝去扇，扇第一扇发芽，扇第二扇开叶，扇第三扇牵藤，扇第四扇开花结果，扇第五扇结个葫芦瓜，有仓那样高大。姜良无计，姜妹有法，姜良拿槌，姜妹拿凿，凿得葫芦瓜钵，四方端正，八面溜圆。还有腊一沓，南蛇一条，弩戟一张，飞箭三支。预先跟葫芦瓜说定，河水向东，你别往东，洪水向西，你别往西，洪水泱泱，你也回转本堂，洪水悠悠，你也回转本处，转来云彩下的廊檐脚。村脚有兄弟，村头有姊妹，村中有祖母外婆。

洪水退到地，人类已绝迹，女无人娶，男无人配，姜良姜妹打破铜钱起誓，结为夫妻。生下儿子，白饭不吃，甜奶不要，他俩无计，束手无策，便将婴儿砍肉入箕，砍骨入筐。肠子做汉人，骨头做苗人，肌肉做侗人。安置苗人在山头，安置汉人在衙门，安置侗人住乡村，又置人间无数姓，世上有发无数人，六过地下太平均！”

2003年，阳烂聚落的“太史公”龙儒太去世后，我把他的这段口述材料拿给他的徒弟（接替他成为阳烂聚落的“祭司”与阴阳地理先生）龙建云看，想从龙建云那里对这段口述材料进行一个判断，试图比较与早先的《人类起源歌》的差异性何在。他说龙儒太的是正确的，别人的那些《人类起源歌》也是早年从他师傅这里采集而得的。在充分肯定他师傅龙儒太的口述材料的同时，也给我讲述了与人类起源相关的故事。

“张古置天，天高万丈，李王置地，地广无穷。当初拿狗犁田……天上不容，地下不载，九年洪水淹天门，第一浸天门，第二撞天门。九年洪水淹天门，九年洪水一时退，高坡变成平地突起高峰，万国人们都绝迹，只剩下姜良姜妹做夫妻，三个月上身，九个月解带，生下一男，有头无耳，有眼无鼻，有手无脚。斩碎为民，手指落地变成兴凤岭，骨头落地变成岩石，头发落地变成万里山河，脑壳落地，变成土塘田塅，牙齿变成黄金白银，肝肠落地百年成长江大河。置得野牛野鹿，闹热山坡六岭。置得团鱼一对，闹热长江大河。置得凡人三百六十四姓，姓姓有州，姓姓有县。这样就开始了有人烟的时代。”①

在我二十余年的调查中，村民总会告诉我，他们有创世款歌、人的根源歌。村民中记忆力强的会多说，而记忆力不强则少说，但每个人都会说一点，只有“鬼师”记得最多。我在阳烂聚落里，也常常会有乡民给我讲起人类起源的某些“片段”。在这些叙述中，尽管相互之间差异大，但其主体没有改变。

首先，在叙述人的起源都是由于洪水淹没了世界，人类只剩下兄妹，经过百般的磨难与“技法”，兄妹得以成亲繁衍了人类。这样的故事类似“诺亚方舟”，在全球广泛流行。但台湾学者王明珂认为这类“洪荒故事”，其实只是特定人群所在的某些山沟、溪河，而并非整个地球都处于茫茫洪水中。只是人们把他们所处的特定山沟溪河当成了整个世界而已，人们在叙述这种洪水故事时就描绘成了整个世界的洪水；洪水故事就这样成了人类的一个共同记忆。就其本质而言，人们对洪水故事的记忆是在寻求人类来源的一个解释系统。这种解释也是很有说服力的。但是，我更关注的是，不同文化下的民族在处理洪水故事后的人类繁衍时，却采取了不尽一致的方法。

在侗族的洪荒故事中，洪水之后，人类只剩下姜良和姜妹兄妹俩，同胞兄妹成亲是一个难题。其实，这是全人类所面临的一个难题。要破解这个难题需要有一个能够被人们接受的解释框架。洪水过后，没有了人类自然繁衍的可能性，而延续生命是人类的本能，实在是万不得已的情形下，才采取了同

① 参见笔者收集整理的《人类起源歌》，2012 年，存于吉首大学人类学与民族学研究所民间文献资料室。

胞兄妹成亲繁衍人类的办法。而为了对这种繁衍方式的惩罚，他们“生下儿子，白饭不吃，甜奶不要，他俩无计，束手无策，便将婴儿砍肉入箕，砍骨入筐”，而只有将这些砍下的肉骨撒向山野，抛撒在山野的肉骨造就了人烟。其实，这里已经涉及人类的第一个伦理底线的问题——兄妹通婚是被禁止的，但在人类面临绝种的危机时，这种禁止是可以被突破的，但这种突破不仅需要智慧，还是要付出代价的，同时也就警示了今天的人们，凡是谁要突破被禁止的东西，都将付出极其惨重的代价。

我们在村里做调查时，村民在解释婴儿的来源问题上，人们常对小孩子说，那刚刚出生的婴儿，是母亲一大早起床后，在水井里捡到的一个红孩儿，或是昨夜溪沟里涨了大水，父母在溪沟边捞来的。至今，村落里的小孩子总是相信水井、溪沟是人诞生的地方。

其次，在侗族的洪水故事中，不仅叙述了侗族的来历，同时也叙述了与侗族有关联的其他民族的来历，如汉族、瑶族、壮族、苗族、畓人等，他们都是同祖的，都是姜良和姜妹的后裔，只是其构成部分有差异而已。村民认为他们所生的儿子。

> “姜妹没有法子养，姜良将他砍烂。撒向地上尽生灵，肠子聪明变汉人，骨头坚硬成苗人，拿肉做侗人，肝脏做壮人，创造天下世间，千千万万无数人”①。先置瑶人祖先，瑶坐八面山坡，木皮盖屋，挖土种粟。逢山吃山，逢水吃水，钱粮不纳，门户不当，朝吃无忧，夜吃无愁。又置汉人祖先，汉人坐天下，皇帝纱帽戴，绸缎穿在身，金牌挂胸前。银牌挂后面，穿鞋踏袜，朝吃无忧，夜吃无愁。又说畓人祖先，畓人坐潭溪、九宝，大田养鱼，冲田栽糯，吹芦笙，唢呐，逍遥宽了，钱粮不纳，门户不当，朝吃无忧，夜吃无愁。又说壮人祖先，壮人坐壮家庙子、爰水，进门脱鞋，穿袜齐膝，葬有好

① 参见笔者收集整理的《人类起源歌》，2012 年，存于吉首大学人类学与民族学研究所民间文献资料室。

地，葬有好坟，钱粮不纳，门户不当，朝吃无忧，夜吃无愁。又说苗人祖先，苗人坐九重、罗告，山盘装弩，群众练枪，勇悍好斗，钱粮不纳，门户不当，朝吃无忧，夜吃无愁。①

这些民族都各有个性，但都是“钱粮不纳，门户不当，朝吃无忧，夜吃无愁”，过着悠闲自乐的生活。在这样的叙事中，人群的存在不是孤立的，总是与别的人群相互依赖，自己的生存既是别人的前提，也同时成为别人的依赖，反之亦然。由此而建构起来的“生境”是和谐的。

再次，在侗族的洪水故事中，不仅创造了人类，同时也造就了万物。姜良和姜妹“生下一男，有头无耳，有眼无鼻，有手无脚。斩碎为民，手指落地变成山岭，骨头落地变成岩石，头发落地变成万里山河，脑壳落地，变成土塘田塅，牙齿变成黄金白银，肝肠落地百年成长江大河”。② 这样，人类就这样产生了，与之俱来的还有山岭、岩石、山河、土塘田塅、黄金白银等。村民传说中的这些东西，不仅给他们带来了赖以生存的物质，同时使他们一来到人世间，就有了无限的欢乐与愉悦。

侗族在理解人的来源的时候，人不是孤独的，与之而来的还有鸡鸭鹅牛等。在“鸭鹅的由来”的传说中：当初的鸭鹅，起源在鹅洲下洞，下洞产鹅满河堤，母鹅引崽遍坪地，我们先人，从头到尾取下来，拿饭给它吃，造笼给它住，做窝给它睡。放鸭，鸭往田坝走，养鹅，鹅繁多，遍山遍地养鸭鹅。我们叫它“亚呀”。雄的咯咯，雌的嘎嘎，放满田坎散满江河。③

在“鸡的由来”叙述中说：当初鸡原在山洲竹山里，它从山洲竹山产出来。

---

① 参见笔者收集整理的《人类起源歌》，2012 年，存于吉首大学人类学与民族学研究所民间文献资料室。

② 参见笔者收集整理的《人类起源歌》，2012 年，存于吉首大学人类学与民族学研究所民间文献资料室。

③ 参见笔者收集整理的《鸭鹅的来由》，2012 年，存于吉首大学人类学与民族学研究所民间文献资料室。

鸡跑不过河，飞不过江，后来得个浮水大鸭，背它过河，驮它过江，送给人间百姓。它夜鸣掌时辰，白天守团寨。老人合心，青年中意，拿饭给它吃，拿笼给它住。养鸡满寨走，我们叫它“咕咕”，母鸡孵鸭子，是报答老鸭背它过河的旧恩，鸡在人间逍遥自在，啼声热闹兴隆村寨。①

在“牛的由来”中说：从前神农皇帝，父要吃白饭，子要吃好饭，去到山间开田，冲里开荒，水田种糯谷，旱田种籼谷。拿锄头去挖，费力拿耙去揉，揉不烂，脚踩不深，秧栽不稳。他无计可施，无法可想。到湖边去看，到海边去观，暴浪如大仓，波涛如火焰，大浪里冒出金牛一对，水牛一双，自跳上岸，自奔上山，神主吩咐：“如今你要去山头做工，冲头种田，山冲你要去，远处你要到。”金牛水牛说：“告诉他们百姓莫拿刀，官府莫杀牛，近处我只管去，远处我只管到。”神主答道：“我出旗帜他们就信，出印他们就怕，谁人不信，拿来见我。”朝廷不许吃牛肉，官府不许杀牛。②

村民还有关于“猪的由来”：这里不讲别的，且讲猪的来由。事物各有出处，各有来由，牲畜各有父养，各有母生，自有大山藏身。说起猪的由来，须知捉猪计谋，先置何姓，先置杨姓，先未曾养猪，只是挖山开土，父挖地种豆，母挖地种菜。豆长高过耳，菜长深过膝。林中有四头山猪，早到早吃，晚上吃完根，父无计想，母无法施。四寨一商议，想得一好计。砍树响吭吭，沿山设卡陷，伐木响响当当，冲脚设栏栅。杨姓父子守山梁，邀得欧姓父子守岭头；陈姓父子半冲动手脚，公猪呼呼沿山上，母猪咧咧沿山来。四头山猪来到，大家吼闹，有两头它身子长脚杆高，跳得过坑，跨得过栏，尾巴一翘跑进林，鬃毛一煽逃进山。去了一双山猪，还有两个，它脚杆短身子圆，跳不过坑，跨不过栏，掉进陷阱，父就抓耳，母就抓颈；父拿双绳去捆，母拿双鞭去赶。拿到家里，无圈给它

① 参见笔者收集整理的《鸡的由来》，2012年，存于吉首大学人类学与民族学研究所民间文献资料室。

② 参见笔者收集整理的《牛的由来》，2012年，存于吉首大学人类学与民族学研究所民间文献资料室。

睡,无处给它住,放在廊檐脚,关在梯子底。[①] 然后去到东方请来木匠,砍木切切,做成猪圈,抓猪进栏,关它进圈。三朝就驯熟,六天就习惯,三朝拿潲去喂,六朝拿糠去养,少喂碎米多喂糠,少吃苞谷多喂菜。双猪咧咧叫,走到小溪壕,游到篱笆下,身上有九层肉,肚内有九层油。侗家来议价,汉人来给钱。侗人拿钱来你不要,汉人拿银来你不卖,留来款待我们好宾客。

在村民的观念,人来到这个世界上,要生存,就需要有维持生命的物质,这是生存最起码的文化逻辑。与人伴生而来的鸡、鸭、鹅、牛、猪、鱼等都具有了自己特定的生态位与文化位。在这些生态位和文化位中,也就是在这样特定的“生境”中,各有其位,各司其职,使得各种生物的存在获得了存在的合理性。在这样的“生境”中,所反映出来的不仅是人在生物中的食物链,而且也反映出了人在生物中的文化链。这种文化链的形成,在特定意义上就形成了侗族文化对资源的分类与利用格局。

在村民们看来,人类有了这些物质,自然就可以生存下去了,但这样的生活还是很单调,生活像这样还不是很有意思,在他们的生活中还需要有更多的乐趣。民族在“生境”中利用了生境资源,在利用生境资源中实现了文化的成长,民族在文化的成长中又升华了自己的文化。人不仅是劳动的动物,更是创造幸福、享受娱乐的动物。人在构造自己的“生境”时,总不会忘记营造一个创造文化的环境,娱乐的意义不仅仅是享乐,更重要的是要在娱乐中去传播文化与构造文化。在村民中有着关于娱乐的诸如“芦笙”和“龙灯”等的由来的传说。用这些娱乐来滋养村民的生活,使得村民的生活更加绚丽多彩。

村民述说,不讲别的,且讲我们侗人祖先,没有什么娱乐,只拿芦笙作个热闹。芦笙根源在何处?起源在古州城。古州八万早戈格,村洞峨美制琵琶,古坪金富造侗笛,也洞沉现制笙人。第一次装六根六簧,吹不出声,吸不出音。

① 参见笔者收集整理的《猪的由来》,2012 年,存于吉首大学人类学与民族学研究所民间文献资料室。

第二次装六根竹簧，吹不出声，按也不鸣。第三次装六根牛角簧，吹也不响，吸也不出声。丢在地上，扔进壕沟，父无计策，母无法想。父出金两放小钱，母出银两放厘称，去到阳洞大地方，不怕靖州路远，五开（黎平）水长。转来古州六洞，买得响铜一斤，白铜二两，老匠打，小匠熔。老匠来锻，锻成黄铜片，锻声喷喷，作得笙簧，锻声梆梆，做个管簧，六个管簧钻六孔，六根竹管装六簧。六簧装里面，六孔在外面。三个竹管套上头，七个箍子箍下边。无处取声，山里砍竹叶有声，风吹竹叶声沙沙，取架芦笙叫格列（小号芦笙）。去到阳洞瀑布滩头取音，瀑布声约约，做架芦笙叫各略（三号芦笙）。瀑布滩水声耶耶，做架芦笙叫纳鲁（最小号）。滩水声沉沉，取架芦笙叫筒耿（中号芦笙）。如今三个竹筒，吹得成调，六个笙孔，吹得成曲。吹也响，震也浓。上村满万做筒铺（大号芦笙），库寨满美做筒头（特大号芦笙）。当今早吹早响，夜吹夜鸣，早吹响传州里，夜吹声震四十里地。我村年轻人，吹笙进场中，载歌载舞边跳边行，笙歌嘹亮飞漫天，小伙翩翩游乡间。[1] 有了芦笙，侗乡的人们就热闹了。

在村落里，人们对龙灯也有类似的故事：古时候，我们的祖先，土地贫瘠，生活艰难，交不起皇帝的钱粮，后来禹王开河道，开到五龙四海边，早晨到海岸去看，晚上到海滨去观，碰见个追宝龙王神，头有花纹，眼如金杯，身放红光，鳞起九层。观看也中意，望见也称心。后来圣朝皇帝，叫人扎个龙花灯，用金线来缠龙脖子，舞龙灯来庆贺新春。我们侗家也得到启示，也做新年佳节舞龙灯。父置绫罗糊龙头，母拿绸缎封龙身，茶油合白蜡做成烛，点烛照亮龙灯节节身。供奉龙头，敬奉龙尾。远看一片光亮，近看龙鳞晶明，就像一条活龙，真的栩栩如生。侗人看了侗家喜，汉人看了汉人爱。我们侗家做的龙灯真巧妙，成为神道高超的龙王化身，拿来祭天天感应，舞去敬神神也灵。[2]

---

① 参见笔者收集整理的《芦笙的由来》，2012 年，存于吉首大学人类学与民族学研究所民间文献资料室。

② 参见笔者收集整理的《龙灯的由来》，2012 年，存于吉首大学人类学与民族学研究所民间文献资料室。

图 1–2　阳灿村村民的芦笙

村落里有了芦笙、龙灯等娱乐活动，生活就有了无数的乐趣，生活的滋味就越来越浓，人间的日子就越过越好。从此以后，侗乡样样昌盛，国家平安，风调雨顺，六畜兴旺，五谷丰登。

在村落传说中，洪水之后有了侗族人的来历，但侗族并不是原来就是这样分布居住的，而是经过一个漫长的迁徙或扩散过程。这一过程，在村落里也有大量的传说，而流传最广泛的是《侗族迁徙歌》①：我们的祖先，从江西府太和县来到衡州，去到湖洋学法。那里有地，那里有宝，安龙坐地，安虎坐山。因为白天听鬼叫，夜晚不安宁，只好又迁移。

我们的祖先，金鸡起步，雁鹅飞天，来到靖洲飞山寨。那里有地，那里有宝，安龙坐地，安虎坐山。因为白天要派粮，夜晚又捐米，忍吃也难完税，只好又迁徙。

① 参见笔者收集整理的《侗族迁徙歌》，2012 年，存于吉首大学人类学与民族学研究所民间文献资料室。

我们的祖先，金鸡起步，雁鹅飞天，沿河而上，来到通道犁头咀岭。那里有地，那里有宝，安龙坐地，安虎坐山。因为田在高处，水在下边，脚不知踩水车，手不会做水车，只好搬迁。

我们的祖先，沿河而上，来到河边、江口。九姓人一起住，九姓人菜一锅煮，九姓酒一瓢舀，天宽地有窄，天荒开田园，只好像山花，分散开满天。

杀牛祭天地，卜问生息处，牛头向东，客往东去，牛头向西，客向西走，牛头转上，客往上走，牛头转下，客往下游。罗家罗万夫去到罗大腰。曹家曹保代去到曹家冲口、洞杨寨。石家石再立去到罗溪坪。陆家陆玉牛去小江和蛇口。张家张正培去地连西应。徐家徐度盘住张王、老湾。李家李仲庆住上金鸡、下宜王。陈家陈周杰住上銮寨。安龙坐地，安虎坐山。因为平溪的人，白日偷外婆的纱，夜晚偷祖母的棉，家财很不安然，只得再搬迁。

我们祖先，金鸡起步，雁鹅飞天，来到下乡，琵琶七树。那里有地，那里有宝，安龙坐地，安虎做山。因为那里人上穿鹊花衣，下穿金鸡花裙，衣着各样，语言不同，又要各自煮酒，秋行酒礼，大船装酒，小船装肉，酒兴大碗，肉兴大块，又要办龙纹花盘，喜酒吃双餐，礼仪难酬还，只好把家搬。

我们祖先，来到黄柏，上五吉，下五吉。那里有地，那里有宝，安龙坐地，安虎做山。因为与人相争十二两钱粮，冤枉气难咽，又把家来迁。来到龙头吉利，又因田在高处，水在低处，脚不会踩水车，手抽说不起，水比油盐贵，只好又迁徙。来到格龙、格坳。因为被上边来的称汉人，被下边来的又称苗家，宗族不同多闲语，只好又搬家，来到琵琶洞、旋美洞。因为那里野金牛，银间腰，十八斤，十九两，日夜不安受惊扰，只好又迁了。来到格山，因为罗寅秀才，居心不良，蓄意不好，立庙宇压青龙头、白虎脚，降下灾祸，日死七男，夜死七妇，野狗偷肉，野猪偷鱼，人不吉利，只好迁移。来到应溪禾、溪冲头，生有岩雷，正雷，公入地，父继承，世世代代家发人兴。岩雷、正雷以下，生得通成，明胜生得胜再、传再，生得文龙、盛龙，文龙住上面，盛龙住下面，文龙生全蛤，盛龙生松文，松文养五父，第一正雷，第二富雷，第三元雷。

莫讲别人，就讲我们祖先文龙，生四公，第一胜龙，第二胜虎，第三胜文，第四胜武，这四公生正道，正明、正法、正富、正贵。以下生得秀香、秀山、生得宝南、宝兴。秀山生得宝扬，保通。宝兴、宝南生得宝定、友传。以下生得庆海，庆相……

莫讲别人的祖先，就讲我们的祖先，祖公父亲亡故，劳碌造起三间屋宇，六间厢房，生男不肖，生女不俊，用了几多银钱，使他父子，东方去买，西方去寻，得来一头黑牯牛。请得道师、明师，奉献千斤牛筋，万斤牛蹄，上前奠献祖宗亡人，奉献千斤牛筋，万斤牛蹄，祭四方神灵，一堂锣鼓声起，细声祷念奉请。①

村民对人类来源的传说，体现了古代人群凭借群体间的合作、分享与竞争来解决生存资源问题。说到人类的第一个男人松恩是由节肢类动物的第七节生下来的，其祖先分别是“额荣—虾子—河水—蘑菇—白菌—树蔸”；而人类的第一个姑娘松桑（包括松恩）都是龟婆在溪边孵蛋，扔了三个寡蛋，由一个好蛋出来的。认为天地（自然）是孕育万物的母体，河流、山川、树木、花草等都是由母体直接生育出来的，而人、鸟、兽、虫、鱼等是由母体滋养再生的。这些就成为“主体”的“客”。因此，在侗族的观念中“山林是主，人是客”。可见，在侗族的生命意识里，蛋生、树生也好，植物生、动物生也罢，人类的生命形式诞生于大自然，与大自然息息相关。

通过这种对人群来历的传说而获得一种族群身份的空间认同，实现人群来到人间的合理性与合法性。在历史记忆的合理化修复过程中，这些传说成为一种文化事实，这种文化事实又是社会与自然环境的产物。文化实现了对资源的利用，同时，文化也定义了文化，不仅使人的存在获得了合理性与合法性，同时也使与人伴生、伴存的生物的存在及其被利用获得了合理性与合法性。在此基础上，村民形成了对资源分配、分享体系的维护与调节机制，也形成了一个特有的“生境”，村民在这样的“生境”中实现村落人群的延续与发展。

---

① 参见笔者收集整理的《侗族迁徙歌》，2012年，存于吉首大学人类学与民族学研究所民间文献资料室。

第二节　华夏背景下的民间村落与家族

在乡土社会，人们把自己的视阈锁定在家族与村落上，是无可厚非的，也是极有价值的。但不可忽视的是，在村民的记忆中，他们的空间总是超出了自己的村落，它是一个十分宽泛的空间，当然，村民记忆的空间是一个泛化的想象系统。这样一个想象的空间，是一种文化下的表达，这也是我们不能忽视的。在村民的历史记忆中，村民提到了北京、江西、广州、梧州、柳州、古州以及许多更加具体细微的地名。从地名空间来看，不论村民是以何种方式在描述自己的历史，总可以观察到的是：一个民族的历史是在特定的空间流动而形成的。在这流动的过程中，是由无数的历史事实扭合而成，当然这些历史事实本身就是被建构起来的。我们也无从或无须去考证它的真实性，或许这种建构就已经是一种真实性了。

在阳烂村，村民说他们的先民是居住在北京（其实这是今天侗族对美好地方的一种向往的指代），由于各方面的条件不如汉族，尤其是在文字承载知识的方面比不上汉族，所以就南下来到了广州。在广州地区开辟田园，生活过得有滋有味，人口得到发展，日子越来越好。只是这里原来已经有了一个叫"理"的民族，侗族祖先与理族开始相处得很好，十分和睦。只是两个民族的族长都想方设法地发展自己，以限制对方，这样在经济上、政治上都开始了相互竞争。起初是双方进行各种比武活动，在比武中显示自己的力量，久而久之，就形成了定期的竞赛活动。每年的8月15日，两个民族都要把自己精心养护的大公牛放出来对角打架。从开赛以来，都是侗族的大公牛取得胜利。后来，理族提出改为两年一次的公牛决斗，并提出对胜利者进行奖励。斗牛规矩改革后的第一次斗牛，两族的族长都发动了各自的群众参加活动。斗牛场上，人山人海，双方都赶着自己精心养护的大公牛进入斗牛场。双方准备就绪后，在一声铁炮中，第一对公牛相击对角。这一轮侗族的公牛赢了。侗族的族长高兴地从椅子上摔了下来。第二声铁炮一响,第二对公牛上场,经过一阵鏖战,侗族的公牛败下阵来。这时,侗族的族长有点按捺不住了,他便来到青年中,鼓励我们的大公牛,如果第三局我们赢了,我们侗族就有希望了,失败了我们就只有离开这个地方。第三局上阵的是头青无杂毛的大公牛,气势汹汹,像是猛虎下山。结果是侗族的大公牛经不住理族大公牛的强攻猛进而败下阵来。侗族族长闷闷不乐地回到自己的团寨,弄不明白为什么自己的公牛会如此失败。为了找出其中的原因,他特地拨出一千两银子,派人到理族内部了解实情。后来才得知,这是理族的智力高超,并不是理族的公牛力气大。理族以自己的"耐劲牛"对侗族的"强劲牛",以自己的"强劲牛"对侗族的"使劲牛",以自己的"使劲牛"对侗族的"耐劲牛"。这样一来,理族就三打二胜了。侗族族长知道后,感到自己的智力不如理族,如果长久下去,肯定会受到理族的欺负。于是决定带领自己的群众离开广州,开始迁徙。先来到福建,"因为石猛和杀天星,由此惹来大祸。无处安身商量跑,扶老携幼去逃荒"。他们又"来到江西吉安府,定居在朱石巷"。这里地方山不高,地也广,大家有了吃穿,青年男女,歌声不断。但没过多久,"那时皇帝传圣旨,强迫民众练刀枪,众人听了心恐慌,连夜逃出吉安府。越过千匹山坡万条江,沿途乞讨到梧州"。由于梧州地方"田在上,水在下,连年遭旱殃","祖公含泪出梧州,带领子孙逃上江"。先后在丹州、容阳落过脚,又来到八洛。在八洛,祖公们经过仔细商量,决定分两路走。"杨石孔三公上河走柳江,五公去六洞分五方,杨家的公住贯洞,梁家的公去晒郎,吴石二公去皮林,姓洛的一公去洛香……"①从此,侗族就在这块土地上开辟家园,建寨安家。

在阳烂村,村民由两大家族构成,即龙姓家族和杨姓家族。他们并不是同时到达这里的,龙姓家族在先,杨姓家族在后。两个家族到达的背景也是不一样的。龙姓家族的满全是阳烂村的开山鼻祖。最先居住在阳烂村的是龙氏祖

---

① 参见笔者收集的《祖公上河》,2012年整理,存于吉首大学人类学与民族学研究所民间文献资料室。

先龙满全。原来龙满全与兄弟文全居住在高步村，一天满全养的两只鹅顺着河流游到村对面，满全来找两只鹅，发现这里田地多、肥沃，就搬来这里住下了，于是他在阳烂开辟了村寨。在阳烂的龙姓家族有两支：一支是满全支，一支是水井上支。

龙氏族谱记载，满全支龙氏第35世龙禹官，在宋天圣九年生于浙江省会稽县，时任南昌节度副使，后由南昌迁入江西吉安府泰和县白下驿。其长子龙宗麻，宋至和元年生于泰和县白下驿，初任浙江列校使，后调升湖南宣抚处副使。宋哲宗元年，湖广长、衡、永、保、岳、常、辰、沅靖等处，南蛮作乱，王、黄、陆、莫、吴、张、龙七姓在河南结拜为兄弟，方才破蛮匪，哲宗皇帝故此加封七姓祖太公为平侯王，死后求授春秋祀典，宗麻公被皇帝加封扫峒一王，后移营绥宁县东山铁冲居住。

第三十五世：龙禹官（有五子，长子宗麻）葬常德南城外，螃蟹形

第三十六世：龙宗麻（有一子望霖）居绥宁县东山

第三十七世：龙望霖（有长子龙莹、次子龙喜）葬东山，任山西列校

第三十八世：龙莹（启后裔为另一支）

第三十八世：龙喜

第三十九世：龙方华

第四十世：龙仁闻

第四十一世：龙欲光（长子龙令锡，元朝年间自绥宁东山迁贵州天柱县龙家坪，次子龙高任坟宜县令）

第四十一世：龙令锡迁至天柱县，葬于杨坳坡

第四十二世：龙令锡之长子龙逢斌，由天柱迁汶溪，明永乐十二年卒葬洋溪高竹湾

第四十二世：龙令锡之长子龙建衡，次子建立，三子建嵩，四子建榜，五子建陶。由龙家坪移居冷水家焉，除四子建榜有此移居记载外，

其余四子不详（族谱记载，注：龙氏祖谱第四十二世龙令锡，四十三世衡、立、嵩、陶均到天柱县后已无记载，唯四十三世建榜有另迁。据此推算，当时是由四十二世龙令锡率四子及其家人举家搬迁，即可能是我阳烂始祖之来源）。

龙方华公下三、五代儿孙，后迁贵州戎身诚州，戎姓贵州分各诚州分队之后，再坐杉木船上前至千杀州，万杀州县。居二三代后，遭遇干旱，禾苗不熟谷，可惜田宽无收成，启程出村到溪边，过林城界，下乡林偶溪，下至古洲村，随林偶溪道出大河至靖州地界，由河上至飞山寨，再转身古友溪口上里三团下里三寨（今通道溪口乡古友村），后翻过临口，下乡，又至琵琶（今通道双江琵琶村）住一、二代，后由琵琶七里至双江蓦地坪居住，后因小儿滚入河去不安，便又随河上，另置业于芋头（今双江玉头村），但冲田小，耗子甚多，山猴、野鹿、野猪等熟一吃一，有种无收，后沿溪河挨村乞食入横岭、上坪大团（今坪坦乡横岭村边河上侧对面一大片平地——遗址），在此地方住三、五代，各家各户俱松动。有文全、满全二兄弟，喂养十二只水獭赶鱼，养十二条家狗，十只猫。那年代，风调雨顺，丰衣足食，满团富裕，如此丰源，男女歌唱，作耶过日，未分昼夜，安居乐业。后来，因广西来一位风水先生过路问宿，因无人留宿，致使其窄隘心中愤怒而作弊，曰：寨背后山来龙过杀之处，有个红鳝，寨脚有个白岩，名叫垒古碎岩，下有个白泥鳅，取来斩之，四方要立四座庙，每座内点四盏长明灯，使鱼有气无力，必登王位，如铜棍插地头开花，一斧登雷，一刀登天。后却满团发瘟疫，一日死去九十九人，多人死，少人埋，故此逃避。从务坪大团散时，入苗变苗，归汉变汉，入壮变壮，归侗变侗，各其所往。①

文全公上坪墓溪登界下坪茶溪，翻梁过四凹盘至岗大，满全公沿着由河上

① 参见笔者收集的《祖公落寨》，2012 年整理，存于吉首大学人类学与民族学研究所民间文献资料室。

亦入高团,后居阳烂。文全后居于高团,于明朝戊午年生二子,后文全葬于高团屯后坡,二子移居高步,葬于高步寨后团相坡。满全公葬于阳烂寨后坟地,后裔在阳烂寨中建有二进青石板祭坪。坪中有石桌祭台,坪左右安有 0.5 平方米方块岩烧香台,坪名为满全公坪,以供后裔祭祀。

图 1-3 阳灿村村民祭祀寨神满全

满全公后裔在阳烂寨有 88 户、445 人,其分支在马龙辰口有 60 户、300 余人,住甘溪村有 50 多户、200 多人,住领冲 30 多户、180 多人,住广西三江斗江都镐中寨 40 多户、240 余人,住渡坡 20 多户、100 余人,还有一些外出到了全国各地。

阳烂井上支龙姓,据其家谱记载,龙氏原系江西省吉安府泰和县,掳凌寨兄弟四人移往湖南直隶州绥宁县东山二面,各分居住,大哥龙宗麻住东山岩弯洞,二哥龙宋旺住岩头坪,三哥龙宗朝住清水江,四哥龙宗清分居后相安各处,后代儿孙大发大利。

始祖原系东山移到阳烂居住

一世祖龙华 { 楼 / 钱　　二世祖龙达 { 保 / 亮　　三世祖龙华 { 田 / 千

四世祖龙云 { 相 / 从　　五世祖龙金 { 付 / 贵 / 保　　六世祖金贵之子湖丙，字达魁

七世祖龙吉 {
祥，字光德，生于戊戌年，寿 65 岁，葬背后山，二老共一排
庆，生于道光甲子年，寿 78 岁，葬背后山。生逢昌、逢奎

八世祖（龙吉祥之子）龙逢 {
保，字入文，葬背后山，生于同治壬申年
二月十二寅时
光，字入富，葬背后山，生于光绪二年丙子年
正月二十三酉时

炳焊丝生龙位 {
祥（生逢益，逢益生坤六，坤六生平芝
官
成 { 生春路，春路生益坡 / 生春海，春海生益奖、益作

杨姓家族成员比龙姓家族成员晚到阳烂，但其来源的传说却比较复杂。来自独坡岩上的杨姓传说——来到阳烂村的杨氏起初是从三个地方搬来的，最先搬来的是独坡上岩村这支，后来杨氏另外两支也分别从坪坦村、独坡乡老寨村搬来阳烂。

“我们这支杨氏家族祖先从靖县飞山来到独坡上岩村，由于他们非常勤劳，所以过着很富裕的生活。人们认为这是他们的祖坟风水好，祖宗在保佑他们。但是先民却吃饭吃菜都没味道，吃什么都乏味。有一天来了一个猎户，手里扛着一只野猫。先民就半开玩笑半认真地说：‘你的猫

好大啊，煮起来一定很香吧。'猎户说：'那当然。''卖不卖啊？''不卖！''如果你把野猫卖给我，我就把畔上的十多石大田全给你们'，'真的假的？你会把田给我？''真的！'先民指天发誓说：'天啊，我从来不说假话，我愿意把田给他。'先民就真的把田给他了。现在在独坡上岩村仍然有野猫田畔这个地方。先民虽然吃了野猫，但吃饭仍然还是吃不香。

有一天，一个风水先生路过村落，先民就问：'先生，我们怎么会这样，我们很富有但是吃不下？'风水先生说：'你们祖坟前面的岩石上有个龙头，要吃得香就把舌头敲下来一点。'先民就真的去敲了，可是连到舌喉里面都敲下来了。先民越吃越多，第二天杀了一头牛都吃光了。越吃越多，吃到把田地都卖光了。先民的生活越来越艰辛，有的到外面去当长工、短工，有的到外面去做小生意。有一天，先民来到阳烂村这个地方，看到这里田地多，就对阳烂村民说：'让我给你们做长工吧，我只要有口饭吃就行。'村民就说：'真的？不要工钱？'先民就把情况告诉了村民。这位村民就对先民说：'你来我们阳烂吧，这里还有很多田地没有开垦，如果你们来，我们就做结拜兄弟。'先民回独坡后，把阳烂的情况告诉家人，然后就迁到阳烂来了。在石塘小坡上种竹子，开发出来后就成为平地，把这块地方作为屋基。龙杨两家从此结为兄弟，世代友好，杨家先人还交代子孙以后要与龙家和睦相处。现在龙杨两家关系一直很好，个人之间打架了也不准记仇，过后和好如初。”

在外面龙、杨两家自称兄弟，如果杨家人在外面与别人打架，龙家人看到就会说：“这是我兄弟，你不能打我兄弟。”可见在阳烂，村民心目中是十分认同两家兄弟般的情谊。

而来自独坡老寨的杨姓老人却述说：阳烂村原本没有杨姓人居住，最先在阳烂村居住的是龙姓侗民。杨姓侗民是后来才迁来的。杨姓先后从三个地方迁来，他们分别是由今独坡乡老寨村、独坡乡上岩村、坪坦乡坪坦村。这三支杨姓当时并不统一“杨”。从坪坦来的一支最初是姓“阳”，只是后来慢慢地由“阳”姓改为“杨”姓了。（从老寨来的这一支，据杨正培说在独坡乡老寨村看到祖坟墓碑上有很多写着“扬”这个姓，是否这支杨氏是姓“杨”还是“扬”已不可考。）

根据杨正永回忆，这支杨姓迁来的原因是当时那边田地不多，俗话说：“水往低处流，人往高处走。”而阳烂这边有许多田地，迁到这边来能够有好日子过。据杨正培回忆，杨氏是在明清时期迁来阳烂村的，始祖是杨唐相，由于没有杨氏族谱，来阳烂繁衍了多少代已不可考了。现在他们这一支有 13 户，他们的户主名如下：杨正前、杨正培、杨正泽、杨正永、杨正通、杨盛辉、杨正刚、杨景美、杨秀杰、杨义兵、杨义雄、杨边井、杨领锡。

这一支在杨昌德时期每年都回独坡老家祭祖，并在阳烂有自己的祖坟。在新中国成立以前还有自己的公田，公田由族内轮流耕种，所得谷物为所种之户所有，当宗支内祭祖时所需费用由种田人所出，若费用超过公田所出，则由族内再集资。新中国成立后由于土地改革，土地分产到户，公田没有了，但是每年清明节祭祖时，杨姓家族还是会集体扫祖坟。资金临时由各户凑，每户出的多少不定，家里条件好的出得多些，条件差一点的出得少些，有的时候也平均分摊。祭品有猪头、一尾酸草鱼、酒、米、水、香、纸等。祭完祖后，大家还在一起会一次餐。现在每年虽然在清明节时还集体祭祖，但是祭祖完毕后，已不再会餐，最多在祭祖完毕后将祭品在坟山头吃掉完事，就各自回家了。

在阳烂村内三支杨姓最初是通婚的，但后来就不通婚了。原因有以下几点：第一，由于龙姓发展快，人数多，势力大，而杨姓势力很小，所以三支杨姓就合为一宗。第二，在阳烂村内，龙姓之间是不能通婚的，而杨姓内部之间却通婚，被龙姓耻笑。所以住在阳烂村内的杨姓之间以后就不再通婚了，但是可以与其他寨的杨姓通婚。

图 1-4 阳烂村村民祭祀司天南岳(火神)

这支杨姓最初迁来时有三户,但由于杨氏宗族没有族谱,三户的姓名已无从可考了。现在这支有 11 户,户主们的名字如下:杨盛凡、杨盛生、杨盛雄、杨宪、杨盛刚、杨盛凯、杨丙合、杨丙义、杨义谋、杨丙余、杨仲语。

由于没有杨氏族谱,来阳烂繁衍了多少代已不可考。所以只能根据这支老人们的回忆追溯最近几代的人名了。

在村里,村民传说,阳烂村以前居住着苗族人,他们住在牙仆算(阳烂寨靠西的一个山坡地名)。村民至今留恋的是当年苗族人留下的一个神秘猪槽。说是当时苗族人用来喂猪的食槽,可以让猪长得非常快,一天能长三四斤。对于这个猪槽,至今阳烂村的村民不仅相信这个猪槽存在,而且对有朝一日能够找到这个猪槽还十分有信心。村民们说,在很久以前,有几十户苗族兄妹住在牙仆算这个地方,苗人一般喜欢住在高山,吃水都是来坡脚担水,种田与侗家一样在阳烂的坝子上。在上山吃杨梅野果的季节,苗族、侗族青年都在同一个山梁,就是阳烂村搞活动诸如从事公共建筑(修村寨的石板路、建鼓楼、庙宇等),山上的苗族也参加。按村民的说法,就是现在阳烂村的公共设施,这些苗族人也都有份。但是,苗家与侗家就是不成亲。侗家喜欢与苗家成亲,但苗家却坚决不答应,不能让苗家女子嫁到侗家做媳妇,虽然侗族喜欢苗家,但也没有侗家的女子嫁到苗家做媳妇。村民们也说不清是什么年代,也不知道是发生了什么事,苗家与侗家之间发生了矛盾,而且是生死矛盾,造成了你死我活的局面。由于苗家人数少,侗家人口多,无论苗家有理无理都抵不过侗家的势力。在争斗中,苗家不得不逃亡到了广西的三江林溪牙儿苗族地区居住。这场纷争过后,逃亡的苗家子弟曾经有人来看过他们的家园。他们没想到的是,才搬走几年,他们的家园就残破不堪,大部分房屋已经倒塌、霉烂。苗家人虽然离开了阳烂,但对阳烂却念念不忘,也不想把这块风水宝地白白地送给阳烂的侗家人。于是,苗族人在其族长的带领下,聚集了苗家的青年壮汉,带上锄头、柴刀等,回到他们曾经居住的地方,把住地的龙脉挖断,至今还留下有宽约 8 尺,深约 7 尺的斩龙脉壕沟。就在他们斩龙脉的同时,把他们的神秘猪槽也隐藏得无影无踪了。

年轻的村民问前辈,他们喂猪一日能长三斤的神秘的猪槽,为什么不带走?前辈的回答是,苗家人不是不想带走,也不是因为石制的猪槽重,而是他们搬迁到的牙儿那个地方不适合养猪。因为牙儿坐落在四爪虎龙脉上,那里中间有虎豹,养猪只能喂虎豹。搬去了猪槽,可能老虎会更多,他们的生存安全就更没有保障了。但是苗家人也不能让这样的神秘猪槽落入阳烂的侗家人之手。他们在埋藏猪槽时就已经发过誓,如果有谁把猪槽埋藏的地方告诉了外人,就把他的九族杀掉。到了今天,也就没有人知道这个神秘猪槽究竟在什么地方了。没有了神秘猪槽,但搬到牙儿居住的苗族人对阳烂的记忆并没有忘记,一旦他们遇到阳烂侗民,便以自己能够记住从鼓楼坪到河边有二十四级台阶(其实生活在阳烂村的村民大部分都记不起有多少级台阶)而十分自豪。

他们还告诉后代,阳烂的公共建筑他们也有一份。

从阳烂村村民的记忆所反映出来的这一连续的历史过程,已经十分明确地告诉我们,侗族是国家建构过程中的产物,也是与周边民族不断竞争而成长起来的一个民族。“北京”是中国的政治经济文化中心,是国家的中心,是中华民族的心脏。这是一个被现代国家建构起来的,由此而形成当代的中国话语中心。在这样的“格局”下,村民在建构自己的历史时,也总是在这样的背景下去寻找自己的根或自己光辉的历史源头。但这种理解还是浅层次的,我们沿着文化的逻辑去追思的话,我们还会发现一个更为有趣而更贴近的事实——国家过程与民族过程的问题。

阳烂村的村民都在强调他们是来自江西的,他们的祖先是因有战功而受皇上赏赐的。这样的说法,在西南地区的少数民族中具有普遍性,因此,我们有必要对少数民族地区的“江西说”“南京说”“湖广说”的文化逻辑进行分析。

在中国南方尤其在西南地区进行田野调查时,不论是在汉族地区,还是在少数民族地区,一旦问起他们的来源时,他们总会说的祖先来自江西,来自南京,有的还十分明确肯定地说是来自什么府、什么县的哪一条街巷,在那里还有什么明显的标志,还十分明确地说他们的祖先是因为立下了赫赫战功,被皇上所封赐。好像西南地区在江西人、南京人进入之前,这里是一个没有人烟的荒芜地带,只是江西人来了之后,西南地区才开始有了人烟。像这样的传说是十分普遍的。为此,有不少的学者根据人们的传说特地到江西进行了调查,其结果是可想而知的。在江西,或许也正如他们所说的有那样的府县和街巷。于是就存在了一个历史事实与历史构造的关系问题。当然我们不能轻信他们口传的这一历史事实,但我们也不能对此视而不见,必须对这种现象进行分析。我们查阅汉文记载的历史,在明代确有湖广包括江西、江苏等地的军与民进入云贵和四川,在清代,有更多的江南汉族移民进入西南地区。这种文献典籍所记载的汉移民进入西南地区是一个真实的历史事实,然而,我们也仍然相信在江西人进入西南之前，这里已有大量的不同文化群体的人民在生息，也不会因为江西人的进入而使原有的人群消失了。那么，需要说明的是，为什么原来生息在西南的居民会放弃自己的土著说，而附会后来者的“江西说”呢?

要解说其中的原因也不是那么艰难，我认为就是一个国家与乡土同构的问题，这是在以“儒”主导下的国家过程现象。在“中国”，国家的建构是以“儒”的认同为准则的。认同了“儒”就成了国家的一分子，反之就成了“化外”“生界”，这是需要用“儒”去化的地方。在“儒”之外便有了蛮夷戎狄。由此而来，在以“儒”为主导的国家边界，是一个文化认定的边界，是一个由文化来确立的边界。由此我们也就不难解释历代“中国”边界的盈缩了：在儒家文化的影响力很大，中国周边的蛮夷戎狄接受了“儒”时，国家的边界也就随之扩大；而当周边的蛮夷戎狄拒绝而不接受“儒”时，国家的边界就会内缩。也正因为如此，在“中国”之内也会有“化外”“生界”。如明清时期的黔东南苗族侗族地区和湘西腊尔山苗族地区就属于没有接受“儒”的“生界苗疆”。这些“化外之地”“生界苗疆”就成为国家“儒化”的对象。其实，中国国家化的过程就是一个不断向周边“儒化”的过程，这也是华夏文化向周边浸润的历程。这一过程也成为国家与中国乡土的同构过程。

在国家与乡土同构中，主导的力量是华夏的“儒”，这种“儒”不仅内含有国家的权力，更体现为国家权力的种种资源——政治资源、经济资源、文化资源，等等。这种权力下的资源与乡土的资源所呈现的是一个不对称的格局，尽管乡土社会对这种来自“儒”的各种方面会发出种种应对措施，形成自己的策略。但是，华夏是以浸润的方式在实现国家与乡土的同构，尽管也不排除战争、屠杀、流血，但这之后，仍然是以“儒”在浸润。于是，在乡土社会的记忆中，有征战与流血，但更多的却是和睦与协调。最为有力的证据就是在历史上那些征战、屠杀乡土社会的华夏英雄，在乡土社会却成了他们的崇拜对象，成了他们地方的保护神。如马援在东汉时期征战“五溪”，在后来“五溪”民众却将马援作为崇拜的对象，建立伏波祠，对伏波将军马援进行祭拜。散布在西南民族地区的“孔明庙”也是如此。在这样的华夏文化浸润过程中,乡土社会,尤其是少数民族接受华夏的“儒”就成了乡土建构的主导力量。由此,我们可以解说的是,所谓“江西”“南京”“湖广”等已经不是具体的地理空间名称,而是指代了一种文化空间。而这些地名仅仅是文化空间的一个代名词而已。西南地区的少数民族传说他们来自“江西”“南京”“湖广”,也就蕴含了他们对“儒”的认同与接纳。他们的这种诉说也就在向我们昭示,他们已经认同了“儒”,而不再是“化外”与“生界”了,与“中国”是一体的了。

国家—乡土的运行是通过家族与村落来实现的。家族与村落的有序格局,在费孝通的《乡土中国》中已经进行了系统的分析。在这里,需要说明的是,在这样的国家—乡土建构中,是以家族与村落为载体的,家族与村落既是国家—乡土建构的基础,也是国家—乡土建构的表达。我们只需从家族的族谱就可以得到充分的认识。族谱,从严格意义上说,是记录家族的历史谱系。但我们翻开族谱或家谱,几乎无一例外地发现,家族、族谱除了记载其谱系外,还有着更丰富的内容。

首先看谱书的题字。谱书的题字者除了是家族内有名望的人以外,更多的是在当时拥有国家权力的族外人。这些人的题字,尤其是外族人的题字,使族谱、家谱获得了其存在的合理性与合法性。更重要的是,其意味着族谱、家族渗透有国家权力,这种国家权力便成了一种家族自豪的象征,通过这种自豪引发出家族成员对国家权力的追求与向往,由此而实现了家族与国家的共同命运。

其次看谱书的“序言”。几乎所有的序言都是溢美之词,我们不可轻易地放过这些序言,我们无需考证这些序言的真实性,但它确实成为家族建构的一种心性。后世的家族成员在阅读这些序言时,不禁会油然起敬,感到自豪,家族的成员也正是受这些溢美之词的鼓励而奋发图强。

再次看谱书的历史追述。在任何一部谱书中,都有追述家族渊源的“前言”。他们几乎都把自己的祖先追溯到汉文典籍的英雄人物,有的甚至追溯到华夏传说中的英雄人物。总之,每一个家族的谱书在追述其先人时,总要找到一个"英雄人物",找到自己"光荣的祖先"。这前言的追述也许显得有些离谱,难以让人信服。然而,我们在解读谱书时,却应该去理会人们为什么会如此离谱地去追述自己的历史。在这里我们可以感受到历史是怎样被建构的过程。这些"光荣的祖先"在外人看来或许是不可信的,但其家族的成员却是深信无疑,他们甚至可以对这些"光荣祖先"的事迹、谱系一一道来。他们的这种深信是不容怀疑的,这在本质上就是一种历史建构。通过这样的历史建构,将家族的命运与国家的命运连为一体。在某种意义上,国家的历史就以这样的方式在民间得到了扩散,而家族的历史也在这样的方式中获得了国家的认同。由此实现了国家与家族的同构。

最后看谱书的家规族训。几乎所有谱书的家规族训都是围绕"仁义礼智信"而展开的,汉族的族谱如此,少数民族的族谱也是如此。也就是说,以"儒"为主导的"仁义礼智信"成为家族成员行动的指针,其实这也是国家臣民行动的指针。从某种意义上说,谱书就是缩小了的国史,国史也就是放大了的族谱。我们可以看到的是,在少数民族社会能够修写家族谱书的自然是接受了"儒"的人,能够看懂和理解谱书的也是接受了"儒"的人群。这些人群自然也就成为国家主流意识的传播者和倡导者。在"中国",华夏文化的浸润就是通过他们以族谱的家规族训等方式来实现的,也正是以这样的方式实现了将华夏与蛮夷戎狄的对接,进而构筑起了华夏的文化边界。华夏文化也正是以这样的方式一波一波地从华夏中心地带向周边蔓延与渗透,这种蔓延与渗透又构筑起了中华的多元一体格局。

当然,我们从阳烂龙氏和杨氏家族来源的述说中,除了解读出上述的文化逻辑外,更重要的是,还对侗族的"外来说"与"土著说"进行了有效的注解。长期以来,学术界对侗族的"外来说"与"土著说"争论不休。在村民的述说中,提到了他们先人来到阳烂途径的各个地名。途经的地名谱系是十分清楚的,这些地名不仅是一个文化空间,同时也是具体的地理空间,是二者的合一。

第三节　家族组合关系与资源配置

在任何社会中，资源总是稀缺的。人们在面对稀缺的资源而要求得生存与发展时，不同的民族会有不同的应对措施。有的民族是采用了兄弟分家的方式来应对资源的稀缺，而有的却是采取了兄弟联合的家族组合方式来对资源进行有效配置。不论采取什么方式，都是文化模塑的结果，也都是靠文化来排解人们的困境，以建构、维系与延续这样的人类社会。

阳烂村的资源配置方式，是采取家族联合方式。家族联合仍然是以族群血缘为纽带的，族群血缘是资源配置的基础，这也是村落资源配置的基本方式。阳烂村龙姓家族的“弟兄祖先故事”和杨姓家族的“不同区域来源说”表明，村民间具有两种血缘关系和多重的拟血缘关系。在龙姓的“弟兄祖先故事”中所展示的是个别弟兄始祖与其子嗣的父子垂直血缘联系，在杨姓的三个来源传说中所展现的是弟兄始祖间的平行血缘联系。然而这两种血缘关系在村落按家族的形式在持续，但在面对资源稀缺时，村民并没有完全按照这两种关系进行资源配置，而是将这两种关系进行了组合，在村落里进行不同家族之间的组合而成为一种拟血缘关系。村落中的龙姓与杨姓的关系可以视为是一种拟兄弟的血缘关系。这正如村民所理解的，我们以前是结拜兄弟，“我们可以打架，但不能记仇，因为我们都是兄弟”。这体现出一种平行、对等的结合关系。从本质上看，这些组合关系仍然可以归结为一种兄弟关系。这种组合关系的血缘隐喻，与村寨资源利用与配置有关。在寨中，各家族基本上都在一种平等的地位上分享、竞争地域性资源。其实，在村落资源的配置中，也正是通过家族组合关系中的三种形式——团结、区分与对抗来进行的。

首先，不同家族的这种以“兄弟关系”组合而成的资源利用主体，表示人与人之间、人群与人群之间的团结与合作。同胞、弟兄或弟兄姐妹，是基于根基性情感的最根本“族群”。在侗族村寨的现实生活中，关系最密切的便是其家长有兄弟关系的几个家庭。他们来往频繁,平日相互扶持。如果不这样的话,在村寨中便为大家谈论、批评的对象。在有些地区,村寨中还流行结“异姓家门”。大家非常清楚——为了壮大寨子,大家团结避免受人欺侮。在资源关系上,祖先有兄弟关系的几个家庭、家族与村寨,共同维护、分享本地资源。在村落,不同家族之间,即使没有实质意义的血缘关系,但在共同面临资源的稀缺而进行有效配置时,人们就采取了拟血缘的方式,将村落的人群建构成一个有血缘关系的群体,而由此获得分享资源的资格。这可以说明的是,在村落资源的最初配置中总是离不开“血缘”,“血缘”成为资源配置的首要因素。也就是说,资源的最初配置是在“血缘”关系中展开的。

在村落建立之初,不管是一个家族的力量还是多个家族的力量,在面对其所处的自然环境和社会环境时,其力量总是显得弱小。为壮大自身力量,村落力量的团聚是最有效的方式,这使得龙杨两姓连结为一个共同体,以此增强凝聚力,强化地域观念。尤其在旧时,战乱、土匪多、社会治安差,团寨需要修建大门,修筑寨墙。村民说,阳烂寨以前有三层围墙:一层是土岩围墙;二层是高杂木杉条围墙;第三层是用一丈多高的楠竹杆密封团寨一层。三层围墙之间是用楠竹削成锯尖,并以桐油浸泡十天产生剧毒后围着的,三层围墙近 500 米长,用来防御敌人。村寨居民为了相互照应而全村聚族而居,木楼一栋连着一栋、一排靠着一排,相当密集。若住寨外则会有被土匪“拉羊”(即绑票)、派伙食(即供应土匪吃饭)、借宿(即提供住宿过夜)和洗劫的危险,故人们更多的是挤在寨中。如 1949 年 4 月地方的“三抗军”(抗共产党、抗土匪、抗国民党)从林溪开入大队人马,路经高步来攻阳烂。当时本村的游击队有十多人持枪驻在村里,听到枪声马上关起三层围墙大门,没有枪的村民个个扛起大刀长矛守卫寨门。当时久攻不下的“三抗军匪”放火烧寨,燃起熊熊烈火。后经高团村曾任高步乡伪乡长的杨生荣求情,才使阳烂村逃过此劫。

这样的历史背景、这样动荡不安的年代使得两家更加紧密的团结在一起,共同营建、维护自己的团寨,从而使得家族观念被淡化而团寨意识增强。居住

图 1-5　阳灿侗寨北门

的密集程度，频繁往来更使得你中有我、我中有你，增进了感情、加强了沟通，从而加速了两个家族的融合。

阳烂侗寨祖先自入寨以来，组建家园、安居乐业，共同营建了许多公益建筑。从乾隆三十九年到嘉庆十七年的近 40 年间就建造了六个大工程建筑：河边中寨大门楼及土地宫、河边龙头鼓楼、河边台阶大水井及大岩块整形土地宫、青石板路、龙杨氏祠堂、中寨大岩块结构水井，以及先前建造的中心鼓楼、三个神庙，等等。工程建设期间，全寨侗民、男女老幼同心协力，有银捐银、有木捐木，使全寨各项工程圆满完工。这些建筑是阳烂侗寨先民辛勤劳动以及智慧的结晶。一代又一代的阳烂村民把这些建筑完好无损地保存下来了，这是团寨的象征。两个家族不分彼此，共同维护着祖先的遗产，加强了团寨的凝聚力与彼此的文化认同。这种相互的始祖认同可以说模糊了家族界限，消除了家族间的隔阂。

在阳烂村最独特的是两家族共同修建了两座鼓楼、一个龙、杨家祠。这是在全侗族地区所没有的。鼓楼是家族的象征，一般说来是每个家族都有自己的鼓楼，而且是建寨必先建鼓楼。在阳烂村却是龙姓家族和杨姓家族共同修建了两座鼓楼，并没有区分是龙姓家族的鼓楼还是杨姓家族的鼓楼，而是两个家族共有。在汉族社会里，祠堂是家族最重视的地方，是家族内部的活动场所，是家族的象征，不可能超越家族的界限。但阳烂村的祠堂却是龙姓家族与杨姓家族所共有的，这里我们暂不分析侗族社会采借汉族祠堂文化时所发生的在结构上的错位，但就两个家族共建共用一个祠堂的事实来说，就已经最明显不过地说明了两个家族关系密切、不分你我。

图 1-6　阳烂河边鼓楼

还有村落里的满全庙。满全是阳烂的开寨祖师，原本是为了祭祀龙氏祖先龙满全而修建的。但杨姓家族进入阳烂后，与龙姓家族结拜为兄弟，也把龙满全庙作为自己的祖先神庙去祭拜，也把龙满全当作祖先来祭拜，把他当作开寨祖师来敬仰。逢年过节时，杨姓人和龙姓人会一起去祭拜满全庙。

长期以来，侗族村寨的聚族而居，使得他们趋于向内寻求婚姻资源，通过同姓不婚族规的限制，既避免了近亲结婚的弊端，又保证了婚姻、人口繁衍的正常发展。婚姻资源得到有效利用的同时，加快了两个家族的融合，也增强了团寨的凝聚力。婚姻是联系两个家族间感情的纽带，婚姻关系的缔结使家族与家族之间融为一体，关系更加牢固，难分彼此。从阳烂村 2004 年婚姻统计表上看，全村 185 户，有 49 户是两家族通婚。而在以前村民没有外出务工时，两个家族互相通婚的现象就更多、更普遍。这种现象在其他村寨并不多见。这样使家族关系更加亲密，彼此往往互为亲戚，关系网更加错综复杂。

侗族人民的生活是多姿多彩的，村寨与村寨之间往往会有大型集体月耶[①]、芦笙比赛、篮球比赛等活动。这种对外集体活动加强了团寨意识和集体荣誉感。两个家族齐心协力，不分彼此，共同为团寨争夺荣誉。在与外寨发生纠纷时，两个家族更是以团寨利益为重，一致对外，同进退。这种心理与历史上动荡不安，与常有外界的侵袭和干扰有关。在今天或许已经成为愚昧的象征，却对两个家族的团结起过重要作用。

从以上可以看出龙杨两家关系密切，以大欺小、以强凌弱，这样的事情在历史上从未发生过。他们互相尊重，彼此团结。尽管如此，他们仍是两个不同的个体，在共同的生活中有合作，但也有竞争，有团结也会有矛盾。

其次，不同家族的这种以“兄弟关系”组合而成的资源利用主体，也显示出人与人、人群与人群的区分——“亲兄弟，明算账”。兄弟们结婚后分家，在侗族社会是普遍的家庭发展原则。在侗族社会流传的故事中，几个兄弟分别到不同的地方落户，一旦落户之后，又与当地的其他家族成员建构起拟血缘的

① 月耶，即是侗族村落之间的做客对歌。

图 1–7　集体做客的准备

兄弟关系。这既是当前各人群区分的“根源”,同时也是各人群合作壮大的前提。在村民的现实生活中,各家族内部的成员以兄弟记忆相联系的几个家族与寨子,也以“某一兄弟的后代”来彼此划分——老大的后代、老二的后代。此种区分还经常以一些物质或文化符号来强化;如划分谁是“分得什么的兄弟的后代”、“分得哪里的鱼塘,哪里的山地,多少把糯谷的兄弟的后代”,等等。同时,村民也在谈论别的家族先人又是从哪里来的,与自己家族的先人是如何建立起关系的,从而使得地方的开发获得了成就。这种团结合作中又有区分的人际关系,与当地经济生态中资源分配、分享相契合。各个家庭、家族有自己的田地,各个村寨有自己的地理边界。这种经过家族组合而使资源的利用与分享获得了合理性与合法性,共同建构起了拟血缘关系的村落居民的生境。

图 1-8 阳烂盛大的合拢宴

在村落的家族史述说中总是在强调真正的“血缘认同”,强调与本地或远方的同姓家族共祖,但在村落的家族组合关系中,村民似乎也十分注重家族之间的“拟血缘认同”,甚至将血缘认同与地缘认同结合在一起;有亲近地缘关系的几个家族,建构除了藉由祖先的相互联合而结成的兄弟关系,就可成为“一家人”。我们可以看到的是,在村民面对有限资源而进行有效配置时,我的存在并不是他人的危险,他人的存在并不是自我的障碍,而是一种相互依存关系。这在村民的古歌中描述人类的来源就已经有了十分清楚的表达。这种同一族群或民族的人们,以“同胞”或“一家人”相称,这显示了人类的族群或民族,是一种模拟最小、最亲近的亲属群体——处于村落始祖的群体的——一种社会结群。因此,“共同起源”历史记忆以追溯人们的共同血缘起始,来模拟并唤起族群成员们的根基性情感联系,它也是人类历史的一种原始形式,这是人类社会的“根基历史”。① 这是普遍存在于人类社会的一种历史记忆

① 王明珂:《羌在汉藏之间》,中华书局 2008 年版,第 179 页。

形式。

再次，村落家族“兄弟”组合关系也隐含着人与人、人群与人群之间的竞争与敌对关系。这种兄弟间（或其所影射的亲近人群间）的敌对关系，在各国文化中都相当普遍。在中国神话或古史传说中也不乏这类例子，如舜与象，黄帝与炎帝。在村落中也流传一些坏哥哥如何在分家时欺侮弟弟的故事，还流传有由于“风水”等的原因，村落家族成员的盛衰故事。

对村落中的各个家族内的“兄弟”而言，相同的欲望却是相当现实的：他们都期望能够从父亲那里分得土地、鱼塘、农田、山林、房屋，以建立自己的家庭。然而在这种资源匮乏的村落社会，分家后兄弟分得的田业地产总是不足，或总有几个兄弟要另谋出路。因此，分家分产时造成的争端，或过后个人的失败与挫折，都容易造成兄弟间的敌意。不仅如此，在村落里，尽管家族之间实现了联合，构筑起了拟血缘的兄弟关系，在资源分配时也同样地存在着竞争甚至是敌意。我在调查中发现，村民虽然都在述说村落内各家族是如何的团结，相互关系是如何的协调，但在村民的谈话中仍然暴露出家族之间不和谐的一面，甚至是丑陋的一面。

在阳烂村，龙家有一百二十多户，而杨家只有五六十户，两家族人口差距较大，在力量对比上龙家占有优势。很显然这会使人口少的杨氏家族感到不小的压力，其在村寨里的影响相对较弱。因此，杨氏家族人为了制衡这种力量对比，增强其在村寨里的力量和威信，他们非常积极地参与村寨里的事物，发挥他们的才干，借以显示他们的力量。从 1949 年以来历年的村委会及党支部成员表来看，从 1957 年设立村支书以来到 2004 年 48 年的时间里，总计杨姓家族成员当过 25 年，龙姓家族成员当过 23 年；从 1951 年设村主任到 2004 年的 54 年里，杨姓家族成员当过 24 年，龙姓家族成员当过 24 年；再加上从 1993 年至 1998 年 6 年时间里由杨景太的妻子吴玉连当主任，相当于杨家人当过 30 年村主任。从 1956 年设会计到 2004 年 49 年时间里，杨家人当过 25 年，而龙家人当过 24 年。

从这里可以看出,从新中国成立以来到现在,杨家人在村委会、党支部里一直占有重要位置,他们非常积极主动地去当村干部。事实上,在阳烂村,村干部完完全全是公仆性质的,村干部为村里事做得多,有时还会得罪人,村干部个人却根本得不到任何好处,还要耽误自家农活。杨姓家族成员当村干部显然不是为了私利,他们主要是想通过当村干部来增大他们在村里的影响,加强自己在村里说话的分量。而我们看到龙姓家族成员并不怎么热心当村干部,也不非常热心参与村寨里的事务。因为他们人口多,力量相对较强大,不需要通过这种方式来获得更多资源以强大自己。从我们调查中举行的盛大文化活动来看,这次活动的组织者主要是杨正培和杨正永,我们都十分惊讶于他们二人的组织策划能力,能在如此短的时间里组织好一场如此规模空前的活动。杨姓家族成员就是这样来展示他们的实力,发挥他们的作用。

在我们调查期间,龙、杨两个家族的矛盾体现在两家吃香尝新节的分合上。2003 年以前,龙家与杨家的吃香尝新节是分开过的。2003 年,69 岁的龙建云建议两个家族统一在同一天过节。其原因是:集体来客可以共同承担,统一行动,节约费用。所以两家族统一行动决定都在农历六月二十四过,并且约定从 2004 年开始,这一天就作为两个家族的统一节日一起过。到了 2004 年农历五月二十日,村委和老人协会共同发出通知再次决定两家族统一在六月二十四吃香。但是杨姓家族个别人有意见,想在六月初五这天过,因为这天刚好碰到杨氏家族的传统尝新节日,想单独行动,而龙姓不同意。在 6 月初五这天,老人协会主席龙兆恒的母亲这天去世,村里大部分人都去吃白事喜酒去了,在这天过节的杨家大多冷清,没有客人来。这样一来,杨姓依然在每年农历的六月二十四日这天过吃香节,而龙姓则定在七月的第一个日子这天过吃新节。

从村落吃香尝新节的分合可以看出,两个家族虽然团结但也有矛盾和分歧,这种分歧缘于两家族并不是毫无保留地融合为一体。他们有自己的传统,仍然保持着不同于对方家族的特点。比如在通婚上,杨家人可以与外面的杨姓通婚,而龙家却始终坚守着自己的族规:同姓不婚,与外面的龙姓仍然不能通婚。

不过,在阳烂村,这两个家族并没有因为这种矛盾、分歧而使他们之间的关系处于对抗状态,而是能够互相尊重、互相理解。比如,在我们调查期间,村民举行的文化活动里,有一个祭拜南岳庙的大型祭祖活动,却没有祭满全庙的计划。但是策划者杨正培为了尊重龙姓家族的感情,不让龙姓家族成员有意见而安排在活动前先去祭满全庙,把事情做得很完美。从这里我们可以看出,他们在互相尊重着对方,照顾着彼此的感情。当然这种尊重也是两家有矛盾才需要去尊重,才需要去呵护。他们之间有竞争,但更多地体现为在相互认同始祖的情况下,协调各自的行动。

在阳烂村存在的矛盾与竞争并没有转化为暴力、冲突、激烈的摩擦,究其原因还在于阳烂村这种小型的社区经济结构与侗民族的社区组织。阳烂村山多地少,粮食生产往往不能满足人们的基本生活需要。但阳烂村民在长期的生产实践中形成了三位一体的经营模式:稻——鱼——菜,稻田养鱼,田埂种菜。这在一定程度上缓解了地少人多的矛盾,增加了经济效益。侗族历史上林木收益也较为可观,大批木材顺河流而下运到洞庭湖地区,又从洞庭湖运鱼苗到侗族地区转卖而获得效益。

阳烂村民在人多地少、农业资源无法满足人们全部生活的情况下,转而走向其他行业。我们今天还可以看到,阳烂村民中的老一辈几乎个个都有自己的看家本事,有的是出色的银匠师,有的是技艺精湛的木工师,有的是医术高明的民间医生。这些能工巧匠走村串户也能带来一定的经济收入。比如龙建云既是有名的银匠师,又是民间医生,他靠打银可以获得很丰厚的收入,有时一天能挣相当于人家一个月的工资,养活了全家人。我们从龙建云 2000 年的《分家记事》上可以看到,分家时三个儿子各分得一栋木楼以及一两千元不等的财产。

这种三位一体的经营模式以及其他行业带来的收入避免了山多地少带来

图1-9　阳烂村鱼塘

的人与人之间、家族与家族之间主要为了争夺地产、为了争夺经济利益的纷争与冲突。今天随着外出务工浪潮的兴起，更多的年轻人到外面务工挣钱，缓解了人口增长对土地需要的紧张程度，而且务工也极大地增加了村民收入，改善了村民生活。

这样龙、杨两个家族的关系没有了矛盾下的对抗、流血冲突，消除了家族存在对地方自治、社区稳定造成的负面影响。在和平友好的环境下，促进了两个家族共同发展。阳烂村民创造了悠久的历史、灿烂的文化。阳烂是传统文化保持完好的村寨。

这种“兄弟”间的竞争与敌意不仅在村落内部的家族之间存在，在宣称有兄弟关系的邻近村寨间也常存在普遍的紧张与敌对。为了争夺资源或对自己所控制的资源进行有效管理与使用，村落之间总是在举行一系列的竞争活动中夸耀各自的势力,如村寨之间的芦笙会、集体做客等各种聚会。

阳烂村各家族成员在侗族文化的模塑下,使侗族家族—村落内部社会生活高度协调一致。在家族—村落之间体现出强烈群体意识的同时,也表现出激烈的竞争性。每一个侗族家族—村寨力图把自己在各个方面都表现得比别的家族—村寨要好、要强,否则的话,是没有面子的事。因此,在侗族地区家族—村寨之间的竞赛活动极为频繁。关于这方面,我们从侗族家族—村寨之间的"月耶"[①]、"赛芦笙"、斗牛等大型活动就可以看得出来。村寨是侗族人民社区的生活的重要单位,每个村寨相对来说都是富有内聚力的。这种内聚力来自村寨祖先和村寨保护神的崇祀,来自共同的经济生活、文化行为、地缘利益和联姻网络。

侗族社会为了不误农时农事,这些大型的村际竞赛活动都安排在农闲季节。只要农忙未到或是农忙已过,就有一些人多势众或是已做好充分准备的家族或家族—村寨向其他家族或村寨发起挑战——"送约",要到某寨"多耶"(集体访问)。一般情况是送"约"与接"约"的家族或家族—村寨是有传统竞赛关系的。接到"约"的家族或村寨,是不能回绝的,必须接受对方的"挑战"。来年,接"约"了的家族或家族—村寨又要到送"约"的对方"还约"。如果不履行"还约"的义务,那么,双方的这种竞赛往来关系就会立即瓦解。这也正如莫斯(Marcel Mauss)在《礼物》中所谈到的那样"拒绝赠予、不作邀请,就像拒绝接受一样,无异于宣战;因为这便是拒绝联盟与共享(communion)"。[②]"如果拒绝,就表明害怕做出回报,而不想做回报就是害怕被'压倒'"。[③] 因此,一旦某寨接到"约"以后,族长或寨老会立即召集族人或村民商议,如何迎接对方,以便组织族人或村民做好充分准备。而发出挑战送"约"的寨子,则把到对方寨子进行竞赛的事作为村民的头等大事,千万不敢松懈。一旦到对

---

① 月耶,即是侗族村落之间的做客对歌。

② [法]马塞尔·莫斯:《礼物》,汲喆译,上海人民出版社2002年版,第22页。

③ [法]马塞尔·莫斯:《礼物》,汲喆译,上海人民出版社2002年版,第73页。

方村寨竞赛出丑，那将影响到整个家族或村寨的声誉。因此，他们前行之前，由族长或寨老每天组织村民在本寨练习、预演，把在竞赛中可能发生的事通通考虑到。前往竞赛的主要为男女青年，他们组成数十人乃至上百人不等的戏班、芦笙队、歌队、讲款队、说礼队等。全寨各家各户还要分别备食让全寨聚餐，以示齐心协力。在出发前，还必须背诵各种“款约”，祭祀萨女神，交代注意事项，选定各个角色，然后才能出发。

一到约定时期，接“约”的村寨就要设置路障，村民叫“拦路”或“拦门”。把守“拦路”或“拦门”的人选必须是不仅漂亮而且是能说会道的女孩或妇女，要么是长得英俊潇洒能说会唱的后生。有了他们（她们）就可以在“拦路”上以聪明才智与对方竞争，一比高低。对方来到村寨边，把守寨门的村民就要高唱“拦门歌”，设置各种理由，不让对方进寨。对方也千方百计地要进行对答，双方一问一答，一盘一应，双方难分高下，竞争十分激烈。对方获准进寨以后，双方要在芦笙坪比试吹芦笙，跳芦笙舞，相互对歌，还各派代表登台背诵款词及侗族史诗等。村民们要显示本村富有，要杀牲设宴，隆重款待对方，要让对方酒足饭饱，有吃有剩，以对方有人大醉为快。村民为了显示自己大方、热情、殷实，还要把对方“抢”到自己家里，要把家里最珍贵的食物拿出来献给对方，同时，女的要佩带各种银饰，穿戴最好的衣服，就是最穷的人家也要向家族成员借来穿戴，在对方面前进行展示，想方设法去胜过对方，不仅给个人，更重要的是给整个家族带来荣誉，使本家族的地位在频繁的竞赛中不断地上升。同时使来年“还约”回礼时，对方无法比试，压倒对方。整个过程充满了“荣誉”的观念与“夸富”的色彩。① 经过几天的比试之后，在欢快和谐的气氛中，主寨吹笙鸣炮送客出寨。

侗族社会的寨际竞争还突出地表现在芦笙比赛和对歌比赛中。侗族村寨之间的这种竞赛，是极为频繁的，在竞赛中也是彬彬有礼的。侗族村寨的村民

---

① 马塞尔·莫斯：《礼物》，汲喆译，上海人民出版社 2002 年版，第 68—69 页。

一到农闲时节，就自发地组织起来，到村寨的芦笙坪或鼓楼里进行训练，一旦村民觉得他们的实力可以与别的村寨比试时，就向别的村寨发出挑战。这种竞赛是以本寨为中心，朝着一个方向逐寨地进行比试，凡是没有比试过的村寨，不论大小，一个也不能漏掉。凡经过已赛之寨，也必须吹借路过寨曲。临近比试村寨时，于半里开外就要吹通报挑战曲，若是主寨已到别的村寨比试去了，也要派人出来道歉，可以越过此寨往前到下一个村寨进行比试。一旦听到主寨的迎战回音后，就可以吹进寨曲，主寨芦笙队和歌队在家就要立即做出迎接挑战的准备。双方先赴圣母坛，共饮祖母茶后，就要到芦笙坪进行对歌比赛，芦笙对吹，一决胜负，有的胜负难决，一连数晚都要举行比试。

在侗族地区，凡是有竞赛关系的家族或村寨具有盟约性，可以世代相沿，很少无故中断或遭到破坏，具有互惠互酬的性质。结成竞赛关系的家族或村寨，在处理民事纠纷时绝不诉诸武力；在水源、山肥、水利设施、大型农具等方面的分配与使用都会相互合作；如果一方有难，比如发生火灾、水灾等自然灾害，有义务进行无偿援助；这样的家族或村寨就构成了他们的婚姻圈；通常这样的家族或村寨具有更为接近的传统习俗或文化惯例；有了竞赛关系的家族或村寨往往可以化敌为友，某人若遇到挑衅，只要表示与对方有竞赛关系，就可以化解其间的矛盾。而一旦受到没有建立竞赛关系的其他家族或村寨的挑衅，则他们有义务对此讨回公道，甚至是通过械斗。

过去不少的人写文章认为侗族家族—村寨这种频繁的竞赛活动是为了相互之间的友谊，这是值得商榷的①。当然这种频繁的竞赛活动的后果在一定程度上也可能起到联谊的效果，但是，这种家族村寨之间频繁的竞赛活动的动机绝不是为了联谊以达到友谊。而是在资源稀缺的社会背景下，各家族或村寨为了获取更多的资源或是为了保全自己已经拥有的资源不被他人侵占，向别的家族或村寨显示自己的力量与强大，而与别的家族或村寨进行频繁的竞

① 参见周星：《侗族的村寨及其寨际关系》，《民族学新论》，陕西人民出版社1992年版。

赛，从而在频繁的族际与寨际的竞赛中，达成了对有限资源利用的平衡。

历史上的侗款到今天的乡规民约，是凌驾于家族之上的有效的组织与法令。款与乡规民约在侗民心目中具有至高无上的权威，它的严格性、执行的彻底有效性、公正性、它的教化作用，有效地管理着侗族地区的方方面面，渗透到侗族社会的角角落落！塑造了侗民的伦理道德观、价值取向以及自觉自省的民族心理。家族观念在款与乡规民约至高无上的权威下淡化、模糊，而更多地表现为民族观念。侗族的淳朴民风、与世无争、与人无争的高尚品格为侗族人民引以为豪。村民时常说："我们侗民……""我们少数民族地区……"言语中的自豪与坦荡是由衷的。而且从我们的问卷调查中可以看出村民更多地认可村委会、党组织、老人协会等组织来管理村寨，即使是家族内部的矛盾，却无意中淡忘、遗漏了家族的作用。当问起家族时，仿佛也只有提到扫墓祭祀时才意识到家族的存在。

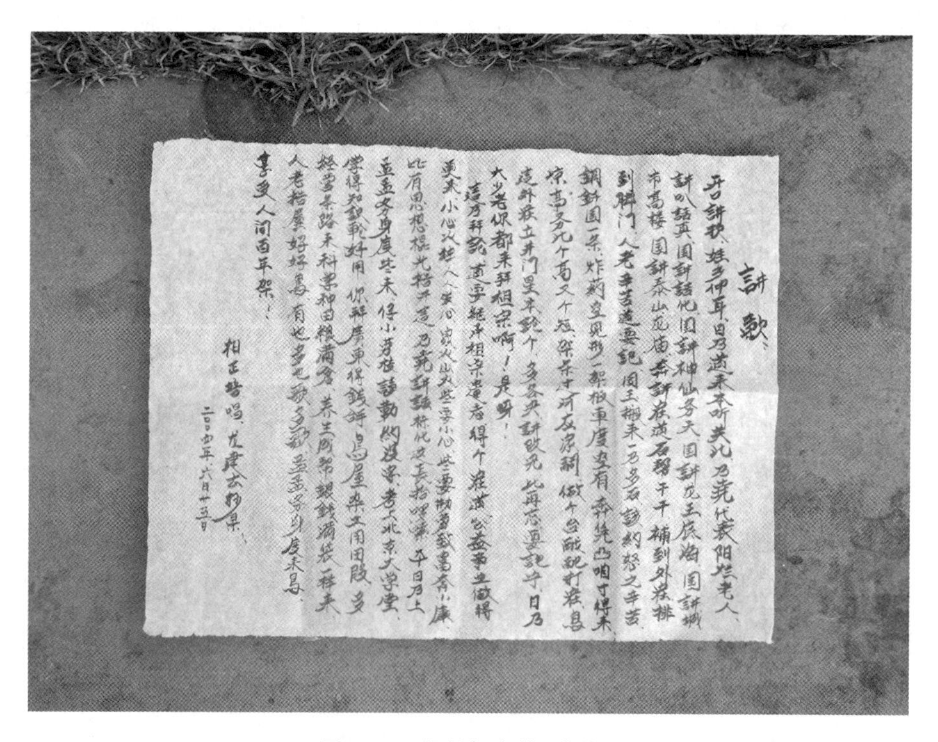
講款、

吾講款、娃多仰耳、日乃道来本听买氿、乃尧代表阳烂老人、
講叭話真、困講話他、困講神仙务天、困講龙王底海、困講城
市高楼、困講泰山龙庙、齐講寨道石帮千千、補到外寨排
到脚门、人老争苦道要紀、困王搬来、乃多石、約祭之争苦、
鋼講困一条、炸葯豆見形、一部根車度麦有、齐凭凸咱寸得来
惊高多九个高又个短、保茶寸、河灰凉斜、做个台戲鈍打寨、息
建外寨立井门昱本鈍个、多各央講欧兄、比再忘要記守、日乃
大少老侬都来拜祖宗啊！是呀！
這方拜祭、道要能冲祖宗道者、得个寨道、公益事业做得
更来、小心火烛、人人要小心、烧火山大些要小心、些要勤勇致富奔小康、
比有思想根光猪开道、乃尧講話根他皮長给哩嘛、平日乃上
孟孟务身度些来、得小芽孩読勤奶波学、考上北京大学堂、
学得知識靴好用、你拜房更得钱鲜、息屋来文用田段、多
姓当条路来、科学种田粮满仓、养生成帮、银钱满袋一样来、
人老档屡好好息、有也多也致多致、孟孟务身度来息、
寿多人间百年架！

相正皓唱、龙建云抄录、
二〇〇四年、六月十三日

图 1-10　阳烂侗寨的"讲款"

侗族社会为了对有限的资源在各家族或家族—村寨的合理分配与使用，除了通过竞争关系达到相互之间的平衡外，还产生了超越家族与家族——村寨范围的控制系统——侗款组织。侗族的合款是以村寨为基础，但又超越了村寨，是一种村寨间相互联合而构成的政治及习惯法的组织。在侗款制下，每个加入款约的家族—村寨，均由寨老、族长或款首主持寨内公共事务，维护寨内社会秩序，调解种种人际纠纷。一句话，就是在头人的主持下，确保本村寨的资源不被别人侵犯，也不侵犯别人的资源，使得相关的侗族社区相安无事。所以，在侗族地区往往是根据地域范围和外界环境压力的大小，使合款的规模有大有小。在社会稳定和平时期，小款才具有真正的意义。小款是由相互比邻的三五个村寨构成，款约的主要内容包括生产的分工与协作，自然资源的配置，产品的分配，村寨防火防盗，村寨之间的婚姻关系以及村民应该遵守的各项社会义务等。凡参与合款的家族—村寨，彼此之间有急缓相援的义务和共同监督款约执行的权利。合款基本上是一种家族—村寨整合的政治手段，在一定程度上加强了家族—村寨之间的民族认同与文化认同，培植了侗族地域社会的观念，使得侗族群众生活在家族—村寨狭隘的小地域的同时，也生活在高于家族—村寨层面的政治社区之中，从而使得各家族或家族—村寨的有限资源得到相互之间的认同，同时也获得了政治上的保护。

无论如何，他们是一个个对等或平等的单位——由于在叙事中没有"父亲"与"嫡子"，在"兄弟关系"中也没有主干与分支之别。在一个寨子中，组成寨子的是一个个兄弟分家后建立的家庭。在村落的各种活动中，不论是娱神的活动，还是娱人的活动，每个家庭都必须有代表参加。在更大范围的人群关系也是如此。邻近的寨子间有竞争、夸耀，各个寨子有大有小，然而在相互关系上却是对等的。虽然大寨子可能欺侮邻近弱小的寨子，但没有出现一个寨子掌握或统治另一个寨子的现象。因此，当人们说"我们像兄弟一样"或"我们像兄弟分家一样"时，无论指的是人群间的团结或敌对，都表示各个人群单位的对等关系。这种平等与对等特质，也表现在村寨中一种共同议事的传统上,寨中或几个寨子间,常有一片被称作“议事坪”(鼓楼、款坪等)。村寨大事常由各个家庭、家族的代表在此共同商量解决。

图 1-11　阳烂侗寨的戏楼

阳烂村落各家族之间的“兄弟”组合关系事实,作为一种“历史”的特殊生态与社会意识,是村落社会的一种根基历史。它是以兄弟间的血缘关系记忆,凝聚在经济社会关系上对等的、在生计上既合作且竞争的人群上。现实生活中兄弟之间的手足之情,被延伸为寨与寨、村与村人群之间的情感与合作关系。同时在现实生活中,兄弟们分家后各自建立的独立家庭与彼此的对立竞争,也投射在由“兄弟祖先故事”联系在一起的寨与寨、村与村人群的紧张关系上。寨、村、款区间人群单位的独立平等特质,以及他们之间层层分化的合作与对立关系,与当地社会强调“几兄弟”的记忆(而非一个祖先的记忆)是一致的。

阳烂村龙、杨两家族在长期的共同生活中,在文化认同、始祖认同的基础上,以婚姻为纽带形成了一种向心力很强的团寨意识,结下了很深的兄弟般的情谊。他们团结友爱、互助合作,彼此在理解的基础上互相尊重。虽然他们有矛盾、有竞争,但这种矛盾和竞争并没有使他们的关系疏远,反而促进了双方良性竞争、协调发展。这种家族关系实现了乡村地区的稳定与发展。

在地缘或空间关系上,流传在阳烂村的家族口述史中,表现了不同的社会情境与造成这种情境的历史经验。这些社会情境与历史经验又总是与家族的资源体系紧密相连,而资源又是与具体的地名相联系的。在口述史中,现在居住在村落里的人都是从外地来的。不论从哪里来,人们都能够记起他们出发的地名,迁徙过程中所经过地区的地名。迁徙到定居于现在的村落,也有对具体地名的记忆。在村民记忆的迁徙歌中提到的地名有广州、福建、江西吉安府、朱石巷、梧州、丹州、容阳、八洛、柳江、六洞、贯洞、晒郎、皮林、洛香……贵州、诚州、千杀州、万杀州县、林城界,下乡林偶溪、古洲村、林偶溪、靖州地界、飞山寨、古友溪口、三团、三寨(今通道溪口乡,古友村)、临口、下乡、琵琶(今通道双江琵琶村)、双江、摹地坪、芋头(今双江玉头村)、横岭、上坪大团(今坪坦乡横岭村边河上侧对面一大片平地——遗址)。最后来到阳烂。从此,村民就在这块土地上开辟家园,建寨安家。在这些地名中,可以折射出在空间起源认同上的不同层面。

由此,我们可以将其口述史中所反映出来的地名分为三类。第一类是迁徙前的地名,如口述史所提到的广州、福建等;第二是迁徙中途径的地名,如丹州、容阳、八洛、柳江、六洞、贯洞、晒郎、皮林、洛香、临口、下乡、琵琶、双江、摹地坪、芋头等;第三是定居后的地名——阳烂。在这三类地名中所反映出来的资源状况是不同的,从中也对利用资源的情况有所反映,甚至对族际关系也有表述,由此使村民们获得先民为什么要离开故土的原因,为什么在要选择今天的地方,对此作出一个合理的说明。从特定意义上说,这些众多地名,结合与之有关的历史记忆,都代表本地人群一种空间上的起源认同。而更为重要的是，村民在其口述史中，论证了他们居住在现在村落——阳烂的合理性与合法性。

在家族口述史中，龙姓家族的祖先们先到，占有了阳烂有利的地方，后来的杨姓家族为了获得生存资源，与龙姓家族结拜为“兄弟”，实现了家族拟血缘的联合，组合为一个拟血缘家族，这样就在血缘上模糊了两个家族的界限。他们就像两个兄弟分家一样，拥有同等支配资源的机会与权力。家族的兄弟分家后，分别占据不同的空间，这几个空间领域构成的整体空间，现在分别为这些“家族的后裔”所占据；这些家族祖先的后裔目前在此空间领域分享、分配与竞争所有的资源。因此，在“家族故事”下，当前各“族群”间的血缘亲疏、空间远近以及资源分享与竞争的关系紧驰，都在同一逻辑中成正比。血缘关系越近的人群，居住距离也越近，其资源分享与竞争的关系也越紧张。

在阳烂的家族故事中，并不是所有的家族兄弟都来到阳烂，占有这个特定的空间，只是家族中的一部分，家族成员分散落居在不同的空间，这几个领域或其整体空间，目前并非全为这些“家族的后裔”所占据。在其家族故事中，并非经常诠释本地“全部”家族的来源，而是诠释“部分”家族的起源。因此，本地各个人群（家族）间的血缘亲疏、空间远近以及资源竞争关系的紧驰，没有一致的逻辑关系。在这样的地区，事实上有多种“家族故事”，分别述说本地各家族或几个家族的由来，以及与外界的血缘联系。因而在本地，透过这些故事中的空间、血缘以及时间表述，人们区分谁是先来者、后来者，仅仅只是以此隐喻的“族群身份”资源，而使他们拥有当地资源的真正资格。

在阳烂村，人们的记忆中还有一个不容忽视的。很久以前的阳烂，有苗族人居住，阳烂的公共建筑苗族人也有份，只是由于某种原因，苗族人被迫离开这里，而侗族独占了这个空间。这种情况也是家族发展过程中的普遍现象，在资源紧缺的人类自然空间里，家族之间的竞争是激烈的，一个家族的发展壮大，总会伴随其他家族的衰弱或消亡。已经离开阳烂的苗族人，对待同在阳烂的两个家族成员的态度并不一样。尽管龙、杨两姓当时与苗族都发生过矛盾，但杨姓是通过与先来的龙姓通过"结拜兄弟"而进入阳烂的,杨姓属于弱者,在这场事件中并不是主要的角色。在一个特定空间里,不同家族群体由于历史背景的差异,对资源拥有和利用的权利是有差异的。

家族口述历史的空间系统,除了依靠民间的社会记忆来实现对特定空间的分类,实现对空间资源的有效管理与利用,我们认为家族的公共建筑也是有效的根据。我们在村子里调查时发现,村民至今视为骄傲的民间建筑都刻有具体的时间:乾隆三十九年建成的河边中寨大门楼及大门土地宫;乾隆五十二年建成的河边龙头鼓楼(2000 年确定为湖南省古籍建筑保护文物);乾隆五十七年筑造的河边台街大水井及大岩块整形土地宫;嘉庆八年村落青石板路的修建;嘉庆十五年在寨所建立的砖木结构龙杨氏祠堂;嘉庆十七年建成的寨中大方岩块结构水井等。由此可见,该村落从乾隆三十九年到嘉庆十七年间,村落的先民在本寨就建造有六大工程建筑。这些建筑现在还完好无损,后人还在继续使用。20 世纪以来的公共建筑也是如此。这些公共建筑成了村落的标志,也就标示了家族所处的特定空间领域,这种空间领域是神圣不可侵犯的。这些建筑就成了村民记忆的历史话语。无文字民族的民间社会历史多是在口头的叙述、社会的记忆和特定建筑物的糅合中建构起来的。

家族组合关系中的空间体系还可以从家族的公共活动中得以确立。家族的活动可以从三个层面的整合中得以体现。首先是由家族成员个人的活动而汇聚起来的空间系统,如一个人从婴儿到去世的整个人生历程,尽管个人的生命周期相对于家族的生命周期来说是短暂的,但一个家族的生命周期是靠一个个家族成员的生命周期去实现的。因此,人一生的历程所经历的各个环节都以特定的仪式来体现,这种仪式的实现是在具体的家庭或家族中完成的,或者是由家庭、家族成员来共同完成。由此而使得个人的仪式具有家族性,一个个家庭的个人的活动所编织起来的网络,就成了这个家族活动的网络,而这种关系网络就形成了特定家族的生存空间系统。其次是由家庭之间或家族之间的交往活动所建构起来的关系网络而确立起来的空间体系。在阳烂村落里,家族之间的交往极为频繁，几乎所有的节日都是家族的，家族之间都进行分享。村落的芦笙会，到别的村落或家族“行年”、集体做客等活动，都是在家族之间进行的。尤其是在村落或家族建设公共设施的时候，如修筑桥亭、鼓楼、道路等，都有邻村家族的参加，如捐献材料、现金、劳力等。这些活动的参与，不仅是一个“物”与“力”的问题，更主要的是一种族群身份的空间认同，家族存在的合理性与合法性在这种参与中得到全面的认同。其实，这种参与的范围就形成了特定家族被确认的空间范围，由此而确立起特定家族的空间领域。

村落家族资源配置是靠村民的历史记忆来完成的。两千多年来，中国人一直相信文字书写的“历史”是过去曾发生的史实记录。许多较传统的西方历史学者也认为，有些落后的民族没有历史。如果我们只将以文字书写、保存的“历史”当作历史，或以自身文化所定义的“历史”为历史，自然就忽视了乡村社会一直在流传的历史。然而，现在许多历史学者对“历史”有更宽广的看法。“真实的过去”是时空中许多人、事、物的总和，然而人们所记录的或经常回顾的“历史”，却是有选择性的、经过再组合的，甚至是被创造的“过去”。但根据社会记忆观点，人们以多种不同的记忆媒介来记忆或回顾“历史”。文字只是这些社会记忆的工具之一。因此，在没有文字的人群中，人们也有传述、保存自身“历史”的方式，自然也有自身观念的“历史”。只是在不同的视野下，我们或许不认为那是一种历史而已，但这种流传在乡村社会的历史并不因我们的忽视而消失，而是时时在不断地被选择、被组合，甚至被不断地创造出来。

阳烂村的历史是流淌着的。历史的河流有其源头，有其壮大发展的过程。村民（不论是龙姓村民，还是杨姓村民，也不论是女性村名，还是男性村民）在诉说自己的历史时，总是从村里的创始人讲起。创始人是村民在对村落历史的最初记忆当中，也是十分重要的记忆。人们在记忆村落的创始人时，都知道一个关于满全的故事。有的在叙说时比较详细，有的则比较简单：我们的始祖先进入高团那边，是文全和满全两兄弟，他们喂养的一对雌雄白鹅，依着河流下来，进入阳烂这边的沼泽地带，在那儿下蛋，住着不肯走了，双鹅在此生蛋繁殖孵崽，老二满全其后寻到沼圹这边，才发现这对白鹅在此做窝引崽不走，赶回家几次又回来，因为此处地平沼圹、水井条件方便，老二满全携带家眷就搬到阳烂这边安家落户，生产耕种，开垦田园，人口慢慢发展起来了。因此地坐东朝西，向阳，光线极好，阳是朝阳光线，烂（侗语即那边意），在原来居于高团地处来讲，烂意指那边，所以取名“阳烂”。文全满全两兄弟死后，文全安葬在高团的后背山，满全就安葬在阳烂这边的坟地；寨中有一块专用来纪念、祭祀满全公的神地。因此，龙、杨氏二姓在此居住后，简朴贤惠，勤劳勇敢，开垦荒山，造就田园，植树造林，松杉满岑填凹为平，社稷谷物盈仓，截涧造地，鱼虾满塘，繁衍后代。

图 1-12　阳烂的寨神全庙

这类始祖传说，虽然述说不同，但故事的梗概是相似的，只是他们所框定的时间有很大的差异。有的说是在很久很久以前,有的说是大约在宋朝,有的说是在明代,有的说是在清朝时期,但没有人说是民国时期的。那么为什么在同一个故事中,其时间的间隔会有如此之大呢?所谓历史,是在时间中延续、变迁的一些自然或人文现象。这是一种历史时间,一种相对于个人生命时间与自然时间之外的一种社会时间概念——表现在大多是超乎个人经验的社会人群与宇宙世界的起始、发展与延续之上。我们在分析村民述说其兄弟祖先的故事中,可以发现这种有趣的历史时间概念。

有些人在讲述兄弟祖先故事时,历史时间是由“过去”与“当代”两段构成。如此,“过去”与“当代”之间虽有延续,但中间是空虚的时间。在这样的故事中,“过去”造就“现在”,“过去”诠释“现在”。其中,时间是不可计量的、非线性的。因此,民间流传“兄弟祖先故事”,用以解释本地现实存在的“族群”的由来。

该村落早已接触汉文化(按村民的叙说大约在清朝初期),“汉姓家族”认同的文化规则在该地区广泛流行。于是有些人在述说兄弟祖先故事时,又将始祖建寨的时间置于线性历史的时间框架里。比如,兄弟祖先迁来时,那是“湖广填四川的时代”,明代或清代等。这个“历史时间”与汉人历史记忆中的时间结合在一起,这是一个量化的、线性的时间。选择一些有意义的“过去”来诠释“现在”。这样的祖先故事,一方面解释并强化当前本寨、本家族的人群认同,另一方面,这是有一个线性的时间与无法回头的历史。那一个起点——也解释了作为当前状况无可挽回的历史命运。

在村民的述说中,这两种“历史时间”交替使用,在村民的生活中,并没有出现什么麻烦。因为在村民的叙述方式中,时间总是与事件紧密相连的。没有无事件的时间,也没有无时间的事件,而且在他们的社会中,“时间”与“过去”的概念相契合。但由于侗族没有自己的文字,这如同所有没有自己文字的民族一样,与时间概念相关的词汇,有相当多的是被用来描述一个人的生命时间,以及一日一年的自然循环与人的作息时间。但超出个人生命及家族生命（两代或三代）之外，时间（所谓的历史时间）概念便非常模糊，词汇也变得贫乏。人们在形容很早的时候，就用“过去”“从前”，如要说很早很早以前的事，就用过去的过去、从前的从前。但是这也并不排除在特定的场合下使用“中国历史”（朝代）的时间记忆，当村民记住了村里建筑物的年代时，或者被人们特意提示时，在他们的叙说中就会出现具体的时间。在一般日常叙说中，村民也无法确定具体的历史时间，而只是使用其估计出来的朝代而已。离“现在”远的就是清代以前或过去，离“现在”近的就是民国时期或新中国成立后。这种朝代时间也只相当于“过去”或“从前”，过去的过去、从前的从前。在本土语言中，在记忆所及的过去，本地人常以具体的事件来指代，如抓壮丁的时候、土匪抢寨的那一年等。可见，时间是与事件紧密相连的。

在阳烂村，不论是龙姓家族的历史，还是杨姓家族的历史，抑或是两个家族“合而为一”的家族关系组合的历史、传说或故事等，都构成了村民对村落“过去”的集体记忆。相对于“历史”，目前这些不同类别乃至不同性质的“历史”、传说、故事等在村落中有不同的重要性。有些是村民耳熟能详并深信的“过去”，“历史”成为最真实的过去。有些也仅仅是村民的一种谈资而已，或是少数中老年人记忆中的过去传说而已，“历史”的真实性并不那么重要。历史是在村落村民的历史记忆中被建构起来的。

从阳烂村家族组合关系故事的结构看，它是一种流行在“平等自主”社会中的“历史”。在这样的社会中，历史记忆所强化的是小范围的、内部较平等的人群间的认同与区分，而非广土众民、内部阶序化的人群间的认同与区分。这样的历史由当地特殊的人类生态与社会环境所造成，它也维系当地特殊的人类生态与社会情境，这也就是所谓的本地资源分享与竞争的关系，与相关的认同与区分体系。故事本身的“兄弟祖先关系”，呈现并强化邻近社会人群（寨、村与款区）间的认同与区分。在一个小的款区中，这样的几个村落人群各自划分其资源，也共同保护款区内的资源，这是一个基本上平等的社会；任何社会阶序化与权力集中化都是不必要或是有害的。当社会结构发生重大改变时，某些寨子灭绝，或新的寨子由老寨子分出来，如在村民的记忆中，原先居住在阳烂村的苗族人被迫迁徙的故事记忆；由于文化的差异，相互不能结成家族组合的关系而发生了冲突。在这种冲突中，胜利者总是在修正故事，有些对自己不利的因素往往在这种历史过程中很容易被遗忘，以此来维持村际的凝聚与对等关系；但失败者对这种记忆却十分清晰，以此来维持和凝聚民众的力量。

以家族组合关系故事为代表而建构起来的村落历史，最初流行在日常生活中彼此接触的、个体或群体间的经济与社会地位大致平等的、以父系继嗣或以男性为主体的人类社会群体之中。虽然在细节上有争论，这是一个群体中大家耳熟能详的“大众历史”。这种故事中的家族，隐喻着人们倾向于以“内向式的”各个群体间的合作、分享与竞争，来解决生存资源问题。

在阳烂村，这种家族组合关系故事是以“口耳相传”的方式，并匹配有特定的文化场景，如满全庙、鼓楼、风雨桥、石板路、雷祖大帝、飞山庙等村落的公共建筑等，这就使得村民的社会记忆传递方式得以不断地被强化。虽然村落中没有文字历史记忆，但这些匹配的实物比起文字书写历史更具有普遍性。因此，我们认为在一个社会人群中，经常传说着不同版本的有关人类的起源、人群的迁徙、家族组合关系的故事，这些不同的版本，述说着范畴不同的人群认同。就是有文字的历史记忆也同样存在失忆与虚构，由于文字历史的权力掌控和典范化，并没有使人信服文字历史就是真实的。在村落的这种“口耳相传”与实物匹配的社会记忆方式中，虽然“口耳相传”常常是多元的和普遍的，因此，它更容易使“现在”不断地被新的家族组合关系故事所合理化。在合理化的过程中，又有与之匹配的实物相映衬。于是，这样的“历史”与历史记忆媒介，是当地特殊的社会与自然环境的产物，也就最能够维护与调节当地传统的人群认同与资源分配、分享体系。这就是为何他们共同拥有（或宣称拥有）这些空间领域及其资源，以及为何他们中有些人比另一些人更有权力拥有与使用这些资源的原因了。

图 1-13　阳烂村维新风雨桥

作为一种另类历史，阳烂村家族组合关系故事给我们的启示是："历史"不止有一种声音，它是由多重版本、多重声音杂和交奏而成。阳烂龙杨两个家族组合关系的故事叙述，给我们更大的启示是：民间社会多重的历史，各有其特殊的结构性韵律。历史叙事正是靠祖先遗留下来的各种景物来形成对过去的记忆，当然这种记忆也不一定是需要物化的景物，许多故事也可以成为这种历史再现的媒介。但不论是哪种情况，村民都试图在想象和建构村落的历史、家族的历史。这种建构，可以说是在特定历史心性下进行的，并在特定社会情境下得其叙事细节。但我们需要说明的是，不论历史心性是否成为深入人心的结构力量，是否已经透过历史记忆与叙事，是否反映、强化或修饰相关社会情境与社会本相；但有一点是我们不能忽略的，那就是历史是不可回转的。人们今天在建构自己的历史总是超脱不了历史对自己的规约，历史上的人是不自由的，今天的人也是不自由的，这就是人在历史中的宿命。

第二章　村落资源配置的文化序列

第一节　家族—村落的文化含义

在乡土社会,聚落就是乡民的生存依托,乡民的生命价值与意义就是在乡村聚落里展开而实现的。每一个乡土聚落都是特定文化下建构起来的一种文化事实。要理解乡村的文化就要理解乡村的聚落,通过对乡村聚落的理解,才能对乡民生命的价值与意义进行理解。在侗族的乡土社会,每一个聚落都是与家族相关的,一个家族或几个家族构筑起一个聚落(村落),聚落就是家族的代名词。村落的格局就是家族的格局,村落的命运就是家族的命运。

阳烂寨坐落在一个低山峡谷中,背靠山脉,面朝河流,是一个典型的山脚河岸型侗族村落。河流自西南向东北围绕村寨蜿蜒流过,其入寨处为寨头,出寨处为寨尾,寨头有石墩水泥桥,寨尾风雨桥守护村落"福气"。寨中吊脚楼层层叠叠、鳞次栉比,鼓楼、戏台点缀其间,显得十分庄重,古井、芦笙坪更具特色,房前屋后瓜豆、果木满园,花黄绿果,香气怡人。水流之处,稻禾青青,鱼塘布满,塘上葡萄、瓜豆沿架而垂,白鹅水鸭在池中嬉戏。这样的村落布局结构并非天然偶成,它蕴涵着侗族独特的民族信仰和审美原则。

图 2-1　阳烂侗寨

村民赞美村落风水时说,“摆下四方桌,四方地条凳,四面亲朋坐,听我来赞寨。(众合)是呀!!! 村脚是三抱大的古树参天,村头有三围大的乌桕树盖地;乌鸦到此孵蛋,喜鹊喳喳贺喜。鼓楼高岁岁,顶上盖琉璃,檐下垂玉珠,结实又雄伟,百样美;花桥长又长,琉璃图上安,玉珠檐下装,富丽又堂皇,百样强。山青又水秀,胜过别的村乡。(众合)是哈!!!”

侗族人民讲究“风水”“龙脉”。人们相信一个村寨的“风水”“龙脉”与村寨的兴衰有着直接的关系:风水好、合龙脉,村寨就能够人丁兴旺、风调雨顺、生产发达;风水漏、龙脉阻,寨子则会人丁不发、民不殷实、六畜不旺。按照自己的信仰和审美原则,对地形地貌进行选择,使之更趋于理想中的村落布局。在风水漏、龙脉阻的地方,村民总是千方百计地采取人为的方式进行修补,诸如修桥、立亭、建寨门、栽树、改道、引水等方式,使得村落成为风水好、合龙脉的地方。侗族民众无论是建村立寨,还是起房建屋都严格遵循这一原则。

阳烂寨选择依山傍水的地方作为聚居村落的地址，正是这种“风水”“龙脉”观念的体现。他们将这种村落格局解释为“坐龙嘴”。村民认为，龙脉顺山脊到坝地或溪流边戛然而止，所止之处就是“龙头”。龙头后面必然是蜿蜒起伏的山脉，在这样的水边划地建寨，就叫作“坐龙嘴”。“坐龙嘴”的村寨才能世世繁荣、代代昌盛。村民相信只有根据龙脉来落寨，并根据龙脉的走势来规划村落的各类建筑以及建筑规模，才能达到既可以降伏龙脉而又不伤害龙脉的目的，从而使村寨受龙的庇护而福祉不断。

阳烂寨就坐落在龙头上。阳烂村寨背后的山峰为“风水山”，从“坪得哈”到寨背的“冲双妈”过盘美带，进入“孟八河”（两河口处），该处就为“龙头”。而阳烂所处龙头的地形又恰似一只展翅欲飞的“水鸟”（村民称为“鱼鸟”），这是百寨不遇的风水宝地。阳烂村民为他们祖先能寻找这样的风水宝地而自豪，也为自己生活在这样的村落而骄傲。人们对龙头的水鸟地形是倍加珍惜和保护的。村民按照水鸟的头、翅、身躯、鸟尾不同部位分别将村落的不同设施小心翼翼地安放在这只“水鸟”上，不能让这只水鸟的任何一个部位过分承载，以免水鸟失衡，不能起飞，从而给村民带来不祥。村民们的解释是，水鸟的嘴是十分重要的，鸟的存活是靠它来维持的，鸟在起飞时，鸟嘴要往上翘，在这里是千万不能承放过重的物体，人们是不允许在这里建筑住房的，这里只能作为耕地，可以源源不断地给水鸟提供食物，使水鸟能够健康成长。水鸟的身躯是有五脏六腑的，是水鸟的灵魂所在，也同样是水鸟的核心部位，村民把这里也同样作为村民的灵魂安放的地方，于是把村民逝去的祖先安放在这里，同时，村民的“幽堂”也建造在这里。水鸟的翅膀是最有活力的地方，也是水鸟能够飞翔的动力之所在，这就理所当然地成了承载村民的场所，因此，村民就集中聚集在水鸟的翅膀上，以期水鸟能够带给他们美好的生活。就这样，这只水鸟就负载着阳烂人的命运，从过去飞到现在，也将从现在飞到明天。

这鱼鸟形的风水山脉，外河的山头说成是鱼鸟头，谁也不能去乱动它，如果乱去挖土建造宅地，就是伤害了鸟头，对寨内就有伤害，出现鸡乱叫时，对全寨的防火就要更加小心。

村寨的"鱼鸟"形龙脉风水，谁也不能破坏和侵犯，风水山、风水树的龙脉以及祖坟的龙脉，任何人都不能触犯，谁要是违反了，必将受到严重的惩处，如罚祭寨神、捣毁新建筑等。人们认为只要不违反这些神灵的意志，就能得到神灵的保佑。风水龙脉不受到破坏和损坏，就能得到"风调雨顺，五谷丰登，六畜兴旺，人人安康，户户安乐"。

在村落里，村民间流传有这样一个故事。大约是在民国初年，当时是天下大乱，各路兵马四起。有一天，也不知道是谁带领的部队从双江（今通道县城）去广西柳州，经过阳烂，这时天色已晚，便准备在阳烂扎寨休息一晚。有些士兵已经进入村寨准备休息。而部队的"师爷"一到阳烂寨，观察了地形后，报告首长说，不能在此扎寨休息，而必须离开这个地方另找休息地方。将军不解，师爷便指着阳烂南面山坡解释说，阳烂南面的山坡呈"品"字形，一品三口，这个"品"字正对着村落，此寨多出能人。村落的村民品行端正，与之为友，则可以成为生死之交的知己，如与之为敌，则因为有三张大嘴，不被咬死也被咬伤，则自寻死路。如果我们的士兵稍有侵犯村民，恐怕我们全军都要葬送在这里了。将军听了师爷的话，连夜赶路，穿过南面的"品"形山，向柳州方向进发。这样，阳烂又免掉了一次兵祸。这个故事，尽管没有具体的时间，也没有具体的人物，但是发生在村落里的事件，村民间一直在流传，并深化了村民对村落风水的信念。

2001 年冬，村民龙杰、龙彰秀、龙兴领三户去聚落背后的山地（这里是存在鱼鸟的翅膀部位）挖土做砖瓦和做屋基建房，但这一行为导致寨内的鸡乱叫，百姓认为公鸡打鸣不正常，乃是村寨要发生火灾的预兆。在寨老们的商议下，决定不准他们三户在那里挖土烧瓦与开屋基。龙杰一户虽然已经在那里建起了三层四间木屋，村寨民众要求他拆掉搬迁，以免去村寨的火灾。这一事件引发了龙杰与村民的矛盾，后来龙杰找到县国土局领导来与寨老协商，最后相互妥协，达成协议：龙杰请鬼师举行解邪仪式，并到县国土局去办理土地使

图 2-2 阳烂侗寨远景

用证,要龙杰在一月内,把房屋进行装饰,为村里的"鱼鸟"添砖加瓦,打扮得更漂亮,使之添花加翼,栩栩如生。这样一来,不但使村落的"鱼鸟"添花加翼,而且使阳烂村寨增加光彩。有了这样的行为后,村落的鸡狗也不乱叫了,说明村寨的火秧被熄灭了,村寨安全了,这一矛盾也就化解了。对于这个事件,笔者后面还得进一步研究。

村民相信他们村落的风水比较完美,在交谈中,认为别的侗族村落不如他们的完美,他们总是以此为骄傲。阳烂村落从东西南北中都与金木水火土相匹配。

东方甲乙木。祖先把寨子东边的林木作为禁山,也作为村寨的风景林,不许任何人砍伐,就连干枝残株也不能随意惊动。人们相信风水树是村寨守护神藏身和显身之所,是村寨宁静的象征。村寨的风景林就如同绿色的围墙,紧紧将村落包围其中,不受外界的祸害干扰。风景林下有行善者设置的石凳或木凳,可以供过往来人休息,在有岔道的地方还设置了若干的指路碑,以告示行人的正确去向。有的还在路边建有土地祠。在古树上和地下还常可以见到人们祭祀神树留下的红布、鸡血、鸡毛和香纸。这是村民在乞求家中小孩易养成人、老人健康长寿、六畜兴旺、生产发达、风调雨顺。

南方丙丁火。在村落的正南方有三座山,这三座山呈“品”字形。中间的山笔直雄伟,两边的山紧靠中间的大山,犄角而望。这种“品”字山型能够使村寨出能人,但也是村落火灾的源头。村民在对待这“品”字山形十分认真。村民在南方的溪流上建造路桥时就特别讲究,桥体是绝对不能与南岸相连接的。一旦连接,寨里的公鸡就会半夜起叫,寨子就会有火灾降临。村民为了镇住南方的“火”,还特意在南边的山脚下挖了三个大坑,埋下了三个大水缸,意为南方的火秧苗到此就熄灭。寨头南边的风雨桥也是依据这一原则修建的。此桥被 1986 年的一场洪水冲垮,1987 年村民集资在原址修建了钢筋水泥“同心桥”。建桥时,村里的“太史”(了解侗族文化的老人)龙怀亮在设计“同心桥”时,按照村寨的“古训”,也没有将桥体与南岸连接,而是特意留出了 20 厘米的空隙。那么,村民们是不是因为有了东西南北中的金、木、水、火、土的协调,就可以放心大胆,不必顾虑火灾了?其实不然,村民们还建立了一系列的防火措施。首先,村民们在村寨布局时就划定了隔离带,作为防火线。其次,村寨都制定有具体的防火公约①。再次,村寨还安排有专人在每天傍晚负责鸣锣喊寨,提醒村民时刻提高警惕,注意防火安全。又次,村民为了以防万一,侗族村民还在村寨里挖有大大小小的鱼塘 12 口和 3 口水井,有的村民把粮仓和晾禾架建在鱼塘之上,有的甚至还把住屋也建在水塘之上。最后,村民还有准备救火之用的水枪 1 把。这些防火措施对村寨的防火安全起了重大的作

① 1990 年 7 月制定的村民防火公约:一、安全防火是大事,护山护寨都有责,村寨落实防火员,家家户户接受监督;二、村寨防火线不准占用和堆放易燃物,榨油、酒坊、烧砖瓦、烘烤等业要设在安全处;三、火塘、炉灶要安全,不得拿油灯上床看书,烧蚊子,不准拿火盆、火笼取暖睡觉,不准把炭火放进易燃物,不准乱丢烟头,生产用火坚持“五不准”,做到人离火灭;四、教育孩子莫玩火,燃放爆竹要小心;五、电器线路要安全,不准私拉乱接和超负荷用电;六、发现火警火灾要及时呼救,不误时机;七、违反公约者,视情节轻重进行处罚。

用。这种南方丙丁火的观念对强化村民的火警意识是十分有效的。阳烂村自建寨以来,从来就没有发生过火灾,这种观念所起的作用是不可低估的。

图 2-3　阳烂侗寨民居

西方庚辛金。在寨子的西边,有两座山,一座是海拔 800 米的大容山,也有村民把它叫“剑山”,另一座是海拔 600 米的君山坡,村民把它叫“虎山”。“剑山”其意是该山的形状像一把利剑,从西边向村寨刺来,这把利剑将会给阳烂带来不断的灾难。阳烂村的祖先为了克服这种灾难,在修建鼓楼时费尽了心机。首先是祖先在村寨的西头修建了一座厚重扎实的鼓楼。这座鼓楼建于乾隆五十二年(1787 年),只有两层,在主楼的正东方(也即鼓楼的后部)还特意修造了一座楼亭,地基高出主鼓楼地基 70 厘米,以稳稳地支撑主鼓楼,而在主鼓楼的正西方又有意建造了一座龙头式的建筑物。这一龙头式建筑的龙口全部涂上了红色,意为祥龙时刻张开着大嘴,一旦剑山的剑来侵害村落时,龙嘴就可以来把剑咬住，而保住村寨平安。西边的“虎山”也会对村落构成威胁，认为这座虎山对阳烂寨虎视眈眈，虎山的“老虎”会下山来伤害阳烂寨的人畜。为了镇住虎山，阳烂寨的先民在修造鼓楼时，就在鼓楼的正西方设置了两墩石狮，若虎山的老虎下山作恶，这两头雄师便可以制伏恶虎，而保全寨子安全。

图 2-4　阳烂的河边鼓楼

北方壬癸水。水对村民来说具有特殊的意义，水被认为是财源、吉利、干净的象征。若是能够把北方的水引入村寨，村寨就获得了财源、吉利、干净。阳烂村为了使北方的水流入村内，其先民在村落的北边修建了一口大水井和连片的鱼塘，人工挖掘出了一条水渠引水入寨。这样一来，就使北方的水源源不断地流入村落。加上来自北面的流水，村落里形成了 17 个鱼塘，错落有致地散布在村落里，使得阳烂村落成了一个水的世界，这被称为侗族地区的“威尼斯”。

中方戊己土。土在村民的观念中是万事万物生长的依靠,不仅是植物庄稼生长的基础,也是社会关系建立的基础。在阳烂寨,其先民在规划村落布局时,就在寨子的中央专门拓出一块坪地,作为村寨活动的公共场所——芦笙坪。这不仅是对阳烂村村民祭祀“司天南岳”的场所,也是村民接待外地客人进行交谊活动的场所。村寨每年两次“行年”(春节和吃冬)的集体互访活动的芦笙盛会便在这里举行。在芦笙坪里还专门嵌有石刻的鼠、马图案,这是考验前来客访的芦笙队在黑夜跳芦笙时,芦笙客的脚要踩到鼠、马的图案,这叫“跳子午”或“踩子午”。凡是能够踩到“子午”的后生,就会被姑娘看中。因此,这不仅是对后生跳芦笙技巧与智慧的考验,也是他们博取姑娘爱心的机会。男女爱情就是在这村落中心的“土”中萌芽成长,由此获得人丁的兴旺、民族的延续。

图 2-5　阳烂的土地庙

从阳烂村的风水观念中可以看出,村民的风水观念是层次分明的。首先是从山脉与河流的走向来确定“龙脉”的位置,对处于“龙脉”的不同位置都有不同的说法。其次是在确定龙脉的位置后,再在其具体位置的形状上来确定其村落的布局。再次是在村落布局的基础上,来规划村落的建筑设施。最后是根据村落的建筑来确定具体家屋的位置。在不同层次的风水标识上,村民总是根据与之匹配的手段或方法去培植各种物象,来弥补风水的不足,使风水完美。

图 2-6　村落里面的泰山石敢当

这样不同层次的风水意识就构成了侗族的风水观念。在这样的风水观念中,统管村落全局的龙脉是最基础的,但不是最重要的,最重要的是村落所处的位置,只要村落的龙脉位置好了;具体家屋的风水也不是十分重要的,具体家屋的风水是与村寨的风水是联为一体的。从这里也透视出侗族社会的社会结构。侗族社会中,个体甚至是单个的家庭并不是十分重要的,最重要的是村落的联合。村落是完美的,家族也就是完美的,一旦村落有了缺损,家族也将会有不幸。生活在村落的每一个成员,为了家族的命运而要竭力去维护村落的完美与安全。

第二节　村落资源的文化分野

家族对应的村落,是一种文化事实,也是一种文化的创造。村落的格局就是一种文化下的文化事实格局,村落的自然组件就有了文化的序列,村落格局就是文化序列的表达。我们通过对村落格局的描述,也就可以知晓其文化序列了。我们知道,不同的文化在面对其自然时,都会构造出不同的文化事实,这也是文化应对与利用自然的事实,这种结果虽然还有一定的自然属性,但已经不再是自然了,而是资源了。资源是文化应对与利用自然的结果,自然需要文化去分野,资源是靠文化去定义的。村落就是文化分野自然的一种表达,不同民族有不同的表达方式,也就形成了不同民族的村落特点。

从阳烂村村民对自然环境利用的状况看,一般表现为家族的鼓楼是家族成员活动的中心,家族内各个家庭的住屋围绕着鼓楼而修建,形成以鼓楼为中心的家族—村寨。家族—村寨的四周则是家族成员共享的神林、坟山、水井、水田、鱼塘、凉亭和溪流等公共设施和自然物;往外就是家族成员的经济林带,大多为茶油树林和桐油树林;再往外就是家族成员成片的杉木林带和松树林带;最外一圈就是野生杂木林带,这是家族成员砍柴烧荒,采集草药、山果,打猎以及放牧的场所。侗族社会对资源的利用形成了一个以家族鼓楼为中心不断往外推移的环境资源利用圈。这种对自然利用所形成的格局就表现了侗族村落的文化序列,由此构成了侗族村落结构的特点。

如示意图：

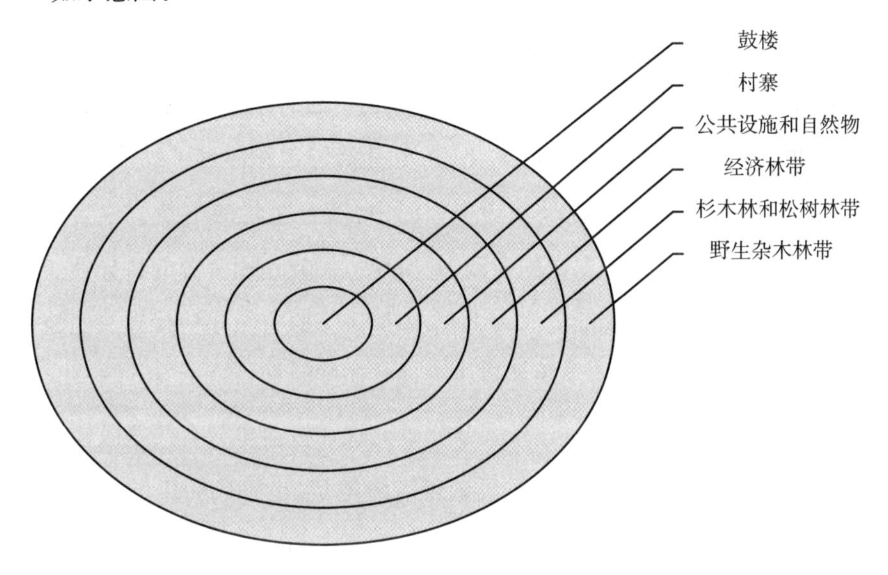

该示意图只是大体上反映了单个家族或村寨共同体对其所处环境的利用状况而形成的资源利用圈。这便形成了侗族社会对其周围自然环境的利用格局，其间的农田、鱼塘、水井、溪流作为侗族社会的基本生存资源，得到充分的开发与利用，形成了侗族特有的资源利用方式与生计模式。

该示意图中各个层圈之间的界限也并不总是那么泾渭分明，有的可能是相互交错的，如家族成员的油茶林、桐油林、杉木林和松树林之间的界域会出现交错的现象。但从整体上看，这一示意图可以反映出侗族社会对其所处环境资源利用的基本状况。也正是无数个这样的家族—村寨共同体对其所处环境资源利用圈的连接，就构成了阳烂侗族社会对自然环境的利用状况。当然，需要说明的是，阳烂侗族社会对自然环境的利用并不是简单的单个家族—村寨共同体对其所处自然环境利用圈的相加，而更多的是表现为相互之间的联合与互动。这种山地资源的利用方式，以利保持水土，并获得很高的经济收益。

一个民族的经济活动方式在对其所处生境获取生存物质时，即其特定的文化对相关的自然事实进行了选择,经济活动方式体现为一种文化的方式。因此,特定民族的经济活动在利用生境时,是通过文化展开的,是作为文化意义的形式而出现的。文化决定了其经济活动方式选择的力量究竟会具有怎样的形式和强度。作为特定民族的文化,其本身就包含和体现了经济活动的特征。文化作为一套生存机制,①在历史长河中,随着文化的不断积累与丰富,其经济活动方式也获得了丰富的内涵,并呈现出侗族利用资源的特异性。

鼓楼是侗族村寨文化征象代表之一,阳烂侗寨原有三座清代建造的鼓楼。在村民的记忆中,村落下寨河边的风水鼓楼是明朝时期建造的,由于经年累月久得不到修理于 1948 年冬改建新式学堂了。现在村落里只有两座鼓楼,一座是寨心鼓楼,一座是河边鼓楼。村民记得清清楚楚,也感到骄傲的是,在红军长征时期,村民在这两座鼓楼里曾经接待过毛泽东和罗荣桓以及他们的部队。村民都说毛主席的部队纪律好,进到阳烂村时,不论是首长还是战士,都没有直接进入老百姓家里,没有进入民居,而是待在鼓楼里和鼓楼坪,他们在鼓楼里过夜,天一亮,部队就出发了,从来就没有侵扰村里的老百姓。村民认为他们的鼓楼有了毛主席的留宿,有了红军的留宿,就更加值得珍惜了。他们也认为,村落的鼓楼很好,能够让毛主席和他的红军平安过夜。有的村民还在想,如果村落里没有鼓楼的话,红军又会怎样?村落里还是有鼓楼好,以防外人侵扰百姓。

寨内的中心鼓楼,是乾隆初年建造的,高 7 米,长宽各 7 米,中间竖有四根直径 30 厘米的主柱。周边有 12 根次柱支撑着,有 49 平方米的基层青石板基地,中间火塘围有四块长 2. 5 米、宽 0. 30 米的长方形岩板,火塘内圈用河滩鹅卵石花纹。围着火塘的四块长方形岩块外面铺着清一色的大岩板,使人进去感觉有一种舒适、清静、整洁感。每逢春节,小伙子们就拿着绳子,扛着杠子,成群结队到山上拖桐柴、扛树蔸、捆柴火,搬来放到鼓楼,满满堆了一大堆,供

① 参见罗伯特·F·墨菲:《文化与社会人类学引论》,商务印书馆 1991 年版,第 20 页。

给老人看侗戏、讲故事、谈时事时烤火取暖用。有时烧着暖暖的火塘，到深夜临近鸡叫也舍不得散场。中心鼓楼门前，有一座建于 1946 年的戏台，戏台前，铺有一块 10 平方丈宽见方的青石板。寨内岩坪，鼓楼、戏台三座建筑为一体，是阳烂侗寨集体集会活动、看文艺演出，“多耶”[1]、唱歌、赛芦笙、讲故事的中心场所。

图 2-7　阳烂侗寨寨心鼓楼

河边龙头鼓楼，也是阳烂侗村门楼，建于乾隆五十二年，坐南朝北，占地面积 242 平方米。整个鼓楼没用一颗铁钉、一寸钢筋和一斤水泥，不打一个木楔，也不加横栓，全部是纯木凿榫衔接，其结构严实，大小条木横穿直套，纵横交错，不差分毫，是侗家山寨鼓楼年代最久的鼓楼之一。1993 年，通道侗族自

① 侗族民歌形式之一。“多耶”，侗语音译，“多”含有“唱”“舞”等意，“耶”为侗族歌中集体边唱边舞的品种，“多耶”即“唱耶歌”，也称“踩歌堂”。“多耶”是“月也”（即寨与寨之间集体访问做客）的主要项目之一。

治县人民政府公布为县级文物保护单位，1996年，湖南省人民政府公布为省级文物保护单位，同时公布法定保护范围和建设控制地带。鼓楼由门楼、主楼、前楼和连接走廊四部分组成。门楼为三阙重檐歇山式，双阙的立柱均用穿坊与主楼檐柱连接，形成一条走廊，组合成一个整体，门楼楼顶构成歇山形。主楼系三重檐歇山顶式，青瓦坡屋面，高8.2米，四根主柱的底部与尾部的直径0.41米，支撑第三层屋顶面，12根檐至第二层承接二檐挑坊，出跳翘交。从远处看，其似乎要吞没由西而来的河水，又像要吞吃从西边山上下来的野兽。而整个村寨房屋构造如弯着颈头过龙首，守卫着阳烂村寨的大门。

图2-8　阳烂寨的河边鼓楼

阳烂村建寨两百多年来，从未发生过火灾，这与村民的防火观念和防火的具体措施分不开。应该说，村民们在祈求五方神灵保护村寨的同时，村民们从来没有放弃在实际行动上的安全防火措施。村民祈求神灵，意在于不断地强化村民的防火安全意识。我今天到阳烂村进行调查时,还时常坐在或躺在建于乾隆五十二年的鼓楼里,也还可以看到乾隆二十七年的碑刻。我深深地领略到,在一个由杉木构筑起来的人文世界里,需要多么细心地去呵护!

鼓楼是侗族村寨的标志性建筑,立于侗族村寨之中,为木质结构呈宝塔形的建筑。低者10米,高者20至30米不等,塔有3、5、7、9、11、13层,最高的有15层,远远望去恰似一棵枝繁叶茂的巨大杉树,昂首屹立。村民把它比作村寨的遮阴树和遮雨伞。一旦村寨不幸遭遇火灾、水灾毁坏村寨和鼓楼时,或者是要新建村寨时,村民要先立一根杉木以此代替鼓楼,然后再去砍伐杉木来重建鼓楼和房屋。在村民的传说中有:“在远古的时候,人们没有家,于是常聚在大杉木下,它是遮阴树和遮雨伞。后来开始建寨,而建寨时,首先要插上一根杉树,先要建成鼓楼,然后才修建房屋。”鼓楼象征着村寨的平安、人丁的旺盛。鼓楼是侗族社区的一张“社会地图”,只要了解了这张由鼓楼构成的“社会地图”,也就了解了侗族的社会状况。

首先,鼓楼反映了村寨的价值观念,一个村寨的鼓楼就是这个村寨的“脸面”,一个家族的鼓楼就是这个家族的“脸面”。在侗族社区每年正月的“集体做客”活动中,相互赞美对方村寨、家族的鼓楼就是重要的内容之一。各个村寨、各个家族也为自己雄伟高大的鼓楼而感到十分的骄傲与自豪。村民们时时刻刻都爱护自己的鼓楼,他们为了使自己的鼓楼增辉,还往往在鼓楼的瓦檐上绘制反映侗族社会生活和历史文化的精美图案,还安排专人负责打扫鼓楼的卫生,经常保持鼓楼的清洁,到一定的时候,村民还要用桐油对鼓楼进行油漆,增补塔上的瓦片,修补坊榔柱板等,使鼓楼真正成为村寨、家族的“门面”。

其次,鼓楼反映着村寨的社会结构。鼓楼是侗族社区婚姻集团的标志。在侗族社区中,凡是比较大的村寨,都有几个不同的婚姻集团,侗语称谓“斗”。而每一个集团通常都有自己的鼓楼,鼓楼就是他们的标志。只有不同集团的青年男女才能行歌坐月,也才能够通婚。凡同一集团的成员则视为兄弟姐妹,是严禁通婚的。而通婚集团的名称也就是鼓楼的名称,只要知道了鼓楼的名称也就知道了通婚集团的名称,一个村寨有几个鼓楼也就说明这个村寨有几个通婚集团。

再次,鼓楼反映着侗族的天地人观念。侗族鼓楼的塔层就像巨龙盘旋,而顶亭恰似龙首高昂,塔层上的片片青瓦就像龙身的片片鳞甲,而白色的封檐板正像龙的腹部,当视线由远及近注视时,随着鼓楼在视觉上的不断增大,盘龙关的腰檐会有一种动态效果;腰檐之间的透架更是增加了龙身的立体感,整个鼓楼中体现出"龙"的形态。而鼓楼的平面不管是正方形,还是六边形或八边形,都必须是偶数,这象征着天地、阴阳、男女的结合。檐层不论多少,都必须是单数,在侗族的观念中,单数是可变之数,意味万事万物可变而发勃勃生机。建构鼓楼的每一根柱子都有特定的含义,一座鼓楼是由一根雷公柱、四根主承柱和十二根檐柱组成,这分别代表一年四季十二个月,而整体结构就构成了"日久天长"。鼓楼封檐上的所绘的各种动物,每一种动物在侗族的观念中都能够镇住一方邪气。

最后,鼓楼反映着村寨的集体观念。侗族村寨或家族在修建鼓楼时,所用的小木料都是由各家各户捐献的,这表明这鼓楼是大家修建的,鼓楼是属于大家的,而大家也是属于鼓楼的。但所建鼓楼的主料大木则一定是本寨居住时间最久的所谓老户集体捐献的,别人是不能代替的,这说明该寨是由这些老户慢慢地发展起来的,他们是村寨的主体,当然鼓楼的主体也就代表了他们的存在。值得注意的是,围绕中心火塘连接四根中柱的长条方凳要由与之通婚的邻近村寨捐献,这些枋凳围成一个圈就表明了他们是属于一个通婚范围的,构成了一个通婚圈。①

---

① 参见王筑生主编:《人类学与西南民族》,云南大学出版社 1998 年版,第 542—552 页。

图 2-9　寨心鼓楼聚会烤火

鼓楼用于人们节日聚会，平时小憩和娱乐，老人们在此闲坐摆古，年轻人在此聚会、学歌唱歌、听老人传播各种知识等。鼓楼就像鱼窝把鱼聚合起来一样把侗家人聚合起来，也正如侗歌里所唱的那样："鱼儿团聚在鱼窝里，我们侗家团聚在鼓楼里。""我们侗家人要像鱼儿团聚在鱼窝里一样，团聚在鼓楼里"。这种"鱼"与"鱼窝"、"鼓楼"与"侗家人"的象征不仅反映出了侗族社会与其生活环境的关系，同时也更进一步地表达了侗族人的心理素质和心理特征。

村落的青石板路是村民的自豪与骄傲。阳烂侗族村寨依山傍水，弯曲直拐的山路连接着各家各户。在嘉庆十八年，先祖用勤劳的双手，将阳烂整个村寨每条巷路和集体活动的场地，都用青石板铺砌成石板坪、石板路。这些青石块有的长达二三米，有的一米左右，绝大部分是半米宽。从寨外的公路边铺到中心大门鼓楼，又从大门楼直接铺了一条宽 2 米、长 60 多米的石板路直达寨内鼓楼和戏台，再从寨内鼓楼门前的吹芦笙岩坪延伸出几条石板路，连接全村40多户门楼。寨内的街巷、鼓楼坪、神庙坪、台阶等都由清一色的石板铺成。从寨内到寨外，路连路、巷接着巷，在周围青山环抱中，洁净的清水围绕着全寨周围，似如一条青龙，将阳烂140多户连接在一起，也可说是阳烂侗寨与邻村的侗乡连接在一起。如果外地客人走进寨来，一下子就有一种清洁、平坦、舒适的感受。这也是阳烂侗家山寨的团结、友爱、善良、勤劳的体现。所以，人们流传着这样的俗语：阳烂石板路，不用洗脚可上床，这句话的意思是在赞美阳烂聚落的石板路干净。

村落的幽堂是村落老人屋。旧时老人去世，按道人先生根据死者的生辰八字、死时年月日的推算，不能一时入土埋葬的。那时没有建造祠堂，各人将自己的老人置入棺材，抬到埋葬之处，不放入土，放在野坡之上，短则月余，长则数年半代，受到日晒雨淋，极不雅观，再者目睹亲人骨肉腐烂更难心安。因此，在清代，龙、杨二姓老人，在龙云从、龙在沼、杨逢春、杨涣章、龙秀云等五位生员秀才为核心的组织下，合众商议，捐资集银，捐木献工，在离团寨背后100多米之处的山冲口，建造了一座砖木结构约70平方米左右的龙、杨氏家祠堂，专供老人去世，一时不能入土埋葬，停放尸体之祠堂，到了可葬时间，再开棺捡骨，重换小棺安置，才埋入土。现在老人去世基本上全部入土，只有个别死去、碰上不能即时入土埋葬的，改为挖穴停放、复土留见棺背，到了可葬之时，复盖砌坟即可。这是阳烂移风易俗的表现。现在的龙杨氏家祠专供放置空木棺材以利防火。

阳烂村龙杨两姓“幽堂”碑文：

尝思乾男昆女之道，咸秉二五之精，赋而为人，溯其源之始，贤愚贵贱皆受气於父，成行於母躯。散养敬孝之，宜人当不忘，不绝为贵重卫护者，无存亡之殊也，故人子遭父母百年祖浴，幸值年吉，山到竭力以礼殡葬归土，则亲身安阴佑，孝春以康宁。倘年月山向未利，自古皆停丧子旷林之中，虽经边遮界，待吉年半载，未免风霜雨雪之侵入，子常目击心伤，至乾隆丁酉年，云从初破天荒，乙亥在沼继光，嘉庆丁巳逢春策天朝，已丑涣章芹葸鹿鸣，已已水生香，虽非家经户诵，人皆稍通礼仪，知亲之灵柩纵暂停矣。吉不可置于旷林之中，是以龙杨二姓通议，共有肆拾壹家，各欣捐银捐木，于寨后寅山申向，建造幽堂三间，后人子遭亲正寝西归，权停，吉扶柩登出殡之堂。如升快乐之宫，春夏免日晒雨润，秋冬不敌霜雪之侵，则亲魂安，孝子哀怀稍矣。功成之后，凡我二姓同堂有名之人，务须缓急相济，有无相通，安危与共，克昌厥后，永为二姓光裕之美，拾以为序。云从笔撰。

生员：龙云从 龙在沼　杨逢春　杨涣章　龙秀云

杨陈万　龙云辉　杨唐相　杨唐富

龙安海　杨陈会　龙达相　龙银迪

龙文耀　龙万山　杨唐海　杨陈毛

杨唐钱　龙达田　杨满千　龙富千

龙仁道　龙才举　龙满海　杨禄文

杨陈礼　龙银田　龙才隆　龙富文

龙正三　龙六保　龙万千　龙巧金

杨贵艮　龙口口　杨宗相　杨生言

龙老金　龙道艮　龙永川

嘉庆十五年岁次庚午夏月吉旦立

从这篇碑文中，我们可以解读到村落先民在处理“死者”方式的变迁，从其变迁中也可以看到“儒家”的教化在村落中的痕迹。

村落的戏台是村民唱戏的地方。阳烂侗族村寨的人们，历来有喜爱唱歌、看戏娱乐的习俗。1945 年冬，专门从广西基林村邀请戏师吴尚清来教“桂戏”。从那时起，就在寨内的中心鼓楼门前的大岩坪上，建造了一座专供宣传唱歌、多耶、演戏的娱乐场所。戏台的构造，轻便雅观，是用四根柱做内台，两根前柱作台面，内台房是用杉木板加密，前面的舞台是用30平方米宽杉板铺成的。两侧是空间，以便两边观众观看。台前有锣、鼓、乐器、芦笙等的民族画廊，上面盖有青瓦。戏台前是中心鼓楼和10多平方丈的吹芦笙岩坪，可容纳2000人左右的观众观看演出。所以，逢年过节，邻村十里内外的侗家男女老少常到阳烂侗族村寨来观看桂戏、侗剧、多歌、多耶。大家对阳烂侗族村寨的热情好客、精神文明评价极高。

村落的水井是村民命脉所在。阳烂在寨内中心鼓楼与戏台隔壁的东南方向十多米处各有一口长流清水井，南边的那口水井建于嘉庆十七年，是由大块青石砌成深一米、长宽各0.6米的四方形水堂；东面的那口造于乾隆五十四年，系岩块砌成的清水泉；第三口位于河边鼓楼下方的水井；第四口泉水井是在寨头公路边，也是用大块岩石砌成1平方米的长流井。这四口泉水井，专供阳烂600多人饮用，味道清甜凉爽，也可供寨内13口水塘长期不干，对防火养鱼十分有利。1997年，全村又从对门山冲接了两条自来水管，供给全村100多户、600多人饮用。可见，阳烂侗寨聚落的水源十分充足，这也可说是阳烂侗家山寨山好水好。

这些泉水在村民的心目中都占有十分重要的地位。在村民看来，这些泉水不仅仅提供清洁卫生的饮用水，也是新生活和新生命的源泉。村落里有青年男女结婚时，新娘到新郎家要做的第一件事就是到村寨最古老的水井挑一担新水，以实现夫妻和睦、白头到老的愿望。村民还认为，新娘到水井取水，不仅自己在村落开始了新生活，获得了村民的资格，并且还意味着从水井中，夫妻将获得新的生命，他们的新生后代就从此开始。再有谁家生了小孩，必须拿几粒稻谷撒到泉水井里，以期盼孩子无灾无难、健康成长。若是谁家孩子有了疾病，必须到泉水井边烧香化纸，以求井神保护而消灾除难。总之，泉水井在村民的心目中是十分神圣的。任何人都不敢在井边随地吐痰，随便扔脏东西，更不敢在泉水井附近大小便。凡泉水井有了沙石或污物，就会有人自动清除。遇到井壁受损，会有人义务进行维修。这些活动在村民看来都是一种行善的表现，也是一种积德的方式，都会受到人们的称赞与敬重，有的还为之立碑，以作纪念。村落中心泉水井边就有一块"永垂不朽"碑，记载了嘉庆十七年阳烂村民龙、杨两姓共53户修筑水井的事实。这块碑的存在，不仅告示后人要喝水不忘挖井人，更主要的是让人们爱护水井、保护水井。爱护了水井，不仅爱护了个人的生命，也爱护了村落的生命。保护了水井，也就保护了自己生命，保护了村落的生命。村民甚至认为，一个村落的水井也是村落的一个脸面。人人都在夸奖自己村的水井，当然也容不得外人玷污本村的水井。

村落的风雨桥是村落的象征之一。在阳烂村脚离寨头300多米处的溪河中，建有一座横跨河西本桥，名叫"维新桥"。这座凝聚着阳烂侗家儿女们智慧和力量的风雨桥，始建于1954年至1962年间。全长27米，宽3米，高8米，伟岸而秀丽地横卧在沅江头的河溪上。它只有一孔一跨度，净跨15米，两边桥墩全部用大方块岩石砌成，青石墩块是邵阳石工在高团的"着螺"和"臣松"之地打好拖来的，最大的一块就有一千多斤，一般的有500—600斤重。笔者曾经参加过托运岩墩之行列。全村总动员8人一组，10人一队，大方岩墩距阳烂五里路程，从山坡上拖拉到桥墩下，一天只能拖一个岩石到岸边。石墩上架着横直相间的枕木垛，层层挑起以承受主梁跨度的重力，跨度间用直径0.40米大小的杉木排成双层，中间每隔数尺加根桐木作横跨梁隔垫作为主梁架在枕木垛上。桥面建有桥屋九间，以屋护桥，桥屋一体。桥屋两侧附柱上，下侧装木板挡雨，上侧下端装杉板，上端安栏杆，即美观又安全。桥屋主柱间设有长木凳，供人们休息，桥屋梁上悬挂着一串串侗家妇女们用五色丝线和红白鸡毛精心制成的吉祥花包，祝愿天官赐福于人间。桥屋的檐壁板上，是高团石匠杨彦江用石灰拌成的两条鳌鱼，远远望去，栩栩如生。阳烂"维新桥"如彩龙飞翔，横卧在阳烂寨脚的溪河上，塞寨配风水，使阳烂的吉祥龙脉不予流失，令人叹为观止。这座不用一个铁钉，一斤水泥，仅用石块木料建成的"维新风雨桥"确实体现了阳烂侗族人民的智慧和力量，也是湖南与广西交界必经之地的桥梁。

图 2-10　阳烂侗寨维新风雨桥

在阳烂村，除了有木制的风雨桥外，还有两座水泥桥。尽管是水泥桥，但村民对桥的期盼依然如旧。如在 1987 年建成的中寨门前的水泥桥所作的序言中就可以得到了充分的反映。序言曰：“盖闻福禄善庆，本由修功积德，广行阴功，莫于架桥修路。修数百年崎岖之路，免行人之跋涉，造千万人来往之桥，便往返而利济。嗟，我阳烂村边之桥，自古迄今只架独木跨河，加之难以拢岸。每逢春末夏初，山洪暴发，将桥冲流，来往行人难以过河，只得两岸相呼。我村人等，有见及此，于是约诸父老商议，应将村边桥梁建设完善。人人同心，个个称赞，名曰‘同心桥’。务须同心协力相美，解囊相助。虽非工程浩大，用费也是繁多，奈因我村经济薄弱，一木难以支持焉已哉。只得发簿上下友邻援助资金。此地虽非通车之大道，也属往返之要经也，上可通广西，下可通湖南。

经始于已丑（1985）之冬，落成于丁卯年（1987）之春，将见工程告竣。”在序言碑的内侧通往村落的石板路边还竖有10块化缘碑，记载了周边村落民众捐资的人名和数额。村民认为修路架桥是修功积德的最直接的方式。群众热衷于修路架桥，不仅为村落里修路架桥慷慨解囊，就是他寨修路架桥也总是乐此不疲，除了捐资外，还要在落成竣工时，结队前去祝贺。

图2-11　阳烂侗寨同心桥

村落的庙宇是村民精神的寄托之所。先人原夫，神为天地的功德，用二气的良能统归人类命运。人们的灾难、祸福属于神之恩赐，所以对神的崇拜极为奉承。因此，阳烂村寨的先祖在光绪二十年间，在寨内、寨中、寨南三处安设有南岳大王、雷祖大帝、飞山侯王三大尊神，此三神乃文、武、圣三神，受到人们的尊敬和崇拜，“文革”期间被毁。村寨的人们求神拜佛，祈求平安、健康长寿、万事吉利。

此三处神庙，不像其他侗家山寨的庙宇。他们兴资动众，烧青砖瓦，砍木料，砌成高楼大宇，雕建菩萨，似如宫殿。此三庙分别是建在寨中、寨边、寨尾，全部用青石板铺上，供村民燃纸烧香，供放祭祀品之用。易于人员集中，既便于求神又便于日常活动。祈求去灾迎福、人畜兴旺、五谷丰登。这里同时是可供团寨集会活动的中心场所。寨南的“飞山猴王”神庙，每年的二月初二，全寨侗民都按时到那里集会祭祀拜神。届时，寨老头人，利用这个机会，在那里举行开款备忘，宣传各项条款的约规，如不准让人上山乱砍滥伐、偷盗、破坏农事。这是春季的集会款约，使大家明确要遵守各项规章制度，使大家能够共同维护组建家园、安家乐业的新气象。所以，前辈的寨老们，计划安置三神庙的思路很是周全，既可以求神拜佛，又得到神的约束规章，既不劳资动众，也可安置神位，万古千秋，人们又得到神的保佑。

村落的寨门与围墙是村落社会的边界，阳烂寨建有三个寨门，即头寨大门、尾寨大门和河边中寨大门。中寨大门是村落的中心大门，门面十分讲究，建有两层楼亭。夏天，人们在上层乘凉、娱乐、畅谈交流，而每到晚上，村落里的年轻小伙还在这里过夜；下层是方木板大门，从寨外的南、北、西三个方向铺来的三条青石板路，汇合到此。

村民说，他们的村落是有围墙的。在调查中，仍然可以看到残存的部分围墙。这围墙是民国初年在寨老们的倡导下，在当时的寨老龙怀山、龙怀义、龙怀炳等人的组织领导下，召集团寨父老乡亲讨论，一致同意用岩石泥土垒砌，建成团寨围墙。当时以户为单位，每户出工两天；以人头为单位，每人头出工三天。在农闲时期进行，经过一年多的艰苦奋斗，建成了从河边寨门起，往南经雷祖大帝庙，过飞山庙，往东向北围住村落民居，然后向西连接头寨寨门，再往南与中寨大门衔接。整个团寨围墙周长大约 2 公里。为了使围墙牢固，维护团寨安全，村民还在围墙上增加了一层木条篱笆，还在距围墙外一丈余地的地方增设了一道栅栏，在栅栏与围墙之间的地面上插上了密密麻麻的用桐油炒过的南竹削成的竹尖，这样一来，整个团寨的围墙就十分牢固了，村寨也就安全了，村民生命财产也就获得了更多的保障。

村落民居是一个家屋社会。阳烂村是一个依山傍水的侗家山寨，村民的家屋均由一座座吊脚木楼组成。吊脚楼与栅墙、挑梁、窗廊、寨门楼等构成一个建筑群序列。吊脚楼一般由立贴式木排架第二三层横梁挑出悬臂，上下悬端部以悬空木柱。这种结构方式,以免边立柱承受力过大而变形,这又减少排架的跨中的弯矩,而使支座处横纹所承受的压力均衡,并使重力向中部分散,以提高整体的承载力。吊脚楼的悬臂分上下多层,贯出卯眼断面荷载上下承压,以增强整体构架的稳定。吊脚楼的挡雨檐,从横梁下挑出悬臂,置檩角盖瓦,以遮掩梁柱接点、楼板端头及其他构件,使其不遭日晒雨淋,并起到遮阳降温的作用。为使其功能发挥极致,村民往往在吊脚楼上盖上数重挡雨屋檐,并不断翻新,这便形成村落民间建筑重檐迭次的构架特点,显得轻快、活泼、简朴、流畅,富有韵律感和节奏感。民居吊脚楼看似简约,却包含着丰富而深厚的内容。

我们的调查合伙人龙建云家有三个儿子,现有住宅为两座 90 平方米的三层吊脚木楼,两座木楼紧紧相连,各设一架楼梯上下出入,两楼之间为五尺见宽的木板平台,既结合又分开,结构巧妙。吊脚楼下,有一长年不断的清凉井水,水井边筑起了 20 平方米的清水鱼塘,鱼塘直达第一座木楼的面前,青丝鲤鱼自由自在地游来游去,逢年过节或远方来客就钩钓几尾来增加菜肴,也是防火洗衣洗手方便之地。

阳烂侗家的这种吊脚木楼,全部用杉木做柱子,一般为三间五柱三层,或两间三层(宅基地一般 70 平方米乘 3 层等于 200 平方米左右)一户三五口的住房。木楼的框架分为五柱或四柱一排,中柱最大最高,大的柱直径为 20 厘米左右,最高为 10 米上下,以中柱为中心,向两旁依次一根小一根,从二层、三层起,四周有吊楼临空,以扩大居住面积,故称“吊脚木楼”,屋柱分三层,每层高 2—4 米左右,在分层处凿眼,柱与柱之间用方形木条相衔接。整座木楼由高低不等的柱子纵横成行,大小不一的方木料穿直套。令人惊奇的是支撑木楼的全部柱子,仅仅立于石块之上,也不是套起埋入地下。房子的四墙用木板开槽密封,屋顶盖着青瓦。

木楼的布置,一般第一层用于安放稻谷、关养家禽家畜、堆放柴火及农用家具。第二层,进大门是长廊走道,摆几条长短板凳,供人休息会客,妇女纺纱织布做针线活多在这里。凡遇上红白等事,这里是摆长桌设酒席的地方。正

图 2–12　阳烂侗族民居

中间是堂屋，上用红纸大写“天地国亲师位”的神牌置在中央，两侧有卧房和粮食，往里层是火塘，放有一铁三脚架，现大部分在火塘边砌有砖火灶，这里既是厨房，又是冬天休息围火取暖的地方。以前火塘上还吊一架烘糯谷禾把的竹坑，现在拆掉了，以便防火。第三层全是卧房。可见，吊脚木楼的各部分都得到了充分利用。

由于单座吊脚楼都具备了独特的韵味，村民怀着“山林环境是主，细脖子阳人是客”的理念，将一座座吊脚木楼依山就势，靠水布陈，顺应环境与自然。将这些吊脚木楼汇聚成一个村落时，加上有村落的鼓楼、戏楼、风雨桥、寨门、禾凉、鱼塘等建筑设施相匹配，形成侗族村落的景观语言，以“变化”“一贯”“无害”“和谐”的文化尺度，使整个村落的建筑融为一体，在周边自然环境的衬托下，显现出侗族人的智慧，也表达了侗族的文化内涵，体现出侗族村落的特异性——形成自然环境的生命整体。

村落的各种建筑对村民来说是十分重要的,不仅是村民的蔽身之所。村落里的各种建筑物,如村落的鼓楼、风雨桥、寨门、戏楼、庙宇,还有一栋栋别致的民居吊脚楼,与村民朝夕相处,村民生活其中,对它们感情浓烈。村民对它们都赋予各种不同的话语,还有许多动人的神话或优美的故事,使这些建筑拥有无限的人文性和象征意义,从而成为村落的象征。还有村民的山林、田土、溪流、鱼塘等也是如此。这些不论是公共资源还是私人的资源,都是村民的生存依托,村民对这些资源都赋予了特定的边界与意义。这些资源的组合形成了村落特定空间领域,这种空间领域是神圣不可侵犯的。这些资源就成了村民记忆的历史话语。其实,在人类历史上,几乎所有的无文字民族的民间社会历史都是在口头的叙述、社会的记忆和特定建筑物的糅合中建构起来的。

图 2-13　流过阳烂侗寨的小河

阳烂村民不仅喜好吃鱼,而且他们主要的节日活动、人生礼仪都离不开鱼。因此,鱼塘对村民来说也是十分重要的资源。鱼塘不仅是养鱼的地方,也是村民的蔬菜生产区。村民在塘基上根据不同季节种上各种时令蔬菜,这样不仅可以满足村民对鱼的需要,同时也能够满足村民对蔬菜的需求。

全村除了村落中有 17 口鱼塘,水域面积大约 10 亩外;在村落的四周还有四处集中的鱼塘,即冷冲、盘新、盘烂和烧冲。其中冷冲有 18 个鱼塘,大约有 10 亩水域;盘新有 4 个鱼塘,水域面积大约 3 亩;盘烂有 5 个鱼塘,水域面积大约 2 亩;烧冲有 5 个鱼塘,水域面积有 3 亩。这四处集中的鱼塘,每年可以产鱼 5000 余斤。

村民龙章志有鱼塘二分。2004 年,养有 24 尾草鱼和十多条鲤鱼,塘基(塘基宽 2.5 米,长 15 米)菜地种植的蔬菜有黄瓜、苦瓜、长豆角、黄豆、西红柿。在地势低的一边种了七八蔸芋头,靠山的一边还种有洋和 40 根左右,在冬季主要是种白菜、青菜 和萝卜等。而村民龙令能的鱼塘有半分地,鱼塘名为双秀场,塘深两三尺,塘中间盖有树枝,用于给鱼休息、庇荫。塘边四周种了各种菜黄豆、茄子、辣椒、苦瓜、西红柿等,鱼塘四周的菜也可用来喂鱼。养有 20 多尾草鱼和一些鲤鱼,每天须喂草至少 30 斤,鱼可长大至七八斤,最后可收鱼七八十斤。

图 2-14　侗家走亲礼物

阳烂村现在有140多户，其中有30多户在黄岩居住，20多户在双免居住，在阳烂老寨只有90余户，但祖先遗留下来的鱼塘只有50多口。在1980年包产到户时，村民争论最多的不是分到多少稻田或分到哪里的稻田，而是十分关注自己分到多少鱼塘，分到哪里的鱼塘。经过多次讨论，在1975年搬家到黄岩和双免的农户，就近分配当时在那里新造的鱼塘或是在分配稻田时除去相应的鱼塘面积。而生活在阳烂老寨的就只能共同分配这50口鱼塘。为了使每户村民都有自己的鱼塘，村干部对每个鱼塘进行了评估，以户为单位，按照实际人口计算，鱼塘大的就两户或三户共一个鱼塘。按照这个办法把鱼塘分到了每户。而村民在使用鱼塘时有不同的办法。有的按人头下鱼苗，每天放鱼草到收获鱼时按人头计算；而有的村民则采取按人头计算，家户有多少人就使用鱼塘多少年，年限一到，就轮流到下一家，这样依次反复。因为村民养鱼主要是用来做酸鱼，即使两三年不养鱼，家里照样会有鱼，并不会因为当年没养鱼而给生活带来麻烦。然而不管怎样使用鱼塘，主要在于保障村民家家户户随时都有鱼。只要保证了家里有鱼，村民的生活就不会有什么不便的了。

图2-15　鱼塘的鱼屋

从现在的生态资源分布看，在阳烂村，水田以上就是村民的油茶林，但是在20世纪70年代以前，其生态资源并不是这样分布的。这是杂交水稻推广后的一个生态结果。在杂交水稻推广以前，村民以种植传统糯稻为主，糯米饭油脂、糖分比粘米丰富，村民在一天三餐吃糯米饭时，用不着炒菜下饭，只把糯米饭捏成团沾酸鱼汤或酸菜汤就可以进餐了。改用粘米后，尤其是杂交水稻推广以后，村民每天的进餐方式无以为继了，每次用餐必须炒菜下饭。要炒菜，首先要有油料，村民为了获得食用油料，开始了“开荒”，不得不把村寨附近蓄禁了数百年的古树砍掉，用来栽种油茶林，解决食用油问题。这样一来，首次导致了侗族村寨附近自然景观的改变，在稻田的周围出现了大片的油茶林，由于对古老大树的肆意砍伐，阳烂村在1956年以前，村寨的北面与东边都是莽莽古树，那时村寨的水井的水是满满的，为了使井水朝一个方向溢出，村民不得不在井口的正沿凿了一个水槽，让水顺槽流出。1956年以后，村寨北边与东面的森林被一次性砍掉，栽上了油茶林，由于管理不善，油茶林稀稀拉拉。大约30年过后，这口建于嘉庆十七年的水井，其水位降低了一半，村民为了防止井水发臭，使井水能够流动，又不得不在水井的半腰凿了一个出水洞。我于1995年第一次到阳烂村调查时，由于水位不断下降，村民于10年前凿的出水洞也没有水流出来了。从这口水井近50年的变迁中，就可以大致了解这一社区生态变化的基本情况。

阳烂村的结构是侗族文化的载体，阳烂村的特点也可以说明侗族村落的特点。也就是说，只要我们能够解读阳烂村，也就能够解读侗族村落；解读了阳烂村的文化，也就解读了侗族的村落文化。在此，我们仅以阳烂村村民对水与木的理解来加以解读。

水，对村民来说有着特殊的重要意义。水被认为是村落财富、吉祥、平安的负载物，但村边的河水却在源源不断地流出村落，村民们认为这种日夜不停地水流将会把村落的财富、吉祥、平安带走。为了阻止这种随河水而流走的财富、吉祥、平安，村民便在村落的下方河流下游的水口处建造村落的风雨桥把

图 2-16　阳烂侗寨珍珠泉

水口封住，所以风雨桥又被村民称为“福桥”，它就成为阳烂村风调雨顺、吉祥平安、乐业富足的象征。

然而，一个村落的协调发展，单靠风雨桥设置的象征意义是难以奏效的，村民在日长月久的对生存方式的探寻过程中，在风雨桥象征意义的流布中，形成了对水资源利用与管理的整套规则，以此来实现村落的协调发展。

对村落资源有效管理的重要方面就是要确保村落财产的安全。从阳烂侗族来看，对人们生命财产安全的最大威胁就是火灾。从家庭—家族—村寨的所有建筑看，不论是家族—村寨的公共建筑，还是个体家庭的私有建筑，其所用原料都是源于山林里的树木；从每个家庭所使用的日常生活用具、交通工具和生产工具，除了少量铁器外，绝大部分是由木质制成。阳烂侗寨俨然就是一个由林木构成的生活世界。在这样的世界里生活，火就成为影响村寨安全的最重要的因素。村民在防范火灾方面付出了最多的心血。

从前面村寨布局看，在很大程度上，就是为了防范村里的火灾发生，保护村落居民生命财产安全。阳烂村在选择寨址时，就以水源为基础。阳烂寨有14口长流不断的天然水井，村民又从村落的北面挖渠引水入寨，造就村落17口水塘，还特意修筑了人工蓄水防火池。这些都成为村落防止火灾的水资源，再加上村民的防火意识和信仰，确保了村落的平安。从现有的实物记载来看，阳烂寨至少从乾隆二十七年以来没有发生过一次火灾。根据村民的口述历史，阳烂村从建寨以来的400余年间就没有发生过火灾，这在以木质为基础所构筑的侗族村落来说，是一个奇迹。

图 2-17　当地防火池

在这里，我们必须强调的是，村民的防火意识与信仰，对防范村落火灾所起到的作用是不可低估的。火是水的对立物，村民相信水可以给村民带来财富、吉祥与平安，火却能够消逝村民的财富，给村落造成灾难与不幸。由此村民在对水的管理中也加强了对火的管理。阳烂寨有一老人，每吃完晚饭，便在村民入睡之前，拿起锣，沿着石板路到各家各户面前高声叫喊，请各家各户在入睡前，注意防火。在冬季用火频繁的季节，寨里将村落的所有成年男丁编成30个组，每组负责1天，轮流值班，轮值当天负责在鼓楼里烧火，给前来闲聊的村民取暖，并通宵守护村落的用火安全。

最有意思的是，村民到鼓楼里总要唱起村民自己编就的《防火安全歌》："大家静听我来唱，防火工作要加紧，全年劳动辛苦不能忘。今天晚上来听戏，出门之前先灭火，先让全家来放心，再到戏场来看戏，莫忘家里水桶装满水，莫忘防火安全是第一，这对我们很重要。家里若有灶，要放锅在上，锅里放满水，灶上有锅水，不怕火生起。"这种防火安全歌，是所有村民都熟知的，是村民进鼓楼的必修功课。村民的防火安全意识就这样在村民心中生了根。

村民在赞美村寨、赞美村寨群众和睦时，总要赞美村寨的水，或是由赞美村寨的水而赞美村寨的风光和村民的和睦。"我们走到哪里，就赞颂那个地方，你们这里田塘山川美好，居住多自在。周围树木配风景样样合适。你们村寨的五条神龙朝此地，五眼井泉育人材。"（《赞村寨》）"你们地方水也好，井也甜……右边池塘里红鱼灿烂，左边田里稻苗油油，走过你们寨门一次，总想下辈投胎再来第二次。"（《赞侗寨风光》）"我在这里赞颂你们村寨……井水同喝，井水共用，谁有忧患大家帮助。"（《赞和睦》）

在侗文化中，人们将水当作生命之源来看待，并将其看成人类一生的相伴者。村民在解释婴儿的来源问题上，常说那是婴儿的母亲一大早起床后，在水井里捡到的一个红孩儿。于是人们往往相信水井是人诞生的地方。水井是侗族人民的一个崇拜对象。村民还说，过去在成年仪式上，会举行滚泥田礼。当儿子长到三岁的时候便由长辈带到水田边。由母亲将自己的儿子放到水田里，让儿子从母亲这一头滚到水田的另一头，在水田的另一头由父亲接起来，寓于其中的意思是：孩子长大到了脱离母亲怀抱的年纪了，开始由向母亲撒娇的年龄长大到了该向父亲学习坚强和劳动技术的阶段了。当儿子长大到了七岁的时候，又让长辈带到水田边。这一次由父亲放下水，孩子滚到水田的另一头时,爷爷将其抱起。寓意是:男孩跟父亲学了坚强和劳动技术,现在该到爷爷这里来学习人生的经验和深沉的智慧了。当男孩长到15岁时,便由爷爷或其他长辈放入水田,这回再也没有谁将其接起来了,而是男孩自己起来,寓意是男孩已经长大了,再也不用长辈的呵护了,如今已经到了可以自己闯天下的阶段了。丧葬习俗也涉及水。老人死后,用门将其抬至堂屋。村民有"买水浴尸"的习俗,侗族人仍然保留着。死后亲人要到井边或河溪边焚化纸钱,然后汲水。汲水一定要源头水,即舀水时水桶一定要从顺水而舀,不能逆水舀,舀水回来后再浴尸。

水并不常是温柔敦厚和富于给予性,当水变成了洪水的时候,水就变成了一种吞噬人们性命的严重灾难了。洪水冲垮堤坝、卷走庄稼、捣毁鱼塘、冲散人家,侗族同胞没少经历过。侗款里有记载:"说起缘由话长,由于八男同地起九宝同地养,因为地要翻天,天要覆地,发起齐天洪水使得六国一片汪洋"①,对洪水的忧患意识也成了一种民族意识,深入到侗族同胞的心中了。

对于水的这种既能毁坏又能给予的属性,侗族先民无法得到理性的理解和把握。他们震怖于水的能力和威力以及洪水到来的不可预知,只能将水作为一个不可把握同时也具有可亲性和恐怖性的事项来理解。由于生命仰仗于水,且毁灭性的水灾毕竟是少数,所以在村民的价值天秤上由恐怖性向可亲性倾斜。而这种心理又在长期的持续过程中发生变化,有时多年未遇的洪水可能被人们视为对以往单一生活的重新洗牌。人们并没有太多的伤心,这是人类自身无法控制的力量。人们或许只认为这不过是生活秩序的重新调整罢了,经历多了,就不再悲伤和沮丧了。水具有净化功能,生活的经验教会他们:许多东西只要在水里清洗了,便成了洁净之物了。人们渐渐地把水看成了一种中性物。我们或许可以这样理解:侗族人民日常生活中的许多仪式是希望通过巫术来控制水,使水的功能趋利避害,通过用水、护水、理水等各种方式来

① 湖南少数民族古籍办公室:《侗款》,岳麓书社1988年版,第40页。

改善自己的命运，最终达到人与自然的和谐。因此，他们在涉及水时往往将其过程神秘化，从而对水加以崇拜。

村民总是期望长期过上平稳的日子，如果突然遇上了种种不祥的预兆，如狗乱吠、牛乱鸣、鸡乱叫，天气出奇地干燥，人心便会浮躁不安，则会请来巫师清寨（洗寨）。仪式开始后，全村人斋戒，实行戒严，进寨的各个门挂上柚枝，派小孩把守，外人一律不得入内。人们用稻草编成一个船形容器，船形容器的一头系上长长的绳子，由小孩儿拖着船形容器，到各家各户领取茶叶和木炭，并将其放到容器里，这叫作“领盐”。每领完一家，孩子都要哄叫一声，这种“领盐”，一户也不能缺。最后将容器拖到河边，放入水中，竞相用石头砸下河去，然后欢笑而归。接下来全村解禁，各家各户、男女老少都来聚餐，庆祝灾神的远离和清寨的胜利。有的地方，不是清寨，而是请“萨”①，他们认为是萨出走的原因。在请萨的时候要念祭词：引萨进寨，鬼魔进河潭，鬼魔滚进河潭，我们引着萨老进村寨。有的地方则是先请萨然后清寨。

侗族人在外出“月耶”②时要举行护身仪式。出发前芦笙队在款坪里吹三支集合曲。人到齐后围成圆圈，由头客请师傅先敬萨岁，再念符“天合，地合，神合，鬼合，天无忌，地无忌，月无忌。普安道水，百无禁忌。”念毕，芦笙队吹同去曲。这里的合即和，是“和睦”“和合”的意思。念符的具体过程是师傅（事实上在这一场合属于巫师）舀一碗水先漱三次口，才开始念符，一道符念完一遍后，再含一口水往地下喷，喷的同时跺脚，接着再重复念符，如是三次。念完符后，周围的人应呼“吓”（“是呀”的连读声）。这仪式的目的便是和神

---

① 萨，是古代侗族女英雄的化身，其传说多种多样。既是保境安民、佑人畜兴旺、五谷丰登的社会神，也是侗族至高无上的女神。传说在侗族历史上有一位功绩显赫的女英雄，大家尊称她为“萨”（侗语，下同）。萨的来源有几种说法，一、是侗族的远祖母神，她靠神异的生育能力，生育天，生育地，生育众神，生育天上人间的万物；二、是侗族神话中的女娲神，她创造了天下仅有的姜良姜妹两兄妹，相配成婚后才有了人类；三、是女英雄婢奔。

② 侗族“月耶”，意为集体游乡做客，是侗乡的一种社交习俗。侗族某一村寨的男女青年按约定到另一个侗寨做客，其间要举行赛芦笙、对歌等活动。

和鬼，使自己逢凶化吉。

侗族的民居一般都依山傍水。在地名的分类上经常涉及河流，如侗剧《刘梅》里的歌词“我当先生走村江”中的村江，指的就是某条江河边上的各个居民点组成的一片地区，略等于汉语里的“江湖”，但其含义不及江湖宽泛，而且具有明显的按河流划分的意味。在水资源丰富的侗族地区，村寨的布局则完全取决于水。通道侗族自治村阳烂村，坐落于一个小山脚下，由于亚热带季风湿润气候的影响，山上林木繁盛，果树成林，村寨内泉眼特别地多，全村居住面积不足 40 亩，共有龙、杨两姓 154 户、750 人，泉眼却多达 16 处。沟渠在村寨内纵横交错，每隔一段距离总有一口池塘衔接点缀，形成一道独特的“水”的风景线。水的分布形态同各种有关的民居布置、神位布局，共同构成了关于“水”的文化。

阳烂村的这些泉水清凉甘洌、味美诱人，夏天可供消暑，冬天则可直接用来泡澡、洗衣服，以前是新媳妇挑水的首选。村寨最著名的珍珠泉，则建在鱼塘边，位于村寨中央，是龙、杨两姓先民于道光十七年(1837)修建的，在旁边池塘里用青石砌成了一个水凼，水凼里的泉水同塘里的水相比完全是天壤之别，由于泉眼经常有小气泡冒出，所以唤作珍珠泉。为了保护泉水，常有人祭泉，在泉水边插上一个竹竿，竹顶端夹着一张做了法事的三角形的红纸。侗族人挖井、爱井、护井、敬井，从来不许人从水井上面跨过，这样做也使得地下水得以顺利地排泄出来，消灭了地基隐患，保卫了村民的安全。

人们将各个水井里的水引出来形成了许多的渠，同时在山上修筑了许多防备雨水汇集而成的流到寨子里的洪水渠，这些沟渠加上各户的排水沟，共同构成了一个稠密的沟渠网。其中最重要的有 6 条。这 6 条中有 3 条是灌溉用的，引水进田。主要引用生活用水和井水，这 3 条水渠的水含肥量高，村外的几丘水田几乎全年不用另外施肥；余下的 3 条纯粹用作泄洪，自北向南引水入河，在这个网中又散布着各个大小不同的池塘。池塘 13 口，寨头和寨尾各 3 口，村子中央 7 口。池塘周围从来不许用篱笆圈起来，从而达到既可养鱼又可

图 2-18　新娘取水

防火的目的。一旦火警发生,人们可迅速地从池塘里舀水,直赴起火点。池塘里的水也从不许灌满,这就保证了雨天可蓄水、旱时可灌溉的效果。为了更好地利用水资源,阳烂村现在又在积极准备农村的综合开发。

村民们同时神秘地在防洪上下了一番工夫。侗族的鼓楼顶端往往饰有葫芦,阳烂村也不例外。葫芦源自侗族古代洪水神话姜良姜妹的故事。村民们讲述说,雷婆与人类争夺世界,被姜良抓住关进仓里,后因得到姜妹的水喝而打烂仓逃回天空,发下洪水。姜良、姜妹坐进葫芦瓜内,随洪水漂流,一路救下了许多小动物,在它们的帮助下到了天门战胜了雷婆。阳烂村的龙儒太老人的口述资料也认为,姜良、姜妹是凭借葫芦瓜而幸免于难的。这个故事在侗族地区口口相传的过程中各有差异,有的传说把葫芦说成是白瓜,有的认为葫芦就是一种叫作"钵"的瓜类。村民直接把葫芦瓜当作姜良、姜妹幸免于难的工

图 2-19　侗寨水车灌溉

具安放到鼓楼顶上，或是将姜良、姜妹的避难工具变形成最具装饰性的葫芦瓜安放到鼓楼顶上。这样，对于侗族人民来讲，葫芦具有神圣的纪念意义和警示意义，以及他们的祈祷意义。

村民们对“木”的利用，除了家庭住屋是用纯杉木建成以外，其他的公共设施，如侗族闻名于世的鼓楼、风雨桥，还有寨门、村寨栅栏、戏楼、晾禾架、水井房、凉亭、萨堂、杨公庙、鱼棚、猪圈、牛栏、水车、各种农具以及儿童玩具等，还有所有的家具、农具、水利设施、玩具等都是用木头制造的。可以说，村民们的一切生产生活活动几乎都与杉木有关，侗族村落社会就是一个用杉木构成的世界。他们的生活与“木”有着千丝万缕的联系，树成了村民们必不可或缺的部分。

村民们对杉木是从不浪费的。村民们用杉木树皮覆盖房屋、牛舍、猪圈、厕所、窖等以挡雨遮阳外，还用来培植树苗时铺于泥土下，以便于树苗移栽。1995年，挪威《博物馆学》主编、生态博物馆专家约翰·杰斯特到了侗族地区看到这一情形后，不无感慨地说：“两百多年来，世界上许多少数民族用树皮盖房子已很少见到了，这里的侗族还保持着，很了不起。”①杉树的枝是村民打制脸盆、脚盆的最好材料，产品造型别致，木质优良，花纹美观，一般可用几十年不腐烂。村民也常用树枝来做菜园的栅栏和瓜果豆类的攀缘架。杉树的小枝叶又是村民们常用的燃料，尤其是在大灶上煮猪食，这种燃料是最管用的。采籽后的杉木球也是村民烧饭烤火的燃料。锯木后的木屑不仅是重要的燃料，还是夏季驱赶蚊子苍蝇的材料，一到天黑，村民点燃一盆木屑，用扇子往四处一扇，苍蝇蚊子就无影无踪了。树干的用处就更广了，大到建筑房屋小到制作各种儿童玩具。树蔸和树根用来烤了杉木油后，又是很好的燃料。村民们还多用树蔸来制棺材两头的枕木。侗族村民对杉树的高效利用，并不是因为他们已经具有了惊人的生产力，而只是因为村民早晚都与杉树打交道，对杉树的认识较为深刻。也正像奥登哈尔博士在研究印度居民对牛的认识与利用后所指出的那样：“当地的村民真是克勤克俭，绝不允许有一丝一毫的浪费”②。

侗族对杉树的深刻认识在他们的语言中也得到充分的反映。侗语称杉木的汉字记音为“梅皮”“梅备”“媒胚”“梅边”“梅班”“梅哈”等，反映的就是侗

① 《侗族百年实录》(上)，中国文史出版社2000年版，第467页。

② 马文·哈里斯：《母牛·猪·战争·妖巫——人类文化之谜》，王艺、李红雨译，上海文艺出版社1990年版，第28页。

族用杉木树皮作为覆盖房屋材料的基本文化特征。

侗语中的“梅”是泛指树或木，而“皮”“被”“胚”“边”“班”“哈”等指树木中的“杉”，译成汉语就是杉木或杉树。村民们告诉说，“皮”“被”“胚”三音是称谓杉的老侗语，而“边”“班”“哈”三音则是现在对杉的称法。根据语音谱系及借入关系分析，“边”“班”是借自汉语北方方言称杉为“衫”音，“哈”是借自汉语西南官话称杉为“沙”音①。但新老侗语均保持了侗语语法习惯和称树为“梅”的语音。称树或木为“梅”是壮侗语族的通用语和同源词②。该语族的侗、壮、布依、傣、水、毛南、仡佬、黎等民族均有对杉树称呼的民族语言。而只有侗族保留了先民称杉的古音，其他民族在称杉时已多借自汉语，但“木在前，杉在后”的语法结构和称木为“梅”音仍然保留在壮侗语族各语言中。

称杉为“皮”，最早见于《尔雅·释木》，东晋郭璞的《尔雅注》：“皮似松，生江南，可以为船及棺木，作柱埋之不腐。”皮似松但不是松，而是杉。东晋嵇含《南方草木状》才明确解释：“杉，一名皮、占。”东汉许慎的《说文解字》说：“皮，占也，皮声，一曰析也。”又“皮，火行也，从炎，占声。”皮、占系形声字，《说文解字》用的是直音注字法，上古读音为“皮”和“占”。唐以后，读音已有变化，唐陆德明《尔雅音义》：“皮，音彼，又匹彼反；占字或作杉，所咸反，郭(璞)音芟，又音纤。”清段玉裁的《说文注》：“皮音彼……甫委切，古音在十七部。按《尔雅音义》音彼，又匹彼反。《集韵》《类篇》本之，皆补靡、普靡二切。”可见，中古、近古读音为“彼”或“胚”。到编撰《康熙字典》时，多为师衔切，音“衫”。《说文解字》记有皮的小篆字，为“手执铲刀剥树皮”之状，这反映了先秦时期人们对杉木的认识与利用。以杉木皮覆盖房屋是侗族特有的建筑艺术，今天在侗族村寨仍然可以看到这种现象。我们从侗族对杉的语言流变和自古至今的对杉木的使用情况，完全有理由推测侗族把杉树称为“梅皮”“梅备”“媒胚”“梅边”“梅班”“梅哈”，实质上是侗族创造的以杉木皮盖屋的一种

① 侯伯鑫：《我国杉木的起源及发展史》，《农业考古》1996 年第一期，第 161—167 页。

② 王均等编：《壮侗语族语言简志》，民族出版社 1984 年版。

杉木文化的高度概括。

据明代文献记载："侗人，其所居住，以巨杉为柱，枋为阁，板为楼，杉皮覆盖，人居其上，畜在其下。"①侗族至今仍是如此。在布局上，侗族村寨的房屋依山势横排，几户甚至几十户相互连接，鳞次栉比，过道贯通构成一排排整齐别致的长廊。在住房结构上，通常是三层三间的五柱七瓜的集合，两楼一底，二楼配家人卧室、堂屋、伙房，还有宽敞明亮前廊，作为休息、纺纱织布的场所；三楼主要是客房、粮仓、储存室等；底楼则是堆放杂物、关养牲畜家禽的场所。这些都是用杉木制成。据调查，要建成这样一幢侗族家屋，一般要使用杉木 45 立方米。侗族村民说"生住木房，死睡木棺"，生死都离不开树木，侗族村民们的棺木也都是合抱大的巨杉制成。历史上所谓的"吃在广州，死在柳州"，"死在柳州"讲的是柳州的棺木十分的名贵。其实，柳州制棺用的杉木都产自侗族地区。自明以来，侗族地区的木材贸易开通以后，盛产于侗族地区的杉木沿都柳江顺水而下，大多集散于柳州水运码头，而柳州成为侗族地区杉木的一个集散地②。于是，柳州得以用侗族地区盛产的巨杉来制作棺材，从而便有了"死在柳州"的说法。

村民所用的家具、农具、运输工具以及儿童的玩具都是用木头（包括竹子）制成的。根据我的观察，村民们使用的竹制器具就有 30 多种，如晒席、箩筐、睡席、扁担、簸箕、粪箕、筛子、篮子、箱子、斗笠、雨伞、缆绳、鱼篓、鱼罩、鱼篆、鱼梁、甑子、竹桶、竹椅、竹床、竹凳、坐垫、睡垫、枕垫、背篼、焙笼、笆篓、弯篓、鸭笼、鸡罩、鸟笼、麻刀等。村民们使用的木制器具有 15 大类 80 余种，如

① 江应梁：《百夷传校注》，云南人民出版社 1980 年版，第 104 页。

② 作者于 2002 年 5 月到柳州水运码头进行了调查，特意重点调查了柳州历史上有名的制棺一条街——长青街，现在这条街已没有一家制棺材了，成为冷冷清清的民居巷了，但久居其巷的老人都可以回忆起 20 世纪 70 年代以前的制棺情形，据说最兴盛时，有上百家在制棺。70 年代以后，柳州制棺行业骤然歇业，与侗族地区的杉木运输线路的改变直接相关。因为 70 年代以后，湘黔铁路修通以后，侗族地区盛产的杉木改由火车运输，木材集散到了凯里（黔东南苗族侗族自治州首府），都柳江的木材水运从此萧条，使得柳州的制棺材料的供应中断。但是，就在柳州制棺行业歇业以后，凯里的制棺行业有悄然兴起，至今不衰。

桶类(水桶、米桶、粪桶、庞桶、腌桶等)、盆类(洗脸盆、洗脚盆、洗澡盆、鱼秧盆等)、瓢类(饭瓢、汤瓢、水瓢、猪食瓢、粪瓢)、柜类(碗柜、茶柜、梳妆柜、花柜、塌柜、衣柜、鞋柜、高柜、矮柜等)、桌类(书桌、八仙桌、高脚四方桌、矮脚四方桌、半圆桌、小方桌、大圆桌)、凳类(团凳、高脚长方凳、矮脚长方凳、马凳、菩凳、小方凳等)、椅类(太师椅、靠背椅、摇椅)、床类(花床、平床、坦床、高低床)、箱类(包装箱、衣裤箱、鞋袜箱、药箱、工具箱、书箱)、板类(砧板、案板、粑板、做鞋板、晒板、洗衣板)、烤类(火桶、火楼、火厢、炕架)、农具类(斛桶、晾禾架、粮仓、粑槽、风箱、水车、水枧、油榨)、工具类(撬杠、拉钩、撑棍、剥皮棒)、编织类(织布机、轧棉机、纺纱机、编草鞋机)、交通类(大楼梯、单楼梯、板车、木船)以及娱神类(神龛、木鱼等各种道具)。儿童玩具也有20余种,如小水车、小船、小水碾、小水碓、弓箭、弓弩、弓夹、榨板、弹枪、气枪、水枪、火药枪、走马转角楼、吊脚楼、风雨桥、亭子、三轮车、四轮车、独轮车、陀螺、地脚棒、转子等。

图 2-20　侗寨木质织布机

基于村民对杉木的加工利用，在村落中产生了许多的“木匠”“篾匠”。这些匠人不论制作什么用具，都不用一颗铁钉，也不用任何粘胶，他们所用的都是竹钉或木栓。不论是作方的、圆的，还是作椭圆的，不论是做工序十分复杂的，如建住房，修鼓楼、风雨桥，还是做工序简单的家具，他们从不用什么设计图纸，而在半边竹竿绘宏图。侗族地区所有的大大小小建筑物都是侗族民间的工匠所建，村民称这类工匠为“mok çag”，即“木匠”，有的也称“梓匠”。侗族木匠大多不识汉字，但都具有良好的工艺和品质，平时他们都不脱离农业和林业生产劳动。在村寨里几乎每一个成年男子也都不同程度地掌握着一些简单的建筑技术，他们也都参加过建房的立架活动，大多数村民家里都有斧、锯、凿、刨、墨斗、曲尺等木工工具。侗族地区每个较大的寨子都有一两个能够设计大型建筑的木匠。匠师在设计大型建筑时，常用一种叫“匠杆”的度量尺，“匠杆”是用一片毛竹或南竹制成，其长度相当于房屋中柱的长度。刮去青皮，再用曲尺、竹笔和凿刀把一座房屋的柱、瓜、枋、梁、檩等的尺码刻画在上面，使用起来，得心应手。匠师在建造一座房子之前，要根据主人的意思先把地基做一番测量，一座房子完整的图形便在他们的脑海里了，然后就可以把整座房子的大小长短尺码全都刻画在“匠杆”上，便可以选料加工了。一栋民居，五六个木匠干上十来天，就可以完工了。到架屋那天村民都来帮忙，村民在木匠的指挥下，不到几个小时就可以把一座房屋架好。

由于村民长期对林木的栽种培育，以及杉树在侗族社会生活中有着广泛的价值和作用。随着历史的流逝，村民对树木有着一种特殊的感情，这也进入侗家人的思想意识，产生出了很多美丽动听的故事和传说。他们称老杉树为“母树”或“仙杉”，有的把它称为“神树”，逢年过节都要来拜它。

村民甚至把人类的起源也归于树。在他们的《人类起源歌》中就这样唱道：“起初天地混沌，世间还没有人，遍地是树蔸，树蔸生白菌；白菌生蘑菇，蘑菇化为河水，河水里生虾，虾子生额荣；额荣生七节，七节生松恩。松恩真好命，生得十二子。……十一叫丈良，小妹是丈妹。”人类出现以后又遭到特大洪水的袭击，洪水遍地发，树倒房屋塌，坡上大树沉下河。洪水滔天后，世上只剩下姜良和姜妹，为了繁衍人类，兄妹到处去寻偶。他们问松树："松树啊，你生在高山岗上，站得高看得远，请你告诉我们，世上那里还有人？我们要配对，我们要成双。"松树开口说："洪水满天下，世上的人都死光，你们要成双，只有兄妹来配上。"这样人类才得以再生，侗族又才来到了人间。

侗族是一个"饭养身，歌养心"的民族，但是侗族认为他们的"歌"也是起源于"树"的。在《侗歌的来历》《关于歌的传说》《四艾寻歌》等都反映侗族先人不会唱歌，世上也没有歌，人世间没有了歌声、没有了欢乐，是一团沉沉闷闷的世界。歌是长在天上的仙树上。"传说天上有梭罗，枝是舞来叶是歌，四艾上天寻歌种，人间才得有欢乐。"因此，侗家人为"树"赋予诸多美丽动人的传说故事。

我在侗族地区调查时收集到了与"树"有关的故事或神话①。在这里，有的树是有神性魔力的；有的树是有人格力量的；有的树是表达爱情的；有的树是表达亲情人情的；有的树是说明事理的；有的树是反映了侗族历史的。

《吴勉倒栽树》是说，吴勉领导的侗族起义队伍被官军包围在黎平府南面的岭迁寨上，官军要活捉吴勉。寨上老幼个个为他担忧。吴勉为了安慰寨里的父老，他在岭迁寨上随手拿了一棵树苗倒栽在地上，说"这棵倒栽的树能够活的话，我就不会死；如果这棵树苗栽不活，那么我吴勉跑也跑不了。"不料这棵倒栽的树苗居然活了。于是，侗族起义队伍增强了战胜官军的信心。在姜应芳起义中，也有关于"树"的情节。说是有一次姜应芳正在路上走，看见敌人步步逼近，他就从马背上跳到路坎上，将一根两三丈高，有煮饭的小鼎罐那么粗的杉树折断，用手一勒，把杉树的枝丫全勒个精光，又纵身跳上马背，在马背上飞舞着那根杉树，就像在玩一根芒冬草一样。敌人见了一个个不敢前进。

① 有《花椒姑娘》《救月亮》《捉雷公的故事》《刘梅》《琵琶泉》《人类起源歌》《吴勉倒栽树》《三月三的来历》《小溪老人》《姜应芳的传说故事》《三圭》《养牛郎与龙王女》《二郎与吴凤》《牛上树》等。

就这样，姜应芳又一次逃脱了敌人的追捕，继续领导侗族人民的反抗斗争。

在侗族的日常生活中，以“树”来表现人格、象征爱情、表达亲情是最普遍的现象。甚至有时候你会感觉到侗家人除了会用“树”来表达以外，好像就找不到什么可以用来象征的了，好像一旦他们离开了“树”在表达爱情时就无话可说一样；在表达亲情时离开了“树”，就好像没有了亲情或是无法把自己的亲情倾诉，在表现人格时总是千方百计冥思苦想地与“树”联系起来。

侗家人的情歌和“白话”中无不以“栽树”来表达“栽培爱情”。侗家人也以“树”的特性来表示爱情的执着、热烈与持久：“松树叶细松浆糯，沾你不放你也难。”用松浆来表达对爱的执着。“你是高山的树丛，我是画眉在树丛里歌唱。”这里先把自己心爱的人比作树丛，比作一树杜鹃，然后对其表达自己心中的爱。“你是一棵含苞待放的杜鹃，我是催花快放的阳光。”“栽树要栽松柏树，抱哥莫栽桐油树，桐油花开落叶快，松柏青青长留久。”人们希望爱情像松柏那样经得起一年四季、风霜雨雪的考验而永不变色。

侗家人在痛恨对爱情不忠的负心郎也是用“树”来表达的。“吃亏上当是我郎，哄郎上了皂角树，上也难来下也难，不得成对我郎看透你心肠。本来不得燕子在窝里，哄郎落井你各跳一旁，哄郎上了皂角树，下也难下移难移。”侗族有歌：“你花言巧语背地跟别人来往，我依然呆头呆脑，像等待山头的板栗随你哪日裂壳落到地上。如今才三月，你就想从此把我遗忘。听你父母的主意，另去娶别的姑娘。”“你跟那伴像树共蔸一处长，我妹不知怎样得你做朵莲花并蒂开，你郎丢我，我像树枝枯萎了，不得雨露风雪催打妹该歪。”“那伴和你就像杉木共一蔸，也像塘中荷叶莲花并蒂开。进到二月天变一时大雨淋淋泥土润，枯木逢春我这枯树又转青，你们本是叶绿根深长得茂，春华秋实怎么说是丢下你久受饥寒。”民歌中以树的各种形态来表达对男女之间的真情挚爱。

在侗族社区，人们以“树”来表达各种感情的同时，还形成了以“树”为主题的节日活动。每年农历四月初四这天，是侗族青年男女求爱定情的节日，村民叫“采桑节”。虽名为采桑节,但实际上并不采桑,传说是为了纪念两位侗族祖先神公焦僚和夏格女的姻缘结合而举行的。对“桑”的借喻①,来表现侗族青年男女对生殖的追求。这一天,不只是未婚男女聚会,一些已婚妇女,尤其是那些久婚不孕的妇女更是趋之若鹜。村民过这一节日的目的就是希望通过对祖先的纪念,以求得对自己的保护,为了求得神灵送一个婴魂投入自己的怀抱。同时青年男女在春天于野交欢,意喻能求得粮食作物的丰收。

侗族还把树木作为人格力量的象征,侗族群众把树木的品性来比作人的品质,以树木特征来隐喻人生哲理,来劝世训诫:“要做青松立山头,莫做青苔随水流”,“树老根须长,人老见识广”,“树有好根树常青,人有好心人长寿”,“树糜根心树要倒,人昧良心活不老”,“木头不修难成材,黄金不铸不成器”。村民还常常用树木的禀赋来教导人们要遵循侗族社会的伦理道德,千万不能做有损于他人、有损于群体的事:要记住“人怕伤心,树怕剥皮”,“莫砍树吃果,莫扯蔸吃根”,“朽木怕风吹,贪官怕人推”,“树靠青山长,人靠父母养”,“树靠水土才成林,人靠父母才成人”。村民也以树木的品性来激励人们奋斗创业、与命运抗争:“榕树无花暗结果,实干无语得收获”,“枯树不开花,空话无结果”,“平常多栽树,死后人栽碑”。所有这些都是侗族村民在林业生产中对树木特性品质的认识,并以树木的这些优秀品质来模塑侗族人格,使得侗族的民族性在这种文化的浸润中逐步地形成。

侗族村民还把树与结婚、生育、丰产、祭祖联系在一起。村民在接亲的时候,男方家要用一种树叶汁染成黑色的糯米饭作为最贵重的礼物送到女方家。村民解释说,女方一旦吃了这乌黑的糯米饭,就能够多多地生儿育女,因为树叶与糯米结合被看成是丰产的象征。村民在播谷种时,为了乞求稻谷丰产,往往也要在田间插上一棵带标记的小树,在小树上打了标记也就意味着有神附

---

① 《吕氏春秋·本味》:“有先氏女采桑,得婴于空桑,固居伊水,命曰伊尹”。又王嘉:《拾遗记》卷二殷汤条说:简狄在桑野拾得玄鸟卵生契。《艺文类聚》卷八十八《春秋命苞》载有:“姜嫄游闷宫,其地扶桑,履大人迹生稷”。

于上，就能够保证庄稼的生长与丰收。

侗族村民每年正月初一都要举行祭祀祖先"萨岁"的活动。祭祀"萨岁"有专门的场所，村民叫"然堂"（祖母屋）或叫"堂萨"（祖母殿），译为汉语的意思是圣母祠、社稷坛，多设于村寨主要进出口的空地上或寨中的广场上，或者设于"得风藏水"的风水山顶、风景圣地或河川田坝中央。设有萨坛的地方，村民根据地理环境分别称为坪萨（祖母地坪）、岗萨（祖母山岗）、片萨（祖母平坝）、登萨（祖母根基）等。然而不论萨坛设于何处，都必须在神坛顶部栽上一棵黄杨树（俗称千年矮或万年青），有的地方还要植一株桂花树和常青藤之类，以代表祖母神灵的偶像。在其旁边置一把雨伞，在四周还要插上 12 个或 24 个小木桩或小石堆。在萨坛的四周还要种植刺芒、花木、青竹、芭蕉等，以代围墙。建坛的用品很多，有的是萨坛设置品，有的是安置萨坛的供品。在这些用品中最为昂贵的就是用来制作萨岁偶像的木头，村民叫"梅会"，即贵木，意思是"会行走的树"。这种树很难遇到，据说就是把它常年埋在地下，它可以自己移动位置，气色不败，如似鲜肉。传说古时候贵木在地面生长，常与杉树比高低。在山冲里，它的树梢超过了山顶；在山顶，它的树梢伸到了天宫。天上的仙人认为它冒犯了仙境，一脚踩在地下，从此，它只能在地表下横着长。村民认为杉是树中之王，而贵木比杉树还要高贵。用贵木来做萨岁的偶像，就是期望祖母的英灵永葆生机，常护村寨安详、兴旺发达。

我们在田野调查中，关注了当地侗族村民的衣食住行、人际礼仪、宗教信仰、价值观念和技术技能等各方面。在检查前人对侗族文化的研究成果时，也较多地关注了其非经济的文化特征。凭借这样的资料收集和对前人成果的吸收，我们逐步地意识到表面上很不相同的文化事实，其核心深处存在着一条特定的文化逻辑线索。正是这条藏而不露的文化逻辑线索，诱发并变形出千姿百态的文化事实来。因而这些表面上很不相同的文化事实其实是万变不离其宗，都能从该种文化的文化逻辑中探寻出合理的解释来。

阳烂村周围有十几座各类桥梁，既有造型别致的风雨桥，又有新式的水泥桥，既有古朴的石拱桥，又有原木搭成的便桥，甚至在无须搭桥的地方，也用木棍搭成象征性的桥梁。而且，所有的风雨桥、石桥都配有石碑，从碑文中可以知道，这些桥都是附近村落侗民出资修建的，可以说这是一种该地区特有的碑桥文化现象。

任何一个熟悉侗族文化的专家谈及最多的就是侗族的风雨桥和鼓楼，将它们视作侗文化的代表性人文景观，但对修建风雨桥和鼓楼的动机却说法不一。有的说是为了美观，有人则说是方便行人的公共建筑；了解侗族社会组织的人认为，鼓楼是公共的聚会场所和娱乐场所；熟悉侗族自然宗教信仰的人又会说鼓楼是为了培植风水，接通“龙脉”。不管上述哪种说法，从表面上看也都无从发现鼓楼和风雨桥与我们讨论的林业经营有任何的必然联系。

再看侗家的村寨，尤其是林间的村寨，其寨址选择一般都在地势既不突出又不凹陷的地段，从而将整个村寨巧妙地安置在与地势十分和谐的位置上，既不突出于四周的山体，又不处在当风的山坳；既不贴近谷底，又不突兀于山梁。熟悉侗文化的专家告诉我们，侗族建寨喜欢适中，但为何要适中，却又语焉不详。同样的道理，我们也无法从侗寨的选址中看出与林业经营有任何的必然联系。

倒是对鼓楼和风雨桥修建的宗教理念解释给我们提了一个醒，使我们很自然地注意到：上述三种文化事项与我们观察到的传统林业经营特点之间存在着一种隐而不显的文化逻辑联系。我们姑且把它归结为如下一段命题：大自然呈现的万物是天然生成的，但却不是完美无缺。为了有利于人类的生存，人类可以对自然进行修补，却无须从根本上加以改造。侗族将这种天然生成的大地走势称为“龙”，于是修鼓楼、修风雨桥，其目的都是补龙脉或是续龙脉；寨址选择在与山体和谐的位置上，则是为了与龙脉贯通而获得庇护；至于修桥立碑，那更是直接地为了接通龙脉。总之一句话，这些活动都是为了将人类的活动与自然融为一体，既不凌驾于自然之上，也不屈从于自然的摆布。当然，侗族观念中的“龙”与“龙脉”的概念确实有点玄而又玄，与汉文化中的道一样,“道可道,非常道”。在此,我们无须从哲学的理念上细加追究,却可从其中悟出当地传统林业经营的思维根源来:他们不愿意深挖树穴,潜意识的观念在于不能因为一棵树而伤及龙脉,或者说扰乱大自然的和谐。他们不愿意刨掉树墩,同样不是为了偷懒,而是怕伤及龙脉,再说树墩还能萌发新枝,还有生机,自然也犯不着伤及生理,损及龙脉。为了保持水土,保护龙脉,他们宁可用原木设土障,也不愿意开挖梯土。总之,他们的整个林业经营特点,全是从侗族自然观延伸出来的表征文化事实。这些表征文化事实,尽管与修鼓楼、修风雨桥、选寨址看上去很不一样,却遵循着同一种文化逻辑:人类的活动应当与既成的自然相和谐。

第三章　命根子及其文化符号

第一节　村民生活中的鱼与稻

侗族的鱼与稻是连在一起的，稻田里的收入是稻鱼并重。侗族民间流传的谚语："内喃眉巴，内那眉考"，意为"水里有鱼，田里有稻"，这种稻田养鱼的方法就是侗族的传统生活方式。侗族认为有鱼才有稻，养不住鱼的地方，稻谷长得也不好。侗族还认为鱼是水稻的保护神，现在侗族仍把鱼当作禾魂来敬。侗族把粮食，主要是稻谷称为"苟能"（kgoux namx），意为"谷水"。稻田里蓄水较深，而且终年蓄水，主要的目的就是在田中养鱼，在准备稻田时，村民要在稻田里做一个"汪"，汪就是鱼的房屋。在插秧时，要留下专门的"汪道"。侗族的稻在中耕时，是不用人力薅秧，靠的是鱼去吃水草和松动泥土，使秧苗茁壮成长。因此，鱼不仅是村民的主要食物之一，还成为侗族稻田农作的"工具"。鱼与稻成了村民的命根子。

村民有一套养鱼、捕鱼、保存鱼、食鱼的知识体系。侗族养鱼之俗由来已久，旧时的鱼种要徒步到湖南衡阳去要，来回需要半个月。刚放进鱼盆时很细很细，一路喂咸蛋，一路换水，换水时要把用棕毛或竹篾做成的滤器，放到盆里慢慢地把水舀出去。喂咸蛋、换新水，都要很细心才行，到家时，鱼花已有半寸以上长了。在去买鱼花以前，养主早已将养鱼塘晒好、清除塘池中的烂草朽木

图 3-1　侗家的糯米饭、酸鱼与酸菜

和污泥。鱼花放入塘中十天半月,便开始用细浮萍喂养。一个塘,开始喂时,一担浮萍可供好几天,因为投入塘中的浮萍自己可以繁殖,以后每天都要投放两三担,过了一个月,当鱼花长到两三寸左右,便开始卖鱼花。

鲤鱼花是侗族村民自行培育的,鲤鱼花的孵化是十分讲究的。鱼塘先要晒好,保持清洁,在塘中打上若干木桩,木桩上各捆上一束细蕨草,水满塘时,蕨草叶子大多淹没于水中。鱼种的选择也是有讲究的,雌鱼要挑选腹大的,并且用手就能挤出鱼籽的雌鱼为最上等。而雄鱼宜小，但也要腹大能出蛋的。雄雌鱼种的匹配要求在 1∶3 的比例。种鱼产卵后不宜长期放在种塘，有的在产籽后，即开塘放水把种鱼移到深水或水流畅通的鱼塘里，以防种鱼死掉。在正常情况下，孵出后的鲤鱼花不需要另作喂养。鱼花视密度而定，即鱼籽的成活率而定，密度大的就早出卖鱼苗，鱼籽密度低则晚些出卖。但是，若气候反常，到三月份，天气较冷，鱼花不宜成活时，就要对鱼花进行特殊的照料。

我的田野调查合作人报告说，在侗族地区山高水寒的村寨，或是气候反常的年景，侗族有搞“云雾鱼”的习惯。在杜鹃和桐子开花的时节，也就是在农历三月，如果天气还较冷，让鲤鱼自行繁殖，千千万万的鱼卵都会被冻死，为了防止鱼卵被冻死，侗家人便不得不来操心布置鱼塘里的新“洞房”，用带绒毛的藤子和竹根作被褥，这种被褥，侗语叫“逊”，是让鱼在上面产卵用的；等待天气晴朗稍微暖和的“吉日”，就让“新郎”和“新娘”团聚，在让“新郎”和“新娘”团圆的日子里，谁也不准吃鱼，也不准说要吃鱼，否则的话，要是让鱼婆听到的话，鱼婆就不产卵了。一旦鱼卵沾满了“逊”后，就把“逊”从鱼的洞房中捞出来小心翼翼地挑回家，在家里又用青青的枫叶作被褥铺成温床，再把“逊”安放在温床中，每隔半天要用嘴喷上一次水，以保持适当的温度和湿度。喷水时，必须先漱口或者刷牙，说是给生灵接生的活命水，容不得任何气味，但又必须用嘴含水均匀地轻轻地喷洒，决不可用手，水滴过大会淋破鱼卵。最关键的是要掌握孵卵的火候，火候不到，放进田里，出不了鱼籽；过了火候，放晚了，鱼卵就会生霉。这几天，深更半夜都要起来照料，看是否到火候了。把几粒鱼卵放进装有清水的碗里，一旦发现头发般细的鱼籽马上破壳而出，在水碗里乱窜了，便可以把“温床”拆掉，及时把“逊”送到田里或鱼塘里放养。这些鱼籽要是“落”得好，一把“逊”就是几千、几万条，到那时，鱼苗在稻田里或是在鱼塘里游动起来，就像一团云、一团雾，这就是侗民们所称的“云雾鱼”了。

侗家养鱼主要有鱼塘养鱼和稻田养鱼两种。鱼塘养鱼以养草鱼为主，兼放鲤鱼和鲢鱼，其他鱼随其自然繁殖。草鱼花喜欢吃细浮萍，侗族俗称“白萍”。待草鱼花长到二三两时，对小草鱼进行一一清点，移入鱼塘进行喂养。小草鱼一旦移入鱼塘进行喂养后，每天都要去割新鲜细嫩的饲料撒入鱼塘。在我所调查的侗族村寨中，能用于喂草鱼的野生草料有几十种，而已经驯化的作物饲料有苦麻菜叶、玉米叶、红薯叶、白菜叶、青菜叶、莴苣叶等。草鱼一般养三年，每尾最小的也有三四斤，大的有十来斤，若养上五七年的，可大到二十来斤。稻田养鱼以养鲤鱼为主，草鱼为辅，杂鱼随其自生。养鲤鱼有当年养当年收的，也有当年养次年收的。稻田养鱼一定要把握好稻田水的深浅和进出水，田坎要夯实、夯厚、加高，以防止盛夏雨季冲垮田坎和秋冬水源不大时田水漏掉。为了防止所养之鱼从进水口和出水口跑掉，还必须在稻田的进出水口的地方做好排水和拦鱼的设备，多用细竹编制，稳置于出水口。除此以外，还要在稻田的中央围一个小塘，有的还在小塘上方建一个小棚，以供鱼儿栖息和避敌。

图 3-2　阳烂侗寨稻田的鱼道与鱼屋

侗族地区的捕鱼分两种情况，一是在属于私人的鱼塘和稻田里捕捉喂养的草鱼、鲤鱼、鲢鱼等，二是在公共水域里捕捉非人工喂养的鱼类。我在调查中发现，侗民捕捉自己喂养的鱼多集中在稻谷成熟的秋收季节。他们在开塘捕鱼前，都要到山地里割一些青草，尤其是要挑选一些让鱼吃后容易泻肚子的青草，鱼吃后，大泻肚子，侗民看到鱼泻肚子后，便在两天内停止喂草，以清扫鱼肚里的各种废物。到第三天，他们便开塘取鱼了。

当然，能够反映侗族人民智慧和乐趣的要算在公共水域里的捕鱼了。侗族在公共水域里捕鱼的方式多种多样，据我所观察并作有记录的以及我的报告人讲述的捕鱼方法有如下数种。

钓鱼的方法多种多样，清水有清水的钓法，浑水有浑水的钓法；枯水期有枯水期的钓法，洪水期有洪水期的钓法；白天有白天的钓法，晚上有晚上的钓法；不同季节有不同的钓法；针对不同种类的鱼有不同的钓法。在枯水期的清水溪河里，常有小鱼在浅水滩上或河边浅水处觅食，这时，侗民带钓竿在浅水滩进行“滩钓”。“滩钓”自有其特点：其诱饵就是在溪河边石块下面的小虫子，“滩钓”用不着在家里准备诱饵，一旦到了自己选定的钓鱼地点，只要翻开周围的岩石，随意取其小虫子挂于钓钩上，这就是钓鱼用的诱饵了。浮标多系在离钓钩一尺左右，浮标有两种，一种是就地采取的生长于溪河边的芦苇，取其芦苇秆一节一寸许为浮标；另一种则是用鸭或鹅的翅膀长羽，把毛和外皮刮掉，取其一节一寸许为浮标。然后投入水中，一旦看到浮标上下沉浮，说明有鱼前来觅食，侗民很是能沉得住气，他们不是看到浮标一沉，就马上起钓。他们很清楚：鱼要试探几次才真正吞食，若起钓过早，鱼还没有上钩，起钓过迟，鱼吃掉诱饵后便溜之大吉、逃之夭夭。什么时候起钓才能钓到鱼，在侗民的脑海里是很清楚的。侗民出去钓鱼，往往都是满载而归。

在春夏雨季，溪流涨水，河水变浑时，侗民便使用“浑钓”法，“浑钓”又叫“潭钓”。“潭钓”之法乃是：钓竿要选条长且粗又弹性极佳的整根竹竿制作，竹尖系吊线，粗大的一端要削尖。吊线也较长，钓钩粗大，不使用浮标，而是用

“沉子”,“沉子”系于钓钩上方,以蚯蚓作为诱饵。“潭钓”的对象主要是鲤鱼。因为春夏涨水,不少鲤鱼从稻田和鱼塘里逃跑出来,游入溪河。蚯蚓对这类鱼极具诱惑力,因此往往上钩者多为鲤鱼。投钓后,要把钓竿插于河岸,钓者要全神贯注地注视竿尾,一旦发现竿尾上下晃动,必须即时起钓,而不能向前面的“滩钓”那样要静思观察、等待时机起钓。因为在深潭的鲤鱼比浅滩的鱼要大得多,它们对食物不是吞食,而是从旁边或者从一端拉食,这样若起钓不快,这些精刁的鱼便会把诱饵吃光而逃掉。起钓神速就有可能在鱼拉吃诱饵的一刹那,钩住鱼的外唇,有时甚至可以钩住鱼的背鳍或腮帮。

夜晚钓鱼主要是钓鲇鱼等那些有须无鳞之鱼,其方法有“短排钓”和“长排钓”两种。“短排钓”是在一米左右长的杆子上并排等距地系上钓钩,并在每个钓钩按上诱饵,诱饵多是活青蛙,把这种并排钓钩放在河边水位较深的地方,还得用绳索固定起来,当天晚上投放次日清晨去收,往往都有所获。“长排钓”即在一根较粗的长绳上系上十几到几十的钓钩横江而放。钓钩数量的多少,排列距离的疏密,都要视河面的宽窄而定,其诱饵也多是活青蛙,也是当天晚上投放次日清晨去收。长排钓的效果比短排钓的效果要好得多,有时可多达几十斤。

侗族除了有多种多样的钓鱼方法外,还有较多的网鱼方法。网鱼之法有撒滩、围网、堂网、喂网、产卵网等。侗民的捕鱼之法,除了钓鱼、网鱼外,还有装鱼、捞鱼和闹鱼等方法。装鱼之法又可分为装梁、装筛、装筌、装筒等。捞鱼有拉捞、板罾、罩捞、拖捞、叶丛捞虾等几种。捕鱼的方法还有分水捕鱼,河汊围鱼、以石砸鱼、封洞捕鱼、以箭射鱼等。根据我的观察记录侗族村民捉鳅鱼的方法有十种。如有用篆关泥鳅和照泥鳅、撮泥鳅、闹泥鳅、赶泥鳅、捧泥鳅、抓泥鳅、摸泥鳅、翻泥鳅、踩泥鳅等方法。

侗家有很多的保存鱼制品方法,最独特的要数侗家腌鱼。腌鱼有腌草鱼、腌鲤鱼、腌小鱼和腌鱼蛋等。腌鱼的方法在不同的村寨中办法大同小异,有的放大量的佐料,有的放得少,但都要以盐和拌。腌草鱼的方法是先将草鱼洗净，用菜刀在离鱼尾两寸处开一个口子，依着草鱼的背脊开刀直到把鱼脑壳破开，使其肚边相连，除其内脏，还要用筷子在鱼壳的内侧均匀地戳上几个洞，便在每个洞里放入一些盐，此外还要将盐均匀地搓在草鱼上。搓盐不仅要及时，而且里里外外都要搓到，把搓好盐的草鱼一一地放在小缸内或较大的盆子里，使盐分浸入鱼体中。若是草鱼较大，在十来斤以上的话，这种浸泡的时间就要长一些，有的要浸泡五六天；若是鱼不大，在三四斤上下的话，浸泡两三天也就够了。待盐溶化后，再以蒸熟的糯米饭，待温度降低后把糯米饭捏散，加以干辣面和适当的盐粉与极少量的火硝拌匀，制成腌鱼糟。村民说放少量的火硝是为了保持鱼色的鲜红。把制成的腌鱼糟与已浸好盐的鱼一同拌匀，置于特制的木质的“腌鱼桶”内。“腌鱼桶”在放入腌鱼之前，在桶底要先垫放一层腌鱼糟，糟上放一层鱼，鱼上又放一层糟。如是层层叠加，直到快装满腌鱼桶。最上面一层是腌鱼糟，接着加盖毛桐阔叶，叶上加禾草卷成的圈，有的还要加内盖，在内盖上压上大而圆的鹅卵石或大石块，要把桶里的鱼和糟压得紧紧的。要使桶里的盐水漫在内盖上，以隔绝空气。其后，还要以外盖密封。这样，只要木桶不漏水，可腌上二三十年或更长的时间，到时取出食用，仍然能够保持草鱼肉色红润，醇香扑鼻，是侗家珍品。

村民对我说，草鱼和鲤鱼分开腌有两个原因：一个是草鱼和鲤鱼的用途不同，价值不同。腌鲤鱼是用来招待平常的来客和家庭日常的菜肴；腌草鱼则是专备红白喜事之用或招待贵宾的。二是为了保证腌草鱼的质量。因为腌鱼桶不宜多次翻动，若翻动多了腌鱼就容易变质。所以除非是贵宾来到，非要动用腌鱼不可，这时村民才去小心翼翼地打开自己的腌鱼桶，取出一两条腌鱼来招待客人。

由于侗族地处亚热带潮湿地区，为了应对高温潮湿气候，村民在保存食物方面除了腌制酸鱼外，对其他食物的储存也采用了制酸的方法。不论是猪、鸭、鱼，还是白菜、萝卜、芋头、生姜、辣椒，统统都可以制成酸菜，因此也就有了“侗不离酸”的说法。

图 3-3　侗不离酸的腌菜坛子

侗族村民还有一个特别的节日叫“鱼节”。节前，村民到鱼塘、稻田或溪河里捕捞鲜鱼，剖腹洗净，放在火上烤干，再用糯饭填塞鱼腹，用禾秆草把鱼颈扎紧，蒸熟后祭祀祖先神灵，然后才用来佐餐。以饭粒充满鱼腹，表示冬季鱼腹多蛋，意味着明年鱼儿会丰收。

“烧鱼”是侗家人喜食的一种菜肴。“烧鱼”是在山上田间地角所制的即取即食的食品，尤其在秋季收禾的时节最盛行吃烧鱼。其制法有两种：一种是以竹签穿活鱼在暗火上慢慢地烘烤，以内脏熟透外鳞深黄为佳；一种是将鱼儿置于茅草中，以火烧到一定程度取出，有股茅草香味。烤鱼烧烤后有三种吃法：一是辣蘸吃法，即以烤辣椒和盐捣碎，加葱蒜、芫须，以及山中一些可食用的山野菜，掺水拌成辣酱，然后以鱼蘸辣酱食之。二是拌食方法，拌食法又分辣拌食和酸拌食两种。辣拌食是将烧鱼捣碎拌入“辣蘸吃法”中的辣酱即成。

酸拌食是用酸广菜(一种芋头杆)汤加上各种佐料制成酸酱,然后把鱼捣碎,置于酸酱拌和而成。

煮酸鱼,侗语称为"霸抗"。煮酸鱼用的是侗家特制的一种酸水,即是酸青菜水,再加进一些西红柿、辣酱等。用这种酸水煮的酸鱼特别可口。如果把用这种酸汤煮过的鱼,再拿来烤干制成干鱼,到吃的时候再放到锅里加佐料爆炒,其味道更佳。吃这种煮酸鱼,可增加食欲,促进消化,尤其是胃口不好的病人,最喜欢吃这种酸鱼。我的报告人的母亲年逾八十,在一年的病重期,就是用糯米饭蘸着酸鱼汤和着酸鱼度过的。因此,在村民里流传有"家有万担,莫拿酸鱼来下饭"的谚语。说是煮酸鱼送饭,口味特别好,饭量大增,即使有很多田地人家,这样吃下去,也会把粮食吃光的。

吃"生鱼",侗语叫"霸兔",通常也叫"打生鱼"。打生鱼一般是用草鱼或两斤以上的鲤鱼。每年农历八月十五,阳烂侗寨家家户户开塘收草鱼时,要选最大的一至二尾,每尾六七斤或十来斤的草鱼来做"生鱼"。先将活草鱼洗净,刮去鱼鳞,破腹取出内脏,用钳子夹去鱼刺,再去除鱼头和鱼尾,将鱼身之肉切成薄片,然后一片一片地放在簸箕或筛子里。食用时,先用细盐把鱼片拌匀,再加上香草、生姜、辣蓼粉等,然后放入酸青菜泡制的酸水或家酿的米醋拌匀,再放入炒熟了的玉米粉、黄豆粉、芝麻粉等拌和而成。"生鱼"的味道微酸、清香,多吃不腻,是宴请宾客的上等菜肴。

"煎鱼汤",侗语叫"占更霸"。这是处理鱼肠和鱼蛋的办法。因为在侗寨每年秋收季节,都要开塘取草鱼和放田捉鲤鱼。每户要收上百斤的鱼,除用一两条草鱼打生鱼外,其余的都要一次性制成酸草鱼和酸鲤鱼。由于一次性处理这么多的鱼,自然就有大量的鱼肠和鱼蛋要处理。为了处理好鱼肠,村民在开塘前一两天,割一些使鱼拉肚子的青草去喂鱼,以使鱼把沉积在鱼肠里的废物排除,以清鱼肠。在清理鱼肠时,在鱼肠的上端插上一根小竹管,从管内灌水,用口吹气,就可以把鱼肠里的废物吹洗干净。处理鱼肠有两种办法:其一是把吹洗干净的鱼肠放到油锅里炸,这样鱼肠里的鱼油也被炸出来了,把锅里

图 3-4　侗家酸鱼

的油舀出，放入鱼香、生姜等佐料干炒，香味四溢，使人嘴馋。其二是将鱼肠和鱼蛋切碎，放入大锅里焖炒，待鱼油炸出后，加入大量的水进行焖煮，边焖边放入糯米粉，同时还要不断地搅拌，以防粘锅底烧糊，这就制成了“鱼肠蛋稀饭”。在食用时再放上一些香草等佐料，喝起来味道极佳。

河水煮活鱼，一般是排工的食鱼方法。先将活鱼如青鱼、崖鱼、箭鱼、鳜鱼等洗净切块，倒进三脚架上的铁锅里，然后舀进几瓢河水和一些盐巴，烧上一把火，滚上几滚，不需什么佐料，味道也是很鲜美的。因为这些鱼品质上乘，鱼肉鲜嫩，加上河水没有污染，水甜水清。坐在长长的木排上任其河水漂流，边吃边饮，其味无穷，其乐无穷。

鱼在侗族的生活中起着举足轻重的作用，以致在侗族社会中有“无鱼不成礼”“无鱼不成祭”“识鱼来认族”的说法。

图 3-5　客人送礼的鱼

每逢过年过节,或是操办红白喜事,侗家招待客人的第一道菜就是酸鱼或炖鱼。进餐后,主人敬客人的第一轮菜也是鱼制品,让客人慢慢地品尝,以表示对客人的尊敬。人情往来,互赠礼品,鱼品被视为最体面的了。如给小孩办满月酒,外婆家送来的诸多礼品中,鲜鱼和酸鱼是必备的;男女订婚,男方要托一位中年妇女带上腌酸鱼以及鸡鸭到女方家去下聘礼;办结婚喜酒,除了宴席上有鱼制品外,在新娘回门那天,新郎要给新娘家以及其家族各户送大片腌酸鱼、大团糯米饭;办老人寿酒,女婿要给岳父或岳母送几条腌酸鱼和若干糯米酒;造房进新屋吃酒,亲戚朋友都要带腌鱼、禾把前来祝贺;男女青年社交活动的开宴也要有酸鱼。侗族大型的约会土王节坡会,四月八坡会,小型的约会有正、二月上山砍绞纱细竹,三月摘茶泡,五月摘杨梅,六月吃李子,七月吃梨子,十月吃板栗,还有挖"众地"等活动。这些活动都是青年男女上山谈情说爱的大好时光。一般是男的邀约，女的备足晌午饭。在这种场合，饭包里有龙肝凤肉也比不上腌味得体，而腌味中又是酸草鱼最为体面。这是勤劳、富有、手巧的标志。

侗家人从庆贺婴儿呱呱落地到为过世的老人办丧事都以鱼作为生命中的头等礼仪用品。婴儿满六个月那天，婴儿的母亲要在炉火正旺的火塘边，摆上盛有几条活鱼仔的一盆清水、一团糯米饭祭拜保佑幼儿的“奶奶”（侗族女神），然后要给婴儿灌一匙鱼汤来开荤，以祝愿小宝宝日后像小鱼儿那样活泼可爱。

若是小孩夭折，家人也要给死者手里捏着或口里含着一块包有酸鱼的糯米饭，以示不做饿鬼，不来捉弄家人。

给老人办丧事，要求更为严格，更为讲究。丧葬期间，死者亲属可以吃鱼，但是禁食其他肉类；儿孙守孝，一定要在死者灵牌前供上酸草鱼或新鲜鱼、猪肉、糯米饭团，以慰亡灵；送殡出葬，儿子儿孙女婿要在棺木前摆上酸鱼、酸肉、糯米饭，作为告别亡灵的供品。祭祖如祭萨、祭神、还愿等祭祀活动都少不了鱼。

大年初一必吃鱼。大年初一早上，户户都要吃鱼，预兆新的一年里喜庆有余、五谷丰登、鱼类肥大。大年初一吃鱼要由家里的长辈先尝，然后依辈分年龄大小逐一而食，年纪小的最后吃，必须人人都能吃到。倘若哪个顽皮的小孩不吃鱼，全家人都会为此感到不高兴。

在侗族村民的日常生活中的“以粮为食”，实际上是“食糯食”与“鱼粮”并重的生活方式。也正是这两大特点构筑起了侗族的水稻农业文明。我们在侗族社区的田野调查中，也深深地感受到侗族这种生计方式的独特性，以及这种独特性在侗族文化中的地位和价值。我们对侗族生计方式这一独特性的理解，可以从这一特定的角度对侗族文化中的物质系统、制度系统以及观念系统进行充分地了解。

侗族的农业经济是针对低山丘陵和河谷坝子相间的自然环境发育起来

的，这里排水畅通，根本不会存在盐碱化之虞，也不会酿成大面积的洪涝灾害。但这里无法形成连片的农田，只能开辟呈条带状梯田，即使有连片的坝子，但总的面积十分有限，稻田之间存在着明显的高度差异。为了解决稻田水源问题，侗族采取了架枧，从深山引水入田和大量使用筒车，从溪河里提水灌溉。由于这类引水设施不为个体家庭所有，因此，在使用和维修方面，多由家族内部共同处理。也由于水源灌溉不是由具体家庭所控制，因此，在稻田耕作时，必须全社区协调一致，于是就产生了活路头。在立春时节，以“闹春牛”的形式，表演耕田、施肥、除草、播种、插秧等模拟生产劳动的舞蹈，围观的村民要向春牛队以对白或盘歌的形式提出各种有关农事节气的问题，村民们还要唱《十二月农事歌》，提醒村民春天已经来到，要作好春耕准备，修理牛圈、整理农具、准备种子等。春耕季节一到，活路头“开秧门”，召集村民按时进行耕作，不要耽误农时。在具体劳动中，村民们又采取换工、帮工等形式，使整个社区的春耕在相对集中的时间内完成，以充分利用水资源。

侗族种糯谷从起田、播种、插秧到收割入仓都有一整套的耕作风俗，形成了独具特色的农耕礼仪。在春耕大忙来临之前，村民们要有一系列的准备工作，一是“闹春牛”，提醒村民，春回大地，不要贻误农时，做好春耕准备。“闹春牛”是立春当天，村民（男青年）用捞浮萍的竹畚做牛头，镰刀做牛角，都糊上纸，勾画出眼睛、鼻子、嘴巴，再用有花纹的被单做牛皮，一束青麻做牛尾。由两名男青年在被单下支撑牛身，挑选一位能歌善唱的中年男子掌耙，几名男青年扮成手提捞鱼虾的姑娘，一名扮成背着饭包的送饭大嫂，另一些男青年则分别拿着写有“风调雨顺”“五谷丰登”的大圆灯，敲锣打鼓，吹唢呐，他们跟着春牛队伍载歌载舞。之后又出来一位身穿长衫卖春历的老人，他长上八字胡，拖着声调向全村的人祝福：“春牛来得早，今年阳春好；要想地生宝，耕牛保护好。”接着春牛队把春牛舞到各家各户，春牛所到之处都要向主人说上几句祝福的话：“春牛来得早，阳春一定好”“春牛登门，风调雨顺”“春牛游村，五谷丰登”等，这就是象征性地把丰收送去。主人要向春牛鸣放鞭炮，敬上红糖、粑粑、红包、米酒等。春牛送到各家各户后，舞春牛的队伍回到寨中的鼓楼坪，跳起耕田、播种、施肥、收割等农事舞蹈，围观的村民则利用对白或盘歌的形式，向春牛队提出各种各样的农事问题，春牛队一一作答。在闹春牛活动中，有的唱《十二月农事歌》《十二日活动歌》，有的唱《长工十二月劳动歌》《二十四节气歌》等。这天各家各户都要修整牛圈，挖走湿草，换上干草，把牛从山上赶回来关好，要给牛喂稻草、米粥、米酒，表示对耕牛耕田的酬劳和答谢。

"二月约青，八月约黄。"村民订出或重申保护春耕生产的款约或乡规民约，提醒村民各种作物已陆续下种，各家各户都要看管好家禽家畜，不准乱放畜禽糟蹋庄稼，不准任何人偷拿别人的禾谷、瓜果等劳动果实，否则，要按照款约或乡规民约严肃处理。

立春过后，村民就要选择"福生日"去"起田"，即开始挖田。这一天清早由家里的男主人挑一担家肥到一块田里，并在田中央挖上几平方尺的田，再割十几根正在开花、草叶还青的芭芒草和桃花枝捆为一把，插在田的中央，然后将家肥培在草的根部或撒于四周，这就叫"起田"。用桃花与芒冬草插在田里，意为禾苗生长旺盛，秋收累累。按侗族村民的说法，"福生日"是动植物繁殖力和生命力最强的日子，这一天，村民除了"起田"外，还要修理鱼塘、田"汪"（田中供鱼栖息和避敌的水塘）等。起田之后，其他的田就可以陆续开挖了。

起了田，就意味着今年的农业劳动开始了。播种是村民春耕的第一件事。在家里用木盆或木桶把谷子种浸泡，泡种之后，就要准备秧田，在准备秧田时村民需要把农家肥均匀撒在田里，然后再用竹竿或木板把耕地进行两犁三耙，这样一来耕田就弄平了，一到谷芽冒出后，就撒到准备好了的秧田里。播种的时间不能在上午进行，而必须在下午或傍晚进行，以防漂种。播完种子之日，侗族村民习惯打几筒糯米粑粑在家作祭，称为"完种"，即圆满地播下种子。村民相信在播种时有糯米粑粑吃，那么在秋收时也一定有更多的糯米粑粑吃，播种时吃的糯米粑粑就是预祝丰收，而且要让撒种人吃得饱饱的，村民认为这样谷种就不会浮在水面,秧苗就会茁壮生长,将来的谷粒就会饱满,以获得好收成。村民有一句谚语“要秧好,需吃饱”,就是反映这一情况的。播下种子以后,直到秧苗露出水面以前的这些日子,村民有一些禁忌,诸如人们不能用扇子扇凉,说是这样会把睡着的种子扇醒而使谷魂走掉,留下空壳;妇女在这段时间里不能洗头,若违反了,谷种就会漂浮,生不了根;还有就是其他旱地作物不准抢在下谷种以前播到地里,村民认为若旱地作物先播下,那么这一年的旱地作物的生长就会超过稻谷,而导致稻谷歉收。

图 3-6　侗家祭祀稻谷神

村民们尽管有了“二月约青,八月约黄”的款约或乡规民约,但为了确保禾苗不受家禽牲畜的破坏,还有打田标保禾苗的习惯规矩。“田标”是用山野随地摘取的芒冬草或藤条打成疙瘩,为使村民已经犁过耙、准备栽秧的水田,不让人畜乱踩,田的主人就在田的中央竖一根竹竿,杆头挂个草标,草标上再插上鸭毛，放鸭人见了，就不会把鸭子往田里放了而赶到别处。村民为了使修过的田坎不被人畜踏坏，村民便在田坎两端放置几根带刺枝条，在枝条上打上草标，赶牛的人看到了就会绕道而行。这类“田标”起到保护庄稼、鱼苗的作用。

侗族村民的俗话说“四月八杨梅发，耕牛寿辰送毛蜡”。据说四月初八这天是耕牛的生日，村民在每年农历的四月初八这天要给耕牛过“生日”。头一天，村民们都要上山采杨梅树叶，捣烂、去渣，取其汁用来泡糯米，糯米蒸熟后就成了黑饭了。这种黑糯米饭，是村民在这个节日中的主食。除人吃外，还要用菜叶包好拿去喂牛，除此以外，这天还要给耕牛喂稀饭、米酒等。这天，要让耕牛休息，不能役使耕牛，也不准打骂耕牛，有的村民在这天还要把耕牛牵到河边给耕牛梳洗身体。村民们说，因为从这天起，农事进入大忙，耕牛就更辛苦，村民的这种举动是对耕牛的爱护和慰劳。另外，村民在这天还要在自家的门上或窗边贴上写有“佛祖千秋四月八，家家户户送毛蜡，毛蜡一去永不发”的条幅。村民认为这样做，各种害虫就会减少，人畜才能安康，粮食就会丰收。

秧苗长到五六寸时，村民就要移苗栽到大田里了。在村民看来，拔秧栽秧，都要遵守规矩。秧苗拔到一把之后，要把秧根梳洗干净，不能沾泥，这样做既可以梳掉秧的老根，使新根易于生长，又可以减轻挑秧人的重量。捆秧用的禾秆草，相互之间不能用手传，只能丢在后面，由他自己去捡；村民认为，用手传递将会导致秧苗转青缓慢。插秧还有一些规矩，如水田经过施肥三耙之后，全寨成年男子都要到鼓楼休息一天，等田水澄清，人和牛的足迹被烂泥填平之后，才开始插秧。认为水还浑浊、足迹未平，禾苗容易招虫、枯萎。村民在第一天插秧时，还要带几张纸钱，用土块压在田角，敬奉田公田婆，祈求保佑禾苗顺利生长，然后，由家中劳动的第一把手先开秧路，作为其他人插秧的标绳，村民叫“破田”。“破田”之后，大家按标绳插开去。在插秧时，相互之间也不能传递秧把，只能由自己到后面去捡拿，若是违背，他们在日后就会反目，搞得家庭不和。秧插到田边时，要多插几蔸，以便日后补缺。

在稻谷成熟收割之前，侗族村民要举行尝新节，预祝稻谷丰收。节日活动中，各家各户都要到稻田中扯几根禾穗，脱粒脱壳，蒸熟尝新。若节日来临，禾穗还未抽穗，也要到稻田里扯取几根禾胎，蒸熟去皮，同鱼、肉、鸡、鸭等作为供祖祭品，恭请祖先尝新，祈求祖先保佑人畜平安、五谷丰登。午饭时，亲戚朋友光临，由在场年岁最高的老人先尝尝新，然后叫大家品尝，边品尝边敬祝老人健康长寿，然后互祝健康、诸事如意。

糯稻对阳烂村村寨环境的适应，即预示着它对于村民们来说的存在合理性、可利用性。阳烂村是典型的侗族聚居村寨，地形崎岖，水稻耕作面积狭小，“八山半水半分田，半分水面加‘庄园’”是其真实的景观写照。两旁丛山相随，一弯稻田蜿蜒延伸，溪水傍田而过，亚热带湿润气候下的多雨特征使得山田相间地形下的水位变化极为显著。春夏之季，一旦雨量过大，稻田水位迅猛提高，在原始水利设施极为落后的状况下，糯稻高秆的特性有效避免了现今杂交稻易被淹倒伏的危险，减少了气候、地形相互作用下的生产损失，保持了产量的稳定。在生产力低下、稻作总产量较低的历史时期，产量的稳定性是维持村民生存与否的关键。秆高是糯稻品种最为显著的一个外观特征，据村民介绍，传统的糯谷品种“永帕吧”（侗音译）禾苗高及一般人的胸部，甚至稍矮一点的人待在糯田中就必定不见人影。正是这种特点才促使糯稻成为村民首选的耕种对象，从而实现对自然生态系统的最大控制与利用。

糯稻，耐阴、耐寒，它是在侗族原始收获方式极为落后的情形下应对于山区气候的最佳稻作物。村民传统的稻谷收获是用一种绑在指头上的叫“禾剪”的小铁片将谷穗一缕缕剪下来的手工操作。这种收获方式速度极慢，效率不高，往往将收获时间延续至十月底、十一月初。阳烂村虽处于北纬 25 度处，然而山区显著的气候特征——早霜、早露却极为常见，糯稻的耐寒性抵御了霜、露等对稻谷的损害，保证了收获的正常进行。

糯稻自身品种的多样性是阳烂村糯稻生产的一大特色。在村民的记忆中，过去流行的糯稻品种达三十多种，现今仍能被村民记起的有十多种：永帕、

图 3-7　稻田养鱼

永帕吧、多贝、永妙、永猛、永得冷、永帕多、嚯里、卞了（以上全为侗音译），至今仍能见到的仅为多贝、永帕两种。繁多的品种正适应了村寨独特的土地状况。地形的崎岖、面积的狭小以及多样地形的存在，限定了村民耕作生产只能是在小块土地面积上进行。因而在低层山地与田地交界处形成的大量断裂的小块梯田及两山相间处的山冲壕沟，在人多地少的情形下都成为村民宝贵的土地资源。多达三十多个品种的糯稻正满足了这种生态环境多样性的特殊要求，实现了土地的充分利用，如永帕吧作为一种产量较高的糯稻，要求于肥沃、水源充足的上等田中种植，而永妙则适合于山冲冷浸田的种植，永呀因其耐旱的特性往往耕种在边远的山冲干旱地带。为了适应自然环境的海拔高度差异，稻作品种无法单一化，培育出了大批适宜冷、阴、秀田的水稻品种，如牛毛糯、融河糯、打谷糯、旱地糯、香禾糯、红糯、黑糯、白糯、长须糯等。

这些糯谷都是高秆谷种，又适应了侗族稻田里常年蓄深水养鱼的习惯。糯稻在作为侗族人民耕作粮食对象的漫长历史过程中，已经与当地特有的资源环境相互调节、相互适应，构成一个稳定的农业生产体系。这个相对恒定的生态体系为当地良好的文化生态景观的形成发挥了不可忽视的基础性作用。

糯稻生产的生态优越性则是与当地的养鱼分不开的。从滨水渔猎文化转化而来的侗民族，其传统的食鱼嗜好在历史演变中被保存下来，在“先有鱼，后有稻”的侗族地区，糯稻的栽培迎合了人们对鱼的需求，并构拟出了鱼—稻立体农业生产模式。该模式的存在使得整个农业生态体系中的资源充分利用和环境较好保护结合起来，并发挥恰到好处，无形中为整个村寨提供了一种有利的环境保障。

糯稻的高秆，使农田深蓄水成为可能，水的深浅是关系到稻田养鱼能否实现的关键。鱼—稻的结合，使整个稻田生物区成为一个小型但极为完善的生态圈，在这个生物群落中，每一种资源正如下图所示得到了价值意义的体现。

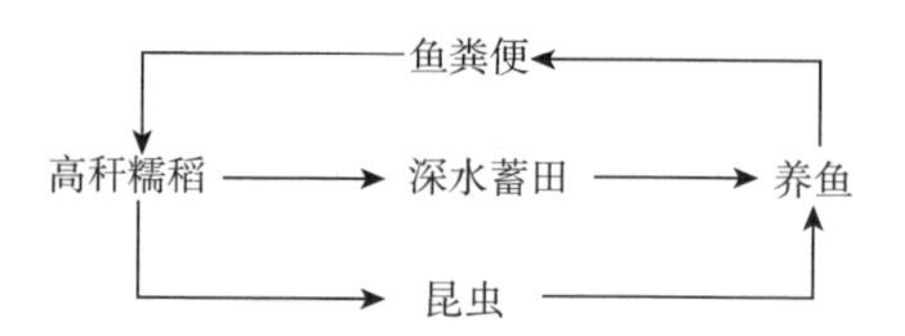

整个系统中，高秆糯稻与田中的鱼互利互惠，最终把全部利益供奉给了作为整个模式操纵者的村民。同时，这种生产方式也使生态价值得以体现，主要表现在以下两个方面。

一方面，这种生产模式下的农田生态系统通过自我体系内的运行有效地将资源充分运用起来。稻田中的鱼，增加了稻田中的水面波纹起伏度，使光合作用能更充分地在稻田水面的浮游植物中进行，为鱼提供了极为丰富的食物。同时，水田中的微生物将鱼粪充分分解，激活了整个田地中的生物资源，有助于微生物、菌类的生存与繁殖。稻田时刻处于一个充满活力的生态环境下，能量物质转变交换速度加快，土壤肥力大为提高。因而，阳烂村糯稻生产下的农田根本不需要村民忙于施用类如现今的化学肥料，仅只需农业绿肥。侗族村民在20世纪70年代未使用化学肥料以前，在田间施肥主要是农家肥和“春箐”“夏箐”。压春箐就是在春天万物生长以后，村民到山地割取春天生长的木叶、嫩草，将之砍细，然后堆在水田中央，用田泥盖住使其沤烂，最后耙匀，以此作为基肥，这种基肥可以使田泥松酥。到秧稻长到一两尺高时，村民要进行“夏箐”，作为对水稻的追肥。夏箐时要把青草或树叶铺在禾行之间，然后踩入泥中。不论是春箐还是夏箐，都是长效肥料，能够增加产量。现在多用化肥替代，以木叶和青草做肥料的已不多见了，现在能见到的多是把田坎周围的杂草砍倒，拿到田里沤烂作为化肥的补充而已。

另一方面，这种生产模式又有效地维护了村民生存的自然环境。农业绿肥避免了使用化肥带来的土壤板结、可耕性下降的生产困扰，有毒农药对环境的污染也不会存在。稻田中的鱼使得依附于禾苗上的害虫，如飞蛾等，失去了在水中繁殖后代的机会。鱼类是害虫的天敌，是一种天然杀虫剂，它们的存在断绝了害虫得以延续的重要环节。糯稻时期的稻田中几乎不存在害虫泛滥的情形，仅有的威胁物是传统的蝗虫，村民不需要用大量的有毒农药去杀灭现今多达十多种的害虫，如卷心虫、钻心虫、稻苞虫、稻椿象、象鼻虫、稻蛔虫、河虫子等，避免了如今的尴尬处境：一方面养鱼与杀虫处于矛盾对立当中，要保禾就丢鱼，要保鱼就损禾；另一方面，环境污染问题严重化，害虫体内出现的抗药性使得药量与药毒性逐年加强。一个原本地处偏僻、环境优美的侗族村寨，在杂交稻全面推行之后也出现环境污染问题。化学药剂的可溶性使之大量溶入水中，被禾苗吸收转移入稻谷之中，在人体食用后严重影响了村民的生活质量水平。

糯稻，是村民们在原始生产条件下能对自然生态系统进行最大控制和利用的一种物质载体。它带来了以糯稻文化为纽带的人与自然的最好相处，实现了现今所提倡的利用生态智慧进行人与自然和谐相处的生态保护。

图 3-8 侗家喜食糯米饭

作为一种统治村民饮食习惯、有着悠久历史的粮食作物，糯稻在阳烂村传统生活中产生的经济价值是一种潜在的优势，鱼稻体系下的经济效益成为一种隐藏的经济现象。较之于杂交稻的 1200—1300（斤）的亩产值，糯稻的 600—700（斤）的亩产值是较为低产的。然而，从鱼稻生产体系的综合利益看来，糯稻带给村民的实际利益成为一种隐含的多层实惠。

首先，糯稻生产的农田中病虫害的有效防治，提高了无现代农药治理条件下的稻谷的产量，养鱼带来的肥料，提供了除绿肥外的有机肥，使水田肥力得以提高，为糯谷的良好生长创造了有利的土壤条件。田中资源的充分利用减少了村民额外的负担，同时又获得较好的生产效益。

其次，糯稻农田养鱼较之于现今杂交稻稻田养鱼带来了更多的鱼产量。糯稻农田生态系统为鱼的成长提供了优越的自然环境，提供了更为广阔的立体空间，稻田对鱼的承受力大为增强，因此，鱼也长得更为肥大，间接提高了村民的经济收入。

再次，糯稻稻草、稻秆中因含有极为丰富的氨基酸等物质，被广泛运用于农业生产和村民生活中。每年收割过后，村民们都将大堆的稻草焚烧在稻田中以充作来年的肥料，有机肥大大提高了土壤的肥质含量，减少了对其他化学肥料的需求。糯稻稻草还是优质的牲畜饲料，是耕牛过冬的首选储备物。

最后，糯稻的收割。糯稻的成熟期较晚，收获期一般在霜降节前后半个月。糯稻不易脱粒，村民全用禾剪连秆剪下，剥去禾秆外皮，七八斤扎成一把收回。糯稻传统的“禾剪”收割，虽效率极低，但并不是对粮食的一种有形浪费，而是在发挥另一种无形的社会功能。“禾剪”收割使大量的稻穗遗留在田中，这就孕育了生产中“二次收割”，即对遗留落下的稻谷进行收集、清理。村民传统的“二次收割”成为村寨中贫弱者的一项习惯性活动，它是村民生活中的一大闪光点。稻田中拾穗满足了村中粮食不足者的要求，使救济补助与勤劳节约相结合，造就了一种福利型价值，调节了村民生活水平的不均和贫富差距，使社会整体处于和谐，同时又与侗族济贫扶弱的优良传统风尚相照应。

虽然在社会经济极为落后的年代中，村民们与外界交流极为贫乏，几乎无商品交换等经济行为的产生而完全满足于自给自足的生产，产量的多少在保证了正常的生活状况下根本无多大的显著作用。然而，糯稻带给村民的是食品资源的增多，在充分满足了村民正常生活需要的前提下，它为村寨生活水平的向前发展提供了契机。同时它造就的是一种农业中的外部经济效益，对于平衡村中整体经济产生了重要作用。

糯稻与村民生产生活习俗相匹配。以糯饭为主食，满足了马林诺夫斯基所说的人类第一个基本生物性需求。建立在糯酸食品上的糯稻在传统村民的生产习俗与营养健康上有其独特背景下的实用性。

侗族地区多山的地形和落后的生产力，造就了传统历史上村民“日出而作，日落而息”这种早出晚归的生产习性，路途的遥远与山路的崎岖造成了村民往返解决中餐问题的极大困难。而糯稻则正解决了这一难题。

糯稻是从野生稻中最迟演化出来的一个水稻品种。它不同于普通的籼稻和粳稻,在水稻的淀粉含量中,较之于籼稻含量的74%和粳稻含量的83%,糯稻所含的支链淀粉达到99%,而直链淀粉仅占1%还不到。① 支链淀粉的高含量使得糯饭较之于现今的杂交稻,其饭粒更为柔软芳香,饭粒变冷时表面不会形成硬壳,即使冷饭带着上山,也易食用。处于北纬25—31度间的侗族地区,气候普遍较为湿热,一般食物易变馊、腐烂。而糯饭由于本身油脂多,加之在用传统的小甑蒸熟之后,放置在我们今天仍可见的一种用瓢状大白瓜制成的"钵盒"中,即使在夏天存放几天,饭粒也不会变质。糯稻米粒中多含糊精,粘性最强,胀性小。这种粘实性促使糯饭成为一种经久耐饿、易饱的粮食,在20世纪50年代后才出现油类作物的阳烂村,糯饭耐饿的特性填补了缺乏油类食物的年代时无油易饿的空缺。

糯饭冷食的可行性、可放置保存性和经久耐饿性正与村民生产习俗要求相匹配。一包捏成团的糯饭与夹着的几块酸鱼即是一顿丰盛的中餐。在传统的生产耕作和落后的生产技术水平下,糯稻成了独具优势的适应物,应村民所需,解决了村民生产生活中最大的难题。

糯稻本身即为一种在营养价值上优于一般水稻品种的粮食作物。《纲目》中记载:"糯米性温……令人冷泄者,炒食即止,老人小便数者,作粢糕或丸子夜食亦止,其温肺暖脾可验矣。痘症用之,亦取其义。"②在糯稻哺育下成长的村中年老者,至今仍自豪地夸赞:"(糯饭)吃得脸又红又白又嫩又漂亮。"③

"侗族不离酸",在糯稻基础上发展而来的酸食结构,至今仍是侗族民俗的一种标志。糯酸结构的合理性是已被证明的事实,糯饭经久耐饿难消化而酸菜开胃促食欲,维持了一种消化上的平衡。糯米淘米水也含有丰富的营养

---

① 梁祖霞:《糯稻杂谈》,载《中国土特产》1998年第5期。

② 《中药大辞典》下册,上海科技出版社1997年版,第2512页。

③ 提供者:龙建云,阳烂村村民,1942年生人。

成分,《梅师集验方》中载:“治霍乱、心悸、热、心烦渴,以糯米水清研之,(或)冷热水混取米泔汁,任意饮之”。[1] 酸菜制作中,用糯米淘米水浸泡青菜的工序,使得淘米水中丰富的维生素 B 浸入酸菜之中。一方面,这种重要的维生素对于预防脚气病,维持人体机能营养成分的平衡有极好的作用。另一方面,糯米淘米水是村中妇女所适用的一种传统洗涤剂,在缺乏现今工业化学产品的年代,妇女们往往依赖于淘米水来清洗头发和衣物。

这些糯谷不易脱粒,致使侗族村民的收获稻谷时,一律采取剪禾的生产方式,而剪下的禾把又不宜立即堆放在粮仓。因此,侗族村寨里的晾禾架又成为独具特色的储粮设备。

由于侗族以糯米为主食,而糯米饭粘性大,不宜用竹筷进食,因而用手捏成饭团入口又成为一种饮食习惯。糯米饭的糖分和油脂丰富,村民在进餐时一般不用什么蔬菜,多以糯米饭团蘸酸鱼汤和酸菜汤。除了主食为糯米外,侗族的副食也大多是由糯米加工而成,一年四季都有的糯米粑粑、瘪米、糯米芽糖、侗果、糯米花等,以及用糯米酿制而成的甜酒、苦酒、重阳酒,还有用糯米粉或糯米饭腌制各种酸菜。由此可见,糯米及其制品在侗族社会中是如此重要,孕育出了山地稻作文明。

1986 年 10 月,九位侗族姑娘赴法国巴黎参加金秋艺术节,在夏乐宫演出侗族大歌,这是第一次在世界舞台上展现侗族音乐的魅力,使法国观众为之倾倒,主人为了让侗族姑娘在巴黎生活得更美好,关心地问侗族姑娘想吃点什么,侗族姑娘的回答是“想吃糯米饭”。侗族姑娘的这个回答内涵颇深,既表现出侗族姑娘客居在外思念家乡的普遍心情,也道出了糯米饭在侗族生活中的地位和价值。在侗家人看来,糯米饭是最有营养、最可口的饭。侗语称糯米为“ouxgaeml”(侗家的米)或“ouxlail”(上等好米)。过去,侗族是以糯米为主食,1956 年,由于推行矮秆“粳稻”,近 50 年后,大部分侗族村民已改食粳米,

---

① 《中药大辞典》下册,上海科技出版社 1997 年版,第 2732 页。

但是逢年过节、婚嫁丧庆、馈送招待等都离不开糯米,有的村民在平常也喜欢吃糯米饭,尤其有老人的村民家,几乎每天都备有糯米饭,因为老人早已习惯吃糯米饭,对吃粳米饭不习惯。侗族是一个“饭养身,歌养心”的民族,村民们常说:“多吃一团糯米饭,多得一首歌。饱餐一顿糯米饭,歌师即兴唱不完。”糯米与侗族的习俗息息相关,有句俗话就是“侗不离糯”。

图 3-9　侗家乡民待客食物

侗家一日三餐离不开糯米饭。制作糯米饭的方法有两种:一种是直接放到鼎罐里煮熟,但煮饭的水只能浸过糯米半厘米左右,若放水过多,煮的饭就成烂米饭了——这是当进餐的人数临时增多、没有预先泡够糯米时而采取的应急之法。侗家人平时制作糯米饭,则是以米泡于水缸或水桶里一夜,到第二天大清早就把泡好的糯米倒入捞箕滤去水分,放入甑里进行蒸熟,然后把甑内的糯米饭倒入木桶或放入“波”里。“波”是村民盛糯米饭的特制用具,它是由一个干老的白瓜，把头部锯断，去其内瓤。一个大的“波”可以装一二十斤糯米饭，小的也有装一两斤的。大的“波”是放在家里用，而小的“波”则是村民外出劳动时用于篼饭之用。因为侗族村民不论是夏天还是冬天，一般一天只蒸一次糯米饭，用这种“波”来盛饭，既可以保温，又可以保湿，即使放上两三天也不会变色变味。

糯米饭的黏性很大，因此，村民在食用糯米饭时，都不用筷子，也不用饭碗，只是在饭前把手洗干净，以手抓饭，把饭捏成团，蘸着酸鱼汤或酸菜汤，就可以食用了。

村民用糯米做大量的副食。甚至可以说，村民的副食都离不开糯米，离开了糯米，也就没有什么副食可言了。村民用糯米做的副食主要有四类：一是糍粑，二是饮料，三是糖果，四是其他食物的配料。

先说糍粑。村民制作糍粑有两种方法：一是碱水糍粑，二是白糍粑。碱水糍粑用禾秆草烧灰取碱，再用碱水浸泡糯米。白糍粑就直接用清泉水来浸泡。糯米泡胀后，用甑子蒸熟，置于木槽中槌烂或用石碓舂烂，捏成碗口大小的小糍粑，也有捏成盆口大的大糍粑。这样打成的糍粑，滑嫩如凝脂，是年节的必备佳食，也是招待客人和馈赠友人的礼品。

以糯米做成的糍粑几乎与村民所有的节日、庆典联系在一起，在村民的日常生活中已经形成了特有的“粑俗”。迎春赠糍粑：在农历立春到来之时，村民们要进行“闹春牛”活动，家家户户除了对“春牛”的春耕进行准备外，都要做糯米糍粑，除了自家在节庆活动中吃糯米糍粑外，还要准备糯米滋粑以答谢送春牛的村民。乌米糍粑：村民们在农历四月初八这天，妇女都要回娘家过节，制作乌米糍粑，返回婆家时，一定要带上乌米糍粑作为礼物分赠亲友。在尝新节时，村民也要制作糯米糍粑，除全家欢聚、招待客人外，回娘家的妇女也要带上粑粑到婆家，作为礼品赠给家人尝新。送粑认亲：侗族男女相好后，男方要派人到女方家提亲，提亲的主要礼物就是糯米糍粑。踩梁粑：村民建新房安梁时，梁上要挂上红布、禾穗、银毫、笔墨、筷条、日历，象征吉祥幸福、兴旺发达、五谷丰登、世代书香、地久天长之意。上梁时,木匠师傅在屋梁中间,高举糍粑,念诵:“我放一个金银替大饼”,主人在梁下接住顺势而下的糍粑。尔后,梁上的几大箩糍粑就撒向围观的村民和前来祝贺的客人。前来祝贺的客人和村民除了带些糯米、米酒、钱等礼物外,少不了的就是糍粑。村民有时吃“合拢饭”,即客人来到又不能久留,也就不能家家都到,这样村民则要尽其所有,共同筹办酒席来陪餐,陪餐桌上的酒菜丰富,但少不了的还是糯米糍粑。

糯米甜酒是村民常备的饮料。其制作方法是将糯米饭摊开,使其变凉,撒上酒曲(酒曲也是村民自己用糯米做的),盛入瓦缸内,酿两个小时即成。糯米甜酒有浓郁的酒香。凡是村民们有节庆活动、红白喜事等都要酿制糯米甜酒。特别在农忙时节,家家户户都要酿,劳动之余,收工回来,先喝上 碗清凉的糯米甜酒,顿觉疲劳消失,精神抖擞。妇女“坐月子”时,三餐饭前必饮一大碗糯米酒,村民说这样可以使产妇的乳汁增多,对哺乳有好处。村民们在赛芦笙时,用糯米甜酒敬献客人成为一种礼俗。村民还喜欢酿制“重阳酒”。“重阳酒”就是在农历九月新收糯谷时,用二三十斤新糯谷制成“甜酒酿”,密封于坛内,放置在火塘边慢慢温烤,也有的把酒坛埋于肥堆里让其发酵,到春节或有贵客来临时再取出来食用。这种“重阳酒”酒液粘结成丝,醇香异常,十分可口。

村民们用糯米制成的糖果主要有侗果、糯米花糖、糯米花饼、糯米花、糯米芽糖等。侗果是村民最具悠久历史的传统产品。每年秋季,村民们把糯稻收回家后,就要到山坡上采集一种叫“甜藤”的野生植物,把它在溪河里洗净,砍成一寸长左右,放在石碓里舂烂,滤其渣,取其汁,以其汁来浸泡糯米,糯米发胀后置于甑内蒸熟,倒入木槽或石碓里捣烂,在捣烂的过程中要加入适量的黄豆浆或甜藤水,再把捣烂的糯米糕压扁存放于通风处,到第二天把晾干的糯米糕剪成手指大小,密封存放于瓦缸内,以防回潮。要食用时,先在有河沙的热锅里炒胀,而后放入油锅里翻炸,最后再到糖稀锅里“穿衣”。穿好衣后,就可以食用了。如此制成的侗果,香甜酥脆,入口即化,满口生香。

村民们还习惯用糯米做各种菜肴的佐料。凡村民杀鸡杀鸭时，要用鸡鸭汤来煮糯米稀饭，在稀饭里放些葱花、薄荷等香料，先喝一碗稀饭，然后再饮酒吃饭。村民还把鸡鸭血与糯米拌和，结成板块，煮熟切成小块，撒上香料，炒成一道别具风味的菜肴。杀猪时，村民们要将猪血与糯米拌和，加上香料，灌进猪大肠煮熟，这味菜称为"狼棒"，老少都喜欢。在村民们制作各种酸食时，也总离不了糯米。村民们用炒糯米、炒糯米粉，或糯米饭、糯米粥、糯米甜酒来拌腌，使其保存时间长，腌品醇香味美。

于是，在村民中有了"每餐有酸鱼拌糯米饭"就是过神仙日子的说法。这既是村民现实生活描述，也成了村民对未来生活的向往。

第二节　稻与鱼的文化象征系统

人是利用象征的动物，更是创造象征的动物。在村落中，村民作为象征的东西很多，整个村落就是一个象征体系，村落就是一个由象征构成的世界，村民就生活在这样的象征世界里，也是依靠这样的象征体系在生存与延续。村民在生存与延续过程中又创造出了更多的象征物，不断地丰富象征体系。在村民的象征体系中，其构造的主体仍然离不开稻和鱼。也就是说，我们通过对村民的稻和鱼的象征系统的解读，可以从另一个侧面理解村民的象征世界。

在长久的历史发展中，糯稻作为一种村民生存繁衍的生命维系物，它所构筑的糯稻文化逐渐渗入了村民生活的各个方面，尤为重要的是糯稻象征体系的形成。糯稻象征体系在阳烂村意识形态中的满溢，使得它成为村民精神文化的主导部分。糯稻的悠久历史成为其得以具有象征价值的内在资本，而其哺育功能则成为象征形成的情感渊源。

糯与不糯成为"侗"与"不侗"的分野。在民间故事中，描述自己的英雄成长时，靠的是糯米饭，在与外族进行智慧较量时靠的是糯米饭，在与外族的竞争中获胜靠的还是糯米饭，自己的民族英雄在多次的历经灾难而最终脱险，靠的仍然是侗家的糯米饭。在民间,糯稻成为一种符号,出现在村民生活中的各种场面,暗含着村寨文化中一种强大的社会情感的存在,并演化成为村民的生命力。

村民中的祭祀礼仪离不了糯稻。“祭祀仪式是一种文化现象,它存在于一切社会当中,在仪式中,一种最为基本的社会文化信仰与价值被反映出来。”①从传统中发展而来的祭祀仪式,其寓含的象征情感隐含着传统的情绪。“仪式的每一个环节往往依托于相应的空间、布局,尤其是一个个符号化了的器物。器物以其具象的操作功能及抽象隐喻的观念意识,反映了节庆中的仪式与象征意义两个方面。”②正如上文所说的,糯稻被当作祭祀中必不可少的仪式器物,它寄寓着村民观念形态上的象征意义。它成为村民特殊情感意识的具象符号,融合于整个仪式的庞大象征体系中。

满全、飞山大王、司天南岳三大祭祀是阳烂村寨中最为慎重的宗教集体性仪式。在这三大祭祀中,糯饭、酸鱼、糯米酒、糯米糍粑形成一个庞大的糯制品组合体,供奉在仪式过程中。随着三大场景的不同,这一组合体有其不同的身份意义。

图 3-10　阳烂侗寨的火神庙(司天南岳)

① Aaron Podolefsky and Peter J. Brown, *Applying Cultural Anthropology*, Mayfield publishing company, 2001, p.5.

② 黄泽:《神圣的解构》,广西教育出版社 1998 年版,第 111 页。

满全是阳烂村的开寨祖先,满全落寨的故事如今仍被村民牢记在心。祭满全是全体村民感恩和表达谢意的一种方式。在仪式中,祭桌上摆放的糯制品,犹如历史的伴侣,寓意着村民对祖先在艰苦环境下开创村寨的感激之情,传达着要珍惜前人劳动成果、不忘先人创寨之苦的精神信念。糯制品作为一种曾经哺育先人并伴随历史传承至今的不变之物,是村寨历史的见证者。在村民们的心中,没有糯稻的出现则不能传达自己对先人的敬意,没有糯稻则先人不会接受与认同后人的感激,也就不会再保佑村寨。

飞山大王据说是侗族杨姓的祖先,有着"神道"和无边的权力,在历史的演变中,他成为村人共同祭拜的英雄领袖与神明。糯稻作为最珍贵的礼物,代表村人最大的敬意,内含村人的祈盼,传送着一个个无形的符号化的愿望,祈求心中信仰的降福。

司天南岳是村民心中的雷神。万物有灵的自然崇拜,使得村民们相信用旧有的具象符号去犒赏天神才是对其的最好表示,才能得到雷婆的庇护,获得雷婆的恩顾。

村民的节日离不了糯稻。侗族传统的节庆日极为繁多,传统的农耕稻作使其大部分节日带有典型的农耕民族的气息。二月初二的粘粑节,是春耕中的约青时节,三月三的踏青节,四月初八的牛王节,九月九的塞蛇洞……阳烂村中六七月间的"尝新节"更是举寨欢庆稻谷丰收的大日子。全寨人会聚到寨中的操场上,祭祀、多耶、赛芦笙、聚餐……一系列的活动构成了尝新节的盛大场面。在传统形式的会餐中,村中几百人一起坐在操场上,每一张桌上摆放的是一大包蒸熟的糯米饭、一大盘酸鱼、大碗的糯米酒,全村老小都回到手扯酸鱼米下饭的日子里,沉浸在众人欢聚的节日喜悦中,细细地品味着这其中的深刻意蕴。手中越捏越紧粘在一起的糯米饭是村人对逝去历史的重温,过去生活的热情与团结启迪着村中老小应如历史一样去相互沟通,去增进情感。糯稻成了一种将大家凝结在一起的象征表示。糯饭此时已成为一种对传统生活的回忆,成为一种呼唤历史场景的寄托物。

“酿酒作糍粑迎春节创皆乐，红烧包蛋卷除夕样样有余。”①村寨中春联上的糯稻，在村民心中，成了一种制造春节欢乐气氛的代表，它承袭着村人对先前皆乐的回忆，寄托着对以后更为美好生活的向往。它被以文字符号的形式表达出来，传达着村民对生活的追求。

糯稻与村民们的人生礼仪密切相关。通过礼仪是在人生旅程中，借用一系列仪式活动，如命名、割礼、文身、婚礼、葬礼等，从而达到变更身份的目的。②“出生”“结婚”“逝世”是人生最为显著的三大转折，与此相随的仪式也是阳烂村中最为隆重的生命礼仪。每逢这三件大事，亲人们认为珍贵的礼品——糯稻是必不可少的。在村人们的神灵观念中，糯稻是与灵魂相联系的，也就意味着糯稻能够传达最亲的情意。

出生后的命名礼仪演变成了现今所称的“打三朝”。“打三朝”是外婆家最为重要的礼仪。糯米是娘家人必备的礼物。待到“打三朝”那天，娘家人则挑着满篮蒸熟的糯米饭送到女儿家，同时表达着对新生儿和产妇不同的意义。糯稻哺育了整个村寨一代又一代的人，早已造就了血水相融的母子深情，它成为血缘关系的一种象征，糯饭是村人观念中最高的滋补品，送给女儿糯饭，成为一种对血缘纽带下的亲人最高的关怀与呵护。在侗族人心中，新生儿是没有灵魂的，只有用糯饭的哺育才能引来灵魂，孩子的成长必须用糯稻去引渡才能实现。糯稻成了灵魂观念中的圣洁之物。

村中老人过世丧礼时的糯饭，是村民们心中逝者灵魂回归祖辈之地路途的干粮，尔后的众人分享成为大家伴送老人灵魂回归途中的一种寓象。糯饭也就成为安抚逝世者的手段，是后辈显示孝心的安魂手段。

糯稻黏合着村民的人际礼仪。热情好客是侗民族的传统风格。在侗族村寨，途中相遇，不论认识与否，都会受到主人热情的问候，还会邀请到家做客，

① 吉首大学人类学与民族学研究所编：《阳烂村调查材料》，2005 年编。

② 参见庄孔韶：《人类学通论》，山西教育出版社 2004 年版，第 411 页。

村寨中的四邻知道谁家来了客人，便会自动带着酒和菜肴前去相陪。[①] 客人进门，招待客人第一餐，必定是特意制作的糯饭、酸鱼与糯米酒。在村民心中，此时与糯饭相连接的传统饮食习俗已不再是为解决温饱问题而存在，它已成为展示尊敬与欢迎的一种方式。糯米成为一种符号，符号的背后是一种感情的表露，符号指代的是主人的盛情和款待。

互赠糯米或糯饭是村中极为流行的一种礼品馈赠形式。红白喜事村民往往携糯米而行，节日互访村民也不忘赠送糯米，村事集会、众人庆祝捐款名单上也有糯米的身影。人们通过糯米互送情谊、互传感情、表达自我、处理人际关系，是人与人之间连接的桥梁和纽带，在其间施展其特有的价值意义，是村民心中一种特有的认同，有助于解决日常矛盾和纷争，成为维持村民社会生活秩序的一种精神机制。

凡是在一个民族或者在一个民族的某一社区显示出特殊价值的东西，一定会在该文化中得到充分的表达，肯定是铸成文化惯例或文化习性的重要元素和黏合剂。要理解一种文化，要认识一种文化，就必须理清这一要素在整个文化网络中的渗透力。我们在对侗族生计方式的研究中，发现侗族社会生活中的糯米及其制品不仅仅是侗族村民本体赖以生存的重要物质条件，同时也是侗族文化载体赖以生存的重要条件之一，甚至可以说是它已经作为一个小的文化系统在承载和构建起侗族文化，使得侗族文化丰富多彩。在侗族村民的宗教生活中离不开“糯”，在村民的人生礼仪中离不开“糯”，在村民的节日社交中离不开“糯”，村民的民间文学更是充满了“糯”。在某种意义上，侗族村民的物质生活与精神生活就是由“糯”粘合而成的世界。

在村民的生活中，糯稻是神圣的，是有灵魂的，而生产糯稻的牛也是神圣和有灵魂的。牛的象征也成为糯稻象征系统的一个有机组成部分。

耕牛是侗族稻田农业最主要的工具，由于侗族的稻田多是蓄水养鱼，水深

---

① 参见张世珊、杨昌嗣：《侗族文化概论》，贵州人民出版社 1992 年版，第 145 页。

泥烂,耕牛多为水牛,黄牛很少。在稻田耕作中,耕牛出的力最大,侗族对水牛十分尊重,对牛的认识也至为深刻。他们虽然没有像努尔人那样“把所有的社会过程个人关系都用牛来界定。他们的社会习语乃是关于牛的习语”。[①]我们去理解和认识侗族社会和文化虽然也用不着像埃文思—普里查德(Edward Evans Pritchard)要理解努尔人的社会生活那样,“必须掌握一套用来指涉牛和牛群生活的词语。只有明白了那些关于颜色、年龄、性别等烦琐难记的牛的术语(cattle-terminology)之后,才能对那些复杂的讨论,比如婚姻协商、仪式情景以及法律争端等有所了解”。[②] 但是,侗族对牛的理解和认识也形成了一套文化规则,如果我们对这一套文化规则、文化惯例的忽视,那么我们对侗族文化的了解至少是不全面的,甚至可以说对侗族生活方式的理解,尤其是对侗族稻作农业的认识就是一个极大的缺陷。

村民们把农历四月初八或六月初六作为耕牛的节日,对牛加以敬祭。村民们将这一活动称为“国泥”(gueec xeengp nyed),意为“水牛生日”,这一天,村民是不许役使耕牛,也不准打骂耕牛,要牵牛到溪边为牛洗澡,而且还要给耕牛喂糯米稀饭、甜酒等。村民备熟猪肉或鸡鸭肉,摆在牛栏门前,烧香化纸,举行敬祭,祝牛健康长寿,兴旺发达,感谢水牛终身为人造福。教小孩尊老牛为“牛公”“牛奶”,向牛祝颂。有的村民还认牛为祖,尊之同人。我在阳烂村调查时,村民们常常告诉我,人可变牛,牛可变人,村民还能说出哪个人是牛变来的,而哪个牛又是人变来的,说某人背上有旋毛就是水牛投生为人的标志,村民叫“专国”(xongh gueec,水牛旋毛),村民相信村里供养的专来打架的“牛王”或“圣牯”,就是某家人去世后投生为牛的。村民称这种人为“再生人”。我所写的《桃源深处一侗家》的主人公杨校生就是一个“再生人”,只不过他是

① 埃文思-普里查德:《努尔人——对尼罗河一个人群的生活方式和政治制度的描述》,褚建芳、阎书昌、赵旭东译,华夏出版社 2002 年版,第 25 页。

② 埃文思-普里查德:《努尔人——对尼罗河一个人群的生活方式和政治制度的描述》,褚建芳、阎书昌、赵旭东译,华夏出版社 2002 年版,第 25 页。

由人投胎而成。

村民们认为杀牛有罪，无论在那种情况下杀牛，屠者总要对牛寒暄几句："这不是我有意杀你，而是他人所指使"；"请我来杀的人有错，我不错"；"当今你在世劳累，终年辛苦，让你投生返阳，共享人间快乐，同获宝贵荣华"等，用这些托词来洗脱屠者的罪过。而村民在对牛肉的称谓也多有避讳，不直呼其名，称为"南瘪"（nanx bieex 瘪肉）或"南犊"（nanx duc 肉），而不称"南国（nanx gueec 水牛肉）"。即使那些走村串寨兜售者，也以"南瘪"高喊。

村民们深信水牛的体表特征，如牛身、眼、耳、嘴、鼻、腿、肚、颈等处的旋毛，以及角的纹路，蹄的形状，都与一村一族乃至一户的贫贱富贵、祸福凶吉、生息繁衍息息相关①。认为牛角内侧有三凹线纹，是有钱有粮的象征；角外侧有三凹线纹，为金鸡尾，村寨要出名人，家户要出能人；角尖为白色，将有人要死亡；耳内有卷毛，人丁兴旺；耳朵开裂，属于凶相，事事不吉；胡须粗长，表示人畜两旺；鼻梁毛只有一旋靠右，说是村里家内的人多生男孩；两旋对称，为锁仓门，表示村民贫困缺粮；两旋不对称，是锁家屋，要人死家败；脑门有太阳旋，村寨将要发生火灾，家衰人亡；头毛全往上倒，且毛长一寸，将会死人；倒上三寸，又表示平安吉祥；头生红毛，则是火灾征兆；四腿各有一旋或四肢脚趾内弯成弧形状，是保寨保家之牛；右腿旋靠前表示村民多生男孩；左腿旋靠前，表示村民多生女孩；若是水牛的肚皮长有铜锣旋，则是保护全寨村民繁荣昌盛。

侗族村民把水牛作为农业生产最重要的生产工具，水牛对侗族的稻作文明起了巨大的作用与贡献，对水牛有着特殊的感情、观念与行为，形成了特有的"水牛文化"。侗族的水牛在村落社会中有着重大的意义。

侗族地区的"斗牛"活动，也深刻地体现了寨际之间的竞争意识。每年农历二月或八月的亥日，村民说亥日是公平之日，在这一天进行"斗牛"比赛，谁胜谁负也是最公平的。斗牛是有固定的场所，村民叫塘或场，一般是按家

---

① 参见张民：《水牛是侗族图腾》，见《侗学研究》（三），贵州民族出版社 1998 年版，第281—293 页。

村寨为单位展开对抗。各场斗牛活动未必同时进行，村民特意相互错开，轮流进行以增加家族—村寨之间竞争的密度与频率。每个斗牛场由一个家族—村寨负责安排具体事宜。斗牛前若干天要向有关家族—村寨发出火急传牌，写明斗牛日期和有关事项。传牌一经主寨派人传出，斗牛便会风雨无阻如期举行，任何家族与个人均无权更改。

侗族村民视牛王为一寨之尊。牛王，侗语叫“国让”(gueec yangh)，意为身体强壮、独秀超群、名声盖世的牛，可以译为“圣牯”。村民往往根据圣牯的性格、长相、角斗特点，赋予盛名，加以封号，诸如“大雷公”“扫地王”“镇天王”等。它象征家族的兴旺发达，与家族休戚相关，荣辱与共。因此，村民对牛王的要求十分严格，选择特别慎重。在选购牛王时，必须经过家族成员集会商议，推选经验丰富德高望重者，四处寻找，除了认真地观察其肢体、以及五官没有任何缺陷外，还要仔细查其体格、性情是否健壮勇猛、能耐善斗；更重要的是查看其体表特征。诸如旋毛部位得当与否，有无伤害于村于民等，甚至用“草卜”测定，方能认可。

斗胜者被奉为牛王，各家族都会争相购买，一般一个家族—村寨有一个牛王。牛王的圈多设置在家族的鼓楼附近，由全家族供养，早上由人工饲养，按户轮流供应青草，有时甚至要喂腌鱼和糯米饭。冬天要注意保温，要于圈外烧起大火使其不受寒，炎热的夏天要牵牛王到溪边洗澡梳毛，使之膘肥体壮、皮毛发亮。要派专人精心护理喂养，此人多为孤鳏年长者，村民称为牛王公公，生时由村民公养，死时由村民共埋。斗牛前夜全寨禁忌干活，人们聚会鼓楼预测胜负，一到天麻麻亮，便给牛王披红挂彩，求寨中“萨岁”一同前往，暗中相助。鸣放三声铁炮，同声欢呼，村民簇拥牛王出寨，乐队及青年男女鸣锣击鼓，高举彩旗，于前开道。各家族的牛王到场，要举行挑战的邀请仪式，此时，各家族的芦笙队也要相互挑战，挑战双方同意竞争协议，就要刻木为信。斗牛开始，各家族成员竭力为自己的牛王助威、加油，顿时斗牛场人声鼎沸，震撼山谷。两牛相斗，必有胜负。斗败者垂头丧气，含羞而归，甚至败者的彩旗也会被胜方的姑娘抢去，过几天再送去，后生们要热情款待，并且还要相互对歌，后生的牛王斗不赢，但对歌却是一个挽回面子的大好机会。于是，对歌成为继斗牛竞赛后的又一次竞赛。

稻和牛在村民的文化中，不仅可以象征个人、家族、村落的盛衰，而且也成为凝聚村民与村民的媒介。同时，在引领村民渡过一个又一个难关，从一个阶段走向另一个阶段，伴随着生命的终结与新生。

在村民的象征世界里，稻是象征系统的主体，而与之并行的还有鱼。在村民无法说清楚是“先有鱼还是先有稻”的历史记忆中，有的村民说鱼重要，有的村民说稻重要。其实，鱼和稻谁更重要的争论是不会有结果的，这两者都成了村民生活不可或缺的物质世界——鱼稻共生，它们都成为侗族文化构造的主体，缺一不可。因此，鱼成为村民象征世界的主体也就当仁不让了。

在村落中，村民认亲或认族，先要问对方知不知“一脚踩三鲤”。如果答得对便认你为同族亲人，如果答不出来，便被认为其中有诈。那何谓“一鱼踩三鲤”呢？这还得从唐末宋初侗族的祖先“飞山蛮”的三鲤鱼共头的图腾说起，这是侗族祖先为不忘鱼的养育之恩和对鱼神的尊敬以及象征本民族团结的图腾。侗家后裔，把这个图腾或画或刻在鼓楼、风雨桥、门楼、住房等建筑物上，还有绣在枕头被单或背带上，特别是刻在每座桥头铺路的青石板上，行人踏石过桥进村，谁个不知“一脚踩三鲤”呢，若不知道其中的奥诀，就不会认你为亲人。① 因此，村民在教育后代的一个生存规则就是讲述“鱼的故事”和构造“鱼的故事”。

“鱼”与侗族祖先有着某种深刻的内在联系，在侗家人的眼中，“鱼”就不同于一般意义上的鱼，它总是在侗族社会中获得并具有了更加神秘的意义。

在侗族村寨的鼓楼和风雨桥中央的椽木上，大多绘有一个“太极图”。不过这里的太极图不是道家所理解的黑白更替、阴阳对转，而是两鱼相交、生命

① 参见肖尊田：《侗乡鱼俗趣闻》，《南风》1987 年第 1 期。

繁衍,象征万物萌生,所以,侗家人把它绘在神圣的鼓楼、风雨桥的椽木上,让后人时时瞻望和供奉。

在语言上,侗族村民把"始祖母"与"鱼"都称为"萨",为同一称呼。"萨"在侗语里,除了有"鱼"和"始祖母"的含义外,还用来指称已婚的妇女,诸如"老奶奶""婆婆""妻子"之类。[①] 在侗族社会中是把"鱼"与已婚的妇女联系起来,这便使鱼在侗族社会中被赋予了深层次的文化意义。

首先,"鱼"即"萨",即妇女,即生殖的象征。闻一多在《说鱼》中对以鱼喻性、喻偶、喻婚、喻生殖等有过精辟的论述,"为什么用鱼来象征配偶呢?这除了它的繁殖功能,似乎没有更好的解释。大家都知道,在原始人类的观念里,婚姻是人生第一大事,而传宗接代是婚姻的唯一目的,这在我国古代的礼俗中,表现得非常清楚,不必赘述。种族的繁殖既然如此被重视,而鱼是繁殖力最强的一种生物,所以在古代,把一个人比作鱼,在某一意义上,差不多就等于恭维他是最好的人。"[②]当我把这段对鱼的描述讲给村民听时,村民都在说,能够说这种话的人肯定是侗族,不是侗族人他是不会这样了解鱼的。闻一多说的是古代,但在侗族村落的今天仍然如此。其实,文化事实不分古代还是今天,也不分我族与他族,只要对社会有作用就可以运行。

其次,鱼象征着侗族的"团聚"。侗家人好养鱼,每家每户都有一个或几个鱼塘,在鱼塘中多要建一个鱼窝,供鱼类生殖、聚合、防范天敌。鱼窝是一个温暖的家,在天热的时候,可以在窝里乘凉,在天冷的时候,可以在聚窝里取暖,在四处觅食劳累的时候,可以在窝里休息。这种鱼窝使鱼得以生息繁衍,侗家人要得以生息繁衍,也要建造自己的"窝",以至于在侗族社会中有建寨要先建鼓楼的习俗。鼓楼的造型颇有点像鱼塘里的"鱼窝",鼓楼从某种意义上来说,就是侗家人集体的一个"窝",是侗家人的一个聚合的场所。这在侗族《古歌》里有很明确的说明:"鲤鱼要找塘中间做窝,人们要找好地方落脚;

① 参见潘年英:《民间民俗民族》,贵州民族出版社 1994 年版,第 247—248 页。

② 闻一多:《说鱼》,《闻一多全集》,三联书店 1993 年版,第 134—135 页。

我们祖先开拓了‘路团寨’，建起鼓楼就像大鱼窝。”[1]除了“窝”，还要有“汪道”，通过“汪道”与“窝”连为一个整体。也正如村落是由于道路的分野而建立起了各个家屋，但各个家屋的道路都通往村落或家族的心脏——鼓楼，生命在这里延展。

其三，侗家的“鱼”还反映出侗族社会的历史进程。鱼是最先养活侗族先民的食物之一。在水稻还没有得到发展之前，侗族先民以食鱼为主，从侗族的诸多传说也得到不同程度的印证。[2] 最初，鱼仅仅是作为一种最基本的生活资料而倍受侗族先民厚爱并加以崇拜，在漫长的历史过程中对鱼的特性有了更深的了解和认识，以后在不同的历史时期便渐渐地输入了生殖崇拜和图腾崇拜的观念和文化内涵。以至于今日，人们对“鱼”所赋予的不同历史时期的各种观念和文化象征在侗族社会中还有不同方式、不同程度的反映。

侗族村民把鱼当作水稻的保护神，村民把鱼当作禾魂来敬。这样一来，鱼魂与禾魂在村民象征系统中进行叠加。于是在村民的信仰体系中，村民相信禾魂的存在，但禾魂是需要鱼来保护的，禾魂一旦离开了鱼，禾魂就会流走，禾魂就会失去其魅力。鱼是禾魂存在的基础，没有了鱼，禾魂也就难以自存。村民在祭祀禾魂的时候，一定要祭祀保护禾魂的鱼。为了保住禾魂，村民在耕种稻田，一定要在稻田里放下鱼种，让鱼伴随稻一道成长。在鱼的保护下，使稻生育出禾魂来，到稻谷成熟时，使禾魂转入谷魂，到村民食用稻谷时谷魂就进入到村民的躯体，而获得了谷魂的保佑。

在鱼稻共生中，鱼与稻的逻辑是稻需要鱼来滋养，禾魂需要鱼来保护。因此，村民中只要有了鱼，别的都显得不那么紧要。于是乎，在村民的文化流变中，除了“鱼”之外，别的都可以变。村民可以在“现代技术”的霸权下更改稻谷品种，接受了矮秆水稻品种，替代了传统的高秆糯稻品种，但是，不论水稻品

---

① 《侗族祖先哪里来》(侗族古歌)，贵州人民出版社 1981 年版，第 169 页。

② 刘芝凤:《中国侗族民俗与稻作文化》，人民出版社 1999 年版，第 59 页。

种如何改变,在稻田里养鱼是不能变的。在村民的观念中,稻田里的鱼仍然可以对新来的稻谷进行禾魂的滋生与培育,使新品种的稻谷获得禾魂与谷魂,村民食用新品种的稻谷和食用传统的糯谷一样都使谷魂进入到躯体,而获得谷魂的护佑。在科学技术的影响下,村民的稻谷品种几经变化,但村民的稻田养鱼方式却没有改变。

村民在这样的文化逻辑下,对鱼的看重比自己的生命还重要,这就使我们理解了在作为侗族民间"自治条例"的"侗款"中,对偷鱼者的处罚常常比其他罪行者更重。凡偷鱼者,轻的被九钟捉罩,重的处以极刑。偷了别人的鱼,就使别人的稻谷失去了魂,别人在食用稻谷的时候,就无从获得谷魂的保护,其生命就要受到威胁,或者说其生命失去了谷魂的滋养,就形同只有躯壳而无精神了。如此一来,对偷鱼者处以极刑也就被文化所认同和强化了。

由于历史的变迁,稻和鱼的象征意义分散到了村落的每个角落,有的保存在生活方式中,有的保存在文学艺术中,有的保存在人生礼仪中,有的保存在宗教活动中,有的保存在服饰图案中,有的保存在各类建筑中。总之,我们可以通过对保存在村落不同载体的现象的研究,透过"稻"和"鱼"在侗族社会中的象征意义,反映了侗族村民的心路历程,也可以反映侗族历史进程中的史影。

由此,使我们不得不深思人类学中关于文化变迁的向度问题。关于文化变迁的讨论已经成为学科的热门话题,而形成的文字也可谓汗牛充栋。既有对变迁理论的分析,也有对变迁事实的记述,不一而足。而于此通过对侗族村落社会稻与鱼的文化象征系统的分析,对文化变迁或许会有一种启示:文化作为指导民族生存延续发展的信息系统,在历史过程中,文化的宗旨是不会改变的,但在其指导下所创造的文化事实是会因民族生存延续发展的需要而不断改变——不论是内容、形式、还是结构都会改变。从特定意义上说,所谓文化变迁,指的是文化指导下的文化事实的变迁。人们所说的,有些文化事实是容易变化的(物质部分),有些文化事实是不容易变化的(精神部分),这些都不是问题。问题在于,如何在易变或不易变的文化事实中去寻找快变与慢变的文化逻辑。我们从观察到的侗族村落的“稻变,鱼不变”中就可以找到文化事实变迁的文化逻辑。这里需要说明的是,这只是我们今天的观察所看到的。可以预见的是,侗族村落的鱼只要是侗族文化下的文化事实,在其历史长河特定的背景下也是会变的。

第三节　地方性知识的价值与取向

“文化的知识体系是在一个特定的文化或亚文化中普遍盛行的一组观念,这组观念为关于世界或世界之任何一方的信息提供了一种方式。这种意义上的文化的知识体系就包括世界观、哲学、神学、政治意识,以及科学理论,只要这些体系在一定的文化背景中是盛行的。”①地方性知识是与土著或少数民族(共同体)联系在一起的,是土著或少数民族通过其世界观的实践活动形成的知识体系,这种知识体系在很大程度上没有被纳入当今的主流科学体系。基于这样一种现实状况,美国科学社会学家科尔把科学知识分为核心知识与外围知识(或“前沿知识”),核心知识是科学知识中的一小部分,是被科学共同体承认为“真实的”和“重要的”的那一部分知识,外围知识则是在核心知识以外由共同体成员生产的所有知识。由于核心知识已经得到了公众的普遍认可,而外围知识尚未得到普遍认可,因此,核心知识属于“公共知识成果”,而外围知识则属于“地方知识成果”。② 在特定意义上,土著或少数民族的知识体系就被称为“外围知识”或“边缘知识”。

科学是现代社会最重要的制度之一,从科学关注的焦点或对主题的选择

---

①　小摩里斯・N・李克特:《科学是一种文化过程》,顾昕等译,三联书店 1989 年版,第 65—66 页。

②　史蒂芬・科尔:《科学的制造——在自然界与社会之间》,林建成、王毅译,上海人民出版社 2001 年版,第 285 页。

看,其受到社会因素的影响与制约。在出版于1938年的著名专著《17世纪英国的科学、技术与社会》中,默顿说明了在17世纪的英国,科学家们所选择的研究课题怎样受当时社会面临的一系列经济和军事事务的影响。默顿认为,由于英国当时正在扩张海外帝国,增加对外贸易,因此,当时的科学家也就把他们的注意力集中在如何帮助船舰提高航运能力这样的研究课题上。由此看来,科学家选择研究问题必然要受到社会因素的影响以及科学家在研究问题发展起来的那些理论的实际内容也要受到社会因素的影响。"最终之所以被选择,是因为它适合了一种理论框架,这框架是由一种理论应该如何的预想决定的……总之,从各种都可适应观察到的现象的理论中,之所以选择某一种是因为它所提供的智力上的适应性。但是,在任何时候,构成智力适应性的标准却在很大程度上是由倾向性的文化因素决定的。"①因此,我们有理由认为,科学知识的发生、发展都与特殊的文化条件是分不开的,甚至可以说,科学知识本身就是特定社会的文化产物,就是在文化上的一种反映。

对于土著或少数民族而言,土地与自然具有神圣性,是令人崇拜和敬畏的。他们不仅将土地看作是一种自然资源,而且把它视为生命最初的源头,它哺育、支撑和执掌着人类的生命。土地与自然不仅是一种生产资源,它是宇宙的中心,是文化的核心,是共同体认知的起源。在这种观念中,是把有机物与无机物、自然与社会以互惠的原则联结为一个整体,成为一种可以调节人类利用资源与管理资源的机制。由于土著的知识体系具有这些特性,以至于格尔兹把它称为"常识"。在这儿没有什么奥秘的知识,没有什么特殊的技术,或罕见的天才,几乎没有什么特异的训练跟常识有牵连——除非我们冗赘地称其为经验或干脆神秘地称其为常识。常识,用另外的方式而言,即把我们的世界用熟知的形式来展现,展现成为一个每个人都能够、都应该认识的世界,由

① 史蒂芬·科尔:《科学的制造——在自然界与社会之间》,林建成、王毅译,上海人民出版社2001年版,第71页。

此使得这种常识具有了自然性、实践性等。[①] 然而我们认为，土著或少数民族的知识体系还具有当地性、集体性、长期性和整合性。

事实上，由于土著或少数民族长期利用自己所处环境的自然资源，他们对自己朝夕相处的自然资源产生了一整套认知系统，并代代相传。正像埃文思-普里查德在对阿赞德人的充分研究后写道："一代又一代，阿赞德人通过延传其知识本体建立其经济活动准则，在其建筑、手工业方也如同在其农业和狩猎一样，谨遵其训。他们在对自然的关系中有其足够的生产知识来获得其福利……当然，他们的这些知识是经验性的、不完整的知识，它不是系统地接受而是慢慢地、随意性地经孩童时期和青年成人时期代代沿袭授受的。但这些对日常事务和四季的捕猎活动而言已是足够了。"[②]由于这种知识的传递靠的是口传心授，通常没有文字记录，由此以来，记忆本身也就成了土著或少数民族文化中最重要的智慧资源。日本文化人类学家渡边欣雄则把这种知识称为"民俗的知识"[③]。这只是与所谓的"文明"的知识、上层社会的知识、外来的知识或者新知识、科学的知识等相对而言的，它们之间相互可以分类开来，但未必构成对立，民俗的知识也绝不是与那些知识体系完全无法沟通的知识。其实，所谓的"科学"知识，也不过是在民俗的知识的基础上被加以整理而产生的。

土著或少数民族的知识体系，既可以表现为特定的个人的智慧，同时也是集体创造的表现。也就是说，在共同体内由于长期历史经验的堆积，通过特定的文化群体代代相传，为共同体成员充分分享，并且在年复一年的自然与生产的循环中不断地验证与丰富，使个体生产者在生命的延续中把一个历史的、文

---

① 参见克利德福·格尔兹：《地方性知识——阐释人类学论文集》，王海龙、张家渲译，中央编译出版社 2000 年版，第 109—118 页。

② 克利德福·格尔兹：《地方性知识——阐释人类学论文集》，王海龙、张家渲译，中央编译出版社 2000 年版，第 102 页。

③ 渡边欣雄：《民俗知识论的课题——冲绳的知识人类学》，凯风社 1990 年版。

化的综合体系转变成了现实,使个人的经验转化为了共同体的创造。

土著或少数民族的知识体系并不是像格尔兹所认为的那样是“无序的”“稀释性的”,也不像马林诺夫斯基所看到的那样,原始部落的人们只关注与他们的物质利益直接相关的事实,和普里查德认为的那样土著或少数民族的知识是“不完整的”或仅仅“在与他们的生活利益有牵涉的事儿上他们有足够的关乎自然和劳作的知识,除此之外,他们没有对科学的兴趣或情感上的愿望”。[①]那种“以为未开化人只是受肌体需要或经济需要支配”的看法是一种“错误”。[②] 土著人所具有的知识体系“不是要推进行动而是要促进理解,是要使事件之间存在的关系可以被理解。因此,这些分类首先被用来联系概念、统一认识,如此,它们可被严格地说成是科学的,是形成了最初的自然哲学。”[③]比如,有的菲律宾部落能够分辨600多种不同的植物名称,其中大部分的植物都是没有用过或不使用的,而且事实上是从来没有人遇见过。美国东北部和加拿大的美洲印第安人有着对爬行动物相当精致的分类,而这些爬行动物对他们来说既不食用也不与之交往。一些西南部的印第安人—帕波娄人几乎对每一种松柏属的树木都给予了详细的称谓,他们这种分类绝不是为了物资利益方面的考虑。这也正如列维-施特劳斯在反对普里查德的观点后所写的那样,“这或许是一个命题,这一类的科学(意即植物学的分类,爬行动物的观察学,或诸如此类的)几乎不能在应用层面上有什么意义,对这类问题的回答是他们的主要目的不是实践性的。这在智识层面上的要求远高于在物质需求上的满足部分。”[④]任何一个共同体的知识体系都不可能在同一时空全部派上用场,能够在日常生活中发挥作用的实在是极少一部分,但是,一个民族

① 克利德福·格尔兹:《地方性知识——阐释人类学论文集》,王海龙、张家渲译,中央编译出版社2000年版,第113页。

② 参见列维-施特劳斯:《野性的思维》,商务印书馆1987年版,第5页。

③ 转引自布林·莫利斯:《宗教人类学》,今日中国出版社1992年版,第391页。

④ 克利德福·格尔兹:《地方性知识——阐释人类学论文集》,王海龙、张家渲译,中央编译出版社2000年版,第113页。

的知识储备却是巨大的，这就可以帮助我们今天理解为什么人类有数以万计的发明与创造只能停留在档案馆，而没有在实际的社会生活中发挥作用。对于人类来说，知识储备是十分重要的，对土著或少数民族来说也是相当重要的。

土著或少数民族的知识尽管是建立在对有限的地理范围进行观察的基础上，但它必须提供在不同空间尺度上被具体景观所代表的详细信息，而正是在这些具体的景观中，人们在充分地利用和有效地管理着自然资源。于是他们不仅拥有关于植物、动物、真菌及一些微生物的知识，他们还认识许多类型的矿石、土壤、水、雪、土地、植被和景观等。他们的知识并不仅限于认识与划分自然资源有关的自然结构，还包含了自然资源动态的相互关系与规律，形成一个完整的知识体系。① 作为任何一种知识体系，只要被具体的共同体所操持，它就必然体现为一个完整的整体。它不可能包容人类所有的知识，这对任何一个民族来说不仅不可能，也是没有必要的，只能从自己的实际需要出发去构建其知识体系。

当然这种知识体系的整体构成与该共同体所处的自然环境与社会环境相一致的。并不像建构主义认为的那样，科学知识的内容不是对自然界的描述，只是社会性地建构或构造出来的。他们极力强调人工环境和偶然性因素在知识生产中的作用，认为科学知识是建立在科学事实的基础上的，科学事实是在实验中得出来的，而实验本身就是一种人工环境。一个实验室使用哪一种仪器，使用什么材料、使用何种药品、使用温度多高的水等这些都是人为的结果，带有相当大的偶然性，建立在这些人为因素上的科学事实只能是人工制造（manufacture）、构造（construction），甚至编造、捏造（fabrication）。因此他们过分地强调知识的社会性，夸大社会因素的作用，以至于贬低乃至否定了自然

① Victor M. Toledo：*Ethnoecology：A conceptual Framework for the Study of Indigenous Knowledge on Nature*. In：J.R.Stepp，et al（Eds）. 2001，Ethnobiology and Biocultural Diversity，The University of Georgia Press.

界、否定了客观真理的相对主义倾向。土著或少数民族的知识体系的建构虽然是在特定的社会文化背景中实现的，但是，同样也离不开他们所处的自然环境。因为构建知识体系的目的就是要与自然界进行交流，在交流中实现对自然资源的利用与管理，通过构建起来的知识体系从自然界中获取能量，转而又不断地丰富、完善和创新知识体系，推动社会的进步与发展。

现在的问题是，土著或少数民族的知识体系作为"外围知识"或"地方性知识成果"是否可以转化为核心知识或公共知识成果，为全人类所共享或为其他共同体所借鉴，为人类的整体进步作出贡献。我认为这不仅是必须的，也是可行的。以侗族的鱼稻共生的知识体系为例，侗族上千年来的生产实践，在鱼稻共生的各个环节都已经形成了成熟的、定型的技术，由于侗族只有语言而没有自己的文字，这些技术只是保存在侗族村民的智慧里。目前亟须的工作就是将这些技术完整地进行记录、整理，上升为科学理论，以文字、图片、音像等多种形式向世界展示，让世界了解侗族精致的鱼稻共生的知识技术，使这一份侗族的智慧成为人类的共有财产，使其作为人类知识库存的一份储备，在人类需要时就可以随时开启，为人类的文明奉上一份珍贵的礼物。

那么，土著或少数民族的知识体系是否可以或在什么条件下怎样吸纳当代全人类已有的科研成果，来丰富与完善自己的知识体系，实现对文化的创新？我认为这也是人类寻求共同发展、共同进步、共同繁荣的必然之举，尤其是后发的民族更应该积极地行动起来，在人类文明的库存中遴选出适合自身发展的科学技术，经由自己加工、改造，纳入自己固有的知识体系，实现自我文化的创新。科学技术的传播与推广受社会和文化的制约，取决于交往和理解，文化行为规范及遵守行为准则，科学与技术只能在文化的行为及社会机构中实现。

技术同自然、同人如何打交道，并不取决于技术本身，而是取决于人对自然提出的问题，取决于提出这些问题的方式以及人利用自然、揭示其规律的目的。科学技术的去蔽方式是文化的方式，带有人的自我感知、人的目的及人的社会性烙印。这实质上是文化决定着通过技术来提示现实的问题和提出问题的方式,采取何种技术方式是由文化决定的。文化是科学技术发现、发明和传承、传播的前提,它需要根据民族文化的特征把已经认识的知识组织起来纳入一个知识框架。科学活动在构建这样的框架时,不是随意的,而总是根据该文化系统的需要而构建的。科学技术和文化概念并不是相分离的现实领域,科学技术不只是物质现象,而且也是精神现象,它不是外在于文化的,它本身也正是社会发展中文化作用的要素。科学技术是人的精神活动的世界,它不像自然那样是"自己"形成的,科学技术所包含的知识是人们对外界的应对而引起的,由人们在应对生境过程发现、揣摩、"构想"出来的。科学技术既是文化的产物,又是文化规约的对象,它对文化的发展是必需的,科学技术自然成了文化不可分割的一部分。可以说,科学技术塑造着我们及我们的世界,但同时也被我们所思考与谈论。

我国南方水稻农业生产,从唐宋以后,有了极大的发展。南方各族群众在数百上千年的辛勤劳动和探索过程中,逐渐形成了三大水田农业经营体系,第一类是太湖地区著名的粮、桑、鱼、畜的综合经营;第二类是珠江三角洲地区的粮、桑、甘蔗、鱼结合在一起的桑基农业;第三类是侗族地区的。不论是从事农业史的研究人员,还是从事当代农业经济研究的人员,对前两类的农业经营范式都进行了大量的研究,已取得了丰硕的研究成果。但是,对侗族的这种农业经营范式涉及不多,或是因为侗族的这种农业范式是立足于山区,或是对于从事中国的稻作农业的工作者来说,它不能代表中国农业发展的主流,因此,也就没有对此进行过多的关注。但是,在人类学工作者看来,这又是一个不容忽视的问题。因为任何一种生产经营范式的创造都是文化积累的结果,都是对自然环境的创造性适应与利用,都是对人类文明进程的一大贡献。我们没有理由不去对此进行关注和研究,尤其是在当今全球性的技术革命时代,我们更不能熟视无睹。要对侗族生计方式进行探索与研究,那么对侗族的这种稻田农业经营范式的理解就成了一个不可回避的问题。

侗族与汉族在特定的意义上来说，他们都是地地道道的农耕民族，都有着悠久的稻作文化。但是我们对他们所从事的稻作农业进行比较后，我们就会发现，他们在产品构成、耕作技术、土地占有、自然资源加工、农业改造的主攻方向，都各自呈现出一系列特点。长江中下游与珠江三角洲是河网密布的大平原，只需要修筑堤防，将水系与农田分隔开来，大片稻田也就形成了。由于地处中下游，从上游冲下的肥沃土壤会自然在这一带淤积，土壤的腐殖质成分的补充即便没有人力的施加也自然会得到满足，土壤能够长期保持肥沃状态，但每年的汛期必须投入较多的劳力。随着连片大面积农田的开辟，森林与牧场日益稀少，农耕的畜力来源日趋困难，以至于在汉文化中对耕牛的保护十分重视，甚至采取法律形式。进入近代以后，电机排灌与机耕的引入在很大程度上缓解了农耕矛盾。侗族地区的情况与此大不一样。侗族先民自秦汉以后，陆续西迁定居于湘黔桂的毗连地带，其间崇山峻岭，且在山涧有零星的坝子分布。侗族群众因地制宜在这样的环境中修砌稻田，劈山开渠，架设水枧、水车从深山溪沟引水灌溉。侗族地区森林茂密，日照不足，大部分为冷、阴、锈田。为了适应这一地理气候特征，其稻作品种无法单一化，作物的成熟期相对较长。侗族农业的优势正在于作物品种容易实现多样化，要是从单一品种而言，很难达到批量产出。因此，在商业的竞争中，侗族不能在粮食的批量供货上与汉区农业相比。侗族所处环境的真正优势不在其稻田农作上，而在于它的低山丘陵。这些地区是我国南方最大的人工营林地带，侗族自清初以来近两百年的富庶，主要是在稳定农业产量保证粮食自给的基础上，得力于原木贸易与林副产品的外销。

由于侗族与汉族所处自然环境与社会环境的差异，他们在土地占有方式上也显示出各自的特点。汉族地区的土地占有已经高度私有化，土地完全可以自由买卖，社区内部贫富分化相当严重，土地占有的高度集中已经十分突出，政府为了征收税赋的方便，对私人占有的土地进行了详细的丈量与造册登记，编制了鱼鳞图册，实现对稻田的丘块管理。而侗族地区的土地占有方式受到家族的牵制，一个坝区大多是由一个或几个家族成员占有，田土买卖不仅是当事人一个人的事，个人在出卖自己的耕地时，还必须征得家族的认可。在正常情况下，土地不允许卖给家族以外的人。也正因为如此，在侗族社区内，贫富分化不是很严重。侗族地区的很多土地也没有像汉族地区那样经过丈量，田赋租税也多是按习惯亩征收，就是到了20世纪80年代，农村实行包产到户，执行的仍是习惯以“担”“把”来计算。村民们土地承包册上填报的面积与实际的土地面积有很大的差距，实际面积大于填报面积。由于土地所有权的转让也没有像汉族地区那么频繁，因此，其耕作制度也没有像汉族地区那样变化快。

就稻田农业耕作技术的主攻方向上看，侗族与汉族之间也存在着较大差异。汉族地区的耕作技术的主攻方向是在尽可能地提高单位面积产量与复种指数，并确保产量的稳定。为此，汉族地区的水利工程及相应的技术被提到了很高的地位，对稻田进行高度的精耕细作，实现了当今世界单位面积产量的最高纪录。而侗族地区却相反，稻田基本不考虑复种，稻田耕作也不力求精细，没有把注意力集中到单位面积产量的提高上，这在汉族看来有点浪费土地资源。由于侗族地区有大量木材，可以通过外销带来巨大财富，因此，对稻田耕作不做精耕要求，仅致力于满足生产者家庭消费的水平，把技术的主攻方向放在人工营林的卓越技艺上。

通过以上特定社会背景的对比分析，我们发现侗族的稻田农业经营范式尽管采取了稻、鱼、豆相结合，但这种结合与太湖流域的粮、桑、鱼、畜的综合经营和珠江三角洲的粮、桑、甘蔗、鱼相结合经营在本质上是有差异的。从表面上看，太湖流域与珠江三角洲的综合经营有些差异，其实他们的多种作物相结合的经营在本质上是一致的，仅是作物的品种稍有不同而已，其目的都在于利用有限的耕地面积，以提高单位面积的产量。太湖流域的经营结构是，将动植物生产和有机废物的循环从田地扩大到水域，组成水陆资源的综合循环利用。粮食生产方面实行稻麦一年两熟，并在冬季插入绿肥、蚕豆等，其他肥料来自猪粪、河泥等，利用挖塘泥堆起的土墩种桑，利用稻秆泥、河泥、羊粪壅桑；桑叶饲蚕，蚕矢喂鱼，水面种菱，水下养鱼虾，菱茎叶腐烂及鱼粪等沉积河、塘底，成为富含有机质的河泥。羊过冬食桑叶，可得优质羊羔皮，等等；就这样，把粮食、蚕桑、菱角、猪羊等的生产组成一个非常密切的相互援助的事物网。这使各个环节的残废部分都参加到有机质的再循环，人们从中取得粮食、蚕丝、猪羊肉、鱼虾、菱角、羊羔皮等动植物产品。[①] 珠江三角洲的经营范式与此相类似，仅是作物品种有所差异而已。然而侗族地区的稻、鱼、豆相结合的目的并不在于提高单位面积产量，也不在于利用有限的稻田面积。而是在基本保证粮食自给的情况下，以腾出更多的时间与精力去从事他们的人工营林，有的甚至连粮食都不能自给，而是从原木贸易及林副产品的外销后，向汉区购买粮食。因此，侗族所实行的综合经营范式仅仅是为了减少劳动力的投入。

侗族村民在稻田里种的水稻，一直是糯稻，有 30 多个品种[②]，糯禾有秆高、穗长、粒粗、优质和芬香等特点，其中以白香禾与黑香禾最为著名。香禾质地优良，营养丰富。[③]由于秆高，稻田蓄水才深，也才便于在稻田里养鱼。为了使稻田养鱼多、有收获，村民都要在村寨边修建清水配种池，在稻田里要挖出鱼窝，并开挖纵横交错的可通往鱼窝的沟道，在田口要设置竹网，以防鱼往外跑。到了金秋十月，侗族村寨是糯禾一片金灿灿，禾花鲤鱼肥胖胖。侗族村民修砌的田坎都比较宽，每年农历四月初，村民便在田坎上每隔一尺左右挖一个小洞，点播黄豆，待豆苗长到五六寸时，把田埂边的肥泥扶在豆苗脚，作为对豆苗的培蔸追肥。到秋收时，黄豆也成为村民的附加收入。这种生产范式在侗族地区已有上百年的历史了，村民们早已习惯于这种生产习惯，这种生产带来

---

① 参见游修龄：《农史研究文集》，中国农业出版社 1999 年版，第 424—425 页。

② 参见陈依、杨金荣、陈维刚：《桂北侗族的农业生产习俗》，《中南民族学院学报》1989 年第 2 期，第 45—48 页。

③ 根据贵州农学院生物化学营养研究室化验，结果是含粗脂肪 3.35%—3.66%，蛋白质 7.42%—8.27%，色氨酸 0.10%—0.11%，赖氨酸 0.28%—0.67%，总淀粉 83.26%—85.54%，水分 10.39%—10.67%。还含有铜、铁、锌、镁、钙、硅等微量元素。

的劳动产品早已渗透到村民的物质生活与精神生活。

图 3-11　田埂上的糯稻与黄豆种植

20 世纪 50 年代，特别是 1956 年当地政府强行在侗族地区推行"糯改粘"，到 20 世纪 70 年代大面积推广杂交水稻。这种外来因素的介入，不仅打乱了侗族社会的食物结构，而且还打乱了侗族村民的生产结构，甚至社会结构，引发了一系列的不适应。

第一是食物结构的问题。侗族村民要解决食用油，光从砍古树栽油茶林获取的油料还不能满足村民的日常生活的需要，村民还不得不利用稻田来种油菜。这样一来，侗族社区原来的稻田一年四季都是蓄水养鱼的，这时不得不排水晒田。于是村民历来珍视的鱼受到了威胁，由于鱼在村民的生活中实在太重要了，村民为了保证有充足的鱼，有的就把那些有水、无法排干的田干脆挖成鱼塘，作为专门养鱼，村民本来有限的稻田就越发少了。对村民影响更大的是冬季种油菜，打破了侗族村民的文化惯例。原来的冬季和初春是村民的闲期，也是家族或家族—村寨之间进行交往竞赛的时期，是村民不断创造与丰富民族文化的时期。这时村民在冬季种油菜必须花去大量的时间,而用于社区交往与创造或传授文化的时间就大大地减少了。所以在这段时期侗族文化在某种意义上是处于衰退期,以至于我们今天到侗族地区进行调查时,不论是村民介绍的,还是我们亲自观察到的文化现象,大多数反映的都是半个世纪以前的情况。这些文化现象能够存留在侗族村民生活中被我们所观察,当然也能说明侗族传统文化仍然具有旺盛的生命力。

第二是生产方式的问题。在侗族社区推行矮秆粘谷,对于侗族村民历来执行的稻田养鱼是一个极大的挑战。侗族村民在历史上之所以培植出了那么多的高秆糯稻品种,一是为了对付侗族所处山区的自然环境,在这里,稻田主要分布在山冲沟壕,多为冷、阴、锈田,加之这一地区日照不足,其农业生产条件不如汉族农业稻作区。要在这样的条件下发展稻作农业就只能培植与当地环境相适应的稻作品种。二是侗族社会是一个高度珍视鱼的社会,村民甚至认为他们是先有鱼后有稻的民族。有时也真说不清侗族社会是为了养鱼而种稻,还是为了种稻而养鱼,或许是二者兼而有之。在侗族社会里鱼和稻是分不开的,有鱼就有稻,有稻就有鱼。但在侗族地区强行推行矮秆粘稻后,侗族社会中有关鱼与稻的文化惯例就面临着一场深刻的危机。

侗族在稻作经营中实行的是鱼稻并重的鱼稻共生结构,这与侗族社会的文化运作是高度协调的。推广矮秆粘稻,不可能像高秆糯稻那样进行高位蓄水,使侗族村民的稻田养鱼受到威胁。这主要表现在如下四个方面。

其一,高秆糯稻不仅是对冷、阴、锈田和日照不足的适应和侗族以田养鱼的需要,更主要的与侗族社会的村民生活保障体系紧密相连。村民在收割时,采用的不是割蔸在稻田里取粒的方法,而是用禾剪剪取禾穗,将禾穗捆扎成把,挑回村寨晾挂在村民特制的晾禾架上,一直到用餐前才取其碓舂。收割后的稻秆继续留在田里,这对村民来说有个好处,一由于是人工用禾剪剪取禾穗,这种方法哪怕再仔细,都会有遗留禾穗在田里,这就为家族或村寨贫困的家庭提供了一个“二次收割”的机会。村民把这种现象称为“放浪”。贫困的家庭尤其是孤寡老人可以在“放浪”时,到所有收割过的稻田里去收禾剪遗留的禾穗,这样就解决了村寨里部分贫困家庭的粮食问题,由此拉近了村寨村民贫富悬殊的距离,使得村中穷者不是太穷,也有所养,而富者又不是太富。但推行矮秆粘稻后,村民过去采用的禾剪法已经派不上用场,改用割蔸就地取粒的方法。这种方法的引用,使得过去为贫困家庭提供“二次收割”的机会也随之消失,村里的孤寡老人的供养与生存就成了大的社会问题,于是村里出现了“五保户”的现象,靠国家政府来援助。由于社会保障体系并没有真正建立起来,而只是临时性的生活救济,以至于他们的基本生活难以得到保障,而且还成为政府自己给自己套上的一个负担。

其二,村民在稻田里脱粒收获,还不得不改变他们的收获农具与储存方式,以镰刀取代了禾剪,必须使用庞大的槲桶(打谷桶),甚至是收割机,为了去其脱粒时伴落的叶草,谷物在进仓时还必须使用风箱。令村民最为担心的是,所收稻谷不能再挂在他们特制的专门用来储存粮食的晾禾架上,而必须存放于家屋的粮仓内。由于侗族村寨是一个全用杉木构筑起来的世界,一不小心,村寨失火的事也是常见的。过去把稻谷存放于水塘上面的晾禾架上,万一村寨失火,村民的粮食是不会被火烧掉的。即使不幸发生了火灾,村民的生存是不成问题的。但是粮食一旦存放于家屋的粮仓,若是真有火灾发生,村民的损失就更大了,火灾后基本的生存就成问题,只有靠政府的援助和四邻八寨的村民救济,这样又加重了国家与邻村村民的负担。再说把粮食存放于家屋,老鼠的偷食也是一大损失。所以村民们并不认为把粮食收到家里就算有收成了,一旦意外出现,一切收成将会化为乌有。

其三,村民在秋收之后有放浪牛的习惯,稻田里留下的稻草就是村民最好的牧场,冬季牛群在稻田里获得草料,而牛粪落入田中,增加了稻田的有机肥。与此同时,村民的大量鸭群也可以在这里自由觅食,不仅村民的鸭子长得肥大,而且鸭粪也是糯稻的上等肥料。

其四,是糯稻的稻芯在侗族社会中有着广泛的使用价值。村民把剪来成把挂晾在晾禾架上的禾穗取粒后，留下的稻芯就是村民用来编织草鞋的重要材料。村民还用稻芯来搓成大小各异、长短不一的绳索，绳索在村民的生活中是不可或缺的，可以用来牵挂衣物，尤其是侗族妇女在晾晒她们精心编织的侗布时，这种用稻芯搓成的绳索就成为必不可少的工具。村民还用稻芯打制各种各样的“草标”，来提醒人们该物有主。村民在建造房屋时，绳索也是必不可少的用具，村民用它竖架，引吊各种枋榔瓜梁。侗族村民在祭祀祖先、神灵等宗教活动时，也用稻草做成草标，作为给神灵引路的记号。尤其是在老人去世时，要用大量的稻芯搓成数条大绳，用来捆绑棺材和牵引棺材上山入土。在侗族地区推行矮秆粘稻后，其稻芯无法与糯谷稻芯相比，因此，稻芯绳索的功能在侗族社会中开始下降，代之而取的大量使用化纤绳索，用稻芯制作的精美草鞋也开始消失。随着稻芯绳索被化纤绳索的取代，侗族村民有关稻芯制作的工艺技术也在消失。

第三是水稻生长的问题。推行矮秆粘稻的连带技术，是要落水干田，认为水稻适时进行落水干田，能使田里的有机物得到分解的机会，以气促根，抑制无效分蘖，促进禾粗谷壮，使得稻谷增产。这一系列技术是矮秆粘稻必不可少的，但是对于侗族村民原有的高秆糯稻且是鱼粮共生的经营范式来说，这套技术未必就是有效可行的。侗族培植的高秆糯稻本身就是沼泽植物，从来就没有落水干田，相反，一旦落水不当，或落水时间过长，由于糯稻长期缺水，反而会出现糯稻变形或变色等不良倾向。由于村民几乎在所有的稻田里都进行养鱼，致使稻田水中的含氧量比较丰富，泥土表层的有机质能逐步得到分解，尽管稻田里蓄水较深，但从未发现烂根的现象。村民还告诉我，他们深水种稻还可以控制无效分蘖。其实从生物机理上分析，技术人员推广的落水干田是从植物的内因来控制稻谷的无效分蘖，而侗族村民的深水种稻则是从外因上控制稻谷的无效分蘖。不论从内因还是从外因出发，都可以达到控制无效分蘖的目的。通过两种控制方法的比较，可以发现侗族村民所执行的外因方法自有其优势，它是侗族生计方式中的稻鱼共生结构的基础。稻鱼共生结构的有效性也体现了侗族农业经营范式的特点。要使稻谷根系发达，禾苗粗壮，米粒饱满，稻田养鱼就是其基本条件。村民说，因为鱼在稻田里四处游动，搅水翻泥，就可以起到增氧促根的作用。用稻田养鱼的方法可以代替落水干田达到的效果，但是落水干田就代替不了稻田养鱼。因此，尽管政府在侗族地区推行矮秆粘稻已有近半个世纪的历史，但是侗族村民并没有真正接受。到20世纪80年代，农村实行家庭联产承包制以后，村民对谷物的栽植有了较大的选择余地，于是村民的传统稻作经营方式又迅速得到了恢复。

第四是施肥的问题。俗话说："生根的要肥"，种植水稻也是需要肥料的。正如前面已经分析的，由于在侗族地区推行矮秆粘稻后，在稻田里养鱼受到了极大的限制，而且在收割时的连蔸收回村寨，牛鸭的牧放也受到限制，它们对稻田的自然施肥也就减少了。更由于村民改食黏米，每餐需要炒菜佐食，种植蔬菜就成为大量消耗农家肥的新型产业。这样一来，农家肥能够用到稻作中的就更少了。但在村民稻田养鱼时，用不着对稻田施加过多的肥料，有的只是到山上割木叶青作为底肥。因为村民把禾穗剪回家后，留有很高的稻秆，可以供牛群在整个冬季在稻田里过冬，落入田里的牛粪就是很好的肥料了。何况还有成群的鸭子在谷物收割后也在这里觅食，鸭粪对于稻谷生长更是起到重要的作用。在稻禾栽植后，成群的鱼在稻田里活动，鱼类所吃的杂草，几乎70%成为粪便排入田中，鱼的粪便也是稻谷成长难得的肥料。有资料显示，1斤莫桑比克罗非鱼的粪便内含有氮850毫克，磷1850毫克，钾2400毫克。①稻田养鱼后田中的氮、磷、钾的含量都比不养鱼的稻田要高，这对水稻生长极为有利。村民说"稻田里的鱼是肥料制造机"。在稻田养鱼可以实现鱼粮双份收成，不仅满足了村民的粮食需求，同时也在解决了村民的吃鱼问题，丰富了村民的蛋白质。

第五是除草的问题。由于侗族地区的稻田主要分布在山涧坝子里，稻田

---

① 邢湘臣：《稻田养鱼小史及其现实意义》，《农业考古》1984年第2期。

里的草类比较发达，在稻田里伴生有各种水草。推行矮秆粘稻，所面临的困难就是要花费大量的劳动力去清除稻田里的杂草。于是在春耕整地期间必须把田里的水草跟须逐一清除，稻禾栽插后又要不断地进行薅修除草，如果不把稻田里的水草清除，它将与水稻争养料、争地盘、争空间、争阳光。这样一来，水稻的收成就难有保障。如果稻田的杂草得不到清除，还会招致大量的老鼠，田里的老鼠成群，对稻谷的损失就更大了。但是，侗族村民在稻田养鱼，这些问题都没有了或是都被较好地解决了。因为稻田养鱼时，稻田里的杂草用不着那么细心清除，村民还要特意在稻田里保留一些鱼喜欢吃的水草，使鱼在稻田里有充足的食物来源。所以稻田中的鱼成了自动的除草工和中耕器。由于有鱼在消除稻田里的杂草，村民也不须对稻谷进行薅修除草，可以腾出大量的时间到山林里对林木进行管护。

第六是农药的问题。在侗族地区农药的使用也是随着矮秆粘稻的推行而带来的。有很多虫类如二化螟、稻螟蛉、象鼻虫及食根全花虫等危害水稻的害虫，在它们个体发育过程中，幼体都是生活在稻田的水中的。这些害虫的幼体正是鱼类最好的饵料，在村民执行稻田养鱼时，这些害虫幼体是被鱼类所消灭，当这些幼虫还未发展到危害稻谷时，就被清除了。粘稻推行以后，侗族村民在稻田里养鱼受到了很大的限制，有很多稻田就不能养鱼了，即使在村寨附近的稻田里还继续养鱼，但是这对抵抗稻虫的蔓延与侵袭是无能为力的。因为一旦这些害虫离开水面，攀缘到稻秆后，就真正成了稻谷的害虫。它们可以在稻作区域漫天飞舞，即使在养有鱼的稻田里把这些害虫消灭了，但是，从别处飞来的害虫是无法控制的，因此，只有求助于农药，而农药的过分使用对原本已少的鱼类又造成极大的危害。稻田中的鱼类本来是稻谷的活动捕虫网，这样一来，就变得网破虫活了，虫一活，稻谷的收成就难有保障。村民们说，近年来，农药也不管用了，有些害虫对农药形成了抗体。村民认为他们以前的稻田养鱼是很好的，几乎所有的村民都在恢复他们传统的耕作模式。

改革开放以后，农村政策有所松动，农民的自主选择权有所加强，于是，对传统作物的选择种植开始出现反弹现象。一般说来，在侗族社区里的村寨附近的熟田里，只种植维持生存的高秆糯稻，村民们喜欢的糯米被称为“食用米”，几乎每家都在熟田里种上糯稻，其正常年景的产量用于满足家庭每年的食用需要。在熟田里栽种糯稻，一律采用传统耕作办法，在稻田里喂养鱼类，继续执行鱼稻共生结构的耕作范式。而在离村寨较远、管理不是很方便的田里，村民多种上杂交稻。在侗族传统的耕作中，这些稻田也多是种植“鸭谷”、“鸡谷”或“猪谷”的，这些稻田种植的水稻不是给人吃的，而主要是用来喂养家禽牲畜之用。因此，几乎所有的村民对自己家庭食用的稻田里的糯禾与鱼类管理得十分周到，而只有在完成了食用田的耕作任务之后，才会在公余粮田上下工夫。尽管侗族村民在种植农作物上对己用与他用进行了严格的区分，但并没有将粮田商品化，也就是说，村民中还没有出现把自己所有的水田种上丰产的杂交稻，把这些杂交稻谷拿到市场上出售，然后再买回糯米吃。也许这种做法更划算，但若是村寨里有人这样做的话，村民们肯定会认为这一家人都发疯了。不仅如此，这一家还会被该社区视为异类，以后的村寨事务就会远离他。这样一来，他在社区中原来所获得的利益也就随之消失。我们认为也许出于这种文化压力，村民几乎不愿也不可能作出那样的选择。当然除非村民们确信自家有足够的糯米吃，还能满足习俗上的招待和各种交往、祭祀活动，他们自然也会去种植杂交稻，以此来喂养更多的家禽和牲畜，或直接拿到市场上去销售。因此，在侗族村民中，他们所追求的不仅仅是选择物质方面利润的最大化，而更多的是出于精神方面的考虑，或者说侗族的生计方式是一种物资与精神综合考虑的结果。

侗族传统农业的生产与发展，和侗族特定的社会与自然条件密切相关，是侗族同胞在长期同自然界相处而逐步摸索和掌握客观规律的结果。但是，长期以来，有些农业科技工作者对侗族农业的经营范式褒少贬多，有的甚至认为它是落后的或不科学的，是历史上残留下来的“小农经济产物”，这种经营范式应该被淘汰，无法实现农业机械化。我们认为这种对侗族传统农业经营范式的评估绝不是一个技术指标问题，而是渗透着道德与政治的评估。这种道德与政治的评估不是基于侗族社会，而是来自技术工作人员所属文化的道德与政治标准。这样一来，侗族文化就被贬到了最低程度。在他们看来，侗族文化只是历史的"残留"，必须以自视先进的文化来取代，这样才可能使侗族带来繁荣。在这样的道德与政治背景下，实行对侗族传统农业生产方式的改造，而根本不顾及侗族文化存在的价值，竭力在侗族地区推广在汉族地区行之有效的技术体系，由此造成了文化体系的冲突。在这种冲突当中，作为国家制度根基的文化相对于仅仅适应于特定区域的侗族文化来说，具有绝对的优势。侗族文化不得不容忍、屈从于强大的文化，甚至不惜流失和牺牲自己的传统文化，而去接纳和适应强势文化。然而，侗族文化只要在强势文化漫布的空间里找到一线生存的机会，侗族文化就不会消失，一旦环境宽松，侗族群众就可以依赖社会记忆，对其文化进行修复，甚至可以进行文化的重构，实现文化与新的自然环境与社会环境的重新适应。

费斯(William Raymond Firth)在他的《人文类型》一书中，对人与自然的辩证关系作了四点概括：一是环境显然给予人类生活一种极大的限制；二是任何一种环境在一定程度上总是要迫使生活在其中的人们接受一种物质生活方式；三是环境虽然一方面广泛地限制人们的成就，另一方面却为人们的需求提供物质资料；四是环境对人们的文化生活起着微妙的作用。[①] 任何一个民族都不是消极地生活在这个世界上，他们都是协调环境和改造环境的能动因素。"文化落后的部落民族也有他们的技术和科学认识，有他们的工具，他们能够对付环境，自信在绝大多数情况下，力量的对比总是有利于他们。"[②]由此可见，人类的创造力不仅可以改造生存环境，而且在改造的过程中创造出了自己特有的技术与科学认识。因此，我们有理由相信侗族历经唐宋以来所建构的稻、鱼、豆相结合的稻田农业经营范式，是侗族在人类农业文明史上的一大创

---

① 雷蒙德·弗斯：《人文类型》，费孝通译，华夏出版社 2002 年版，第 32—33 页。

② 雷蒙德·弗斯：《人文类型》，费孝通译，华夏出版社 2002 年版，第 34 页。

举,是侗族人民对其所处生存环境的积极适应与能动创造。

当然,一个已有的传统经营方式,也不是铁板一块,也将随着历史的进程而在不断地更新,不断地吸纳新技术,以创建起新型的农业技术体系。问题是如何将本民族的传统技术与新兴技术相结合,在有效的结合中建构起本民族的当代农业技术体系。我们认为在建构各民族的农业技术体系时,必须处理好如下四重关系,也即要把握基本的四大原则。

一是处理好开发、利用和资源保护的关系。要充分挖掘本民族的农业资源的潜力,对资源利用率、土地生产力和劳动生产率进行有效配置,使农业经营范式在对资源的综合运筹下实现风险的最小化与资源利用的最大化。

二是要处理好用地与养地的关系,对土地掠夺性利用的行为必须制止,在农业生产中要不断地培育土壤肥力,以稳产保收、建立良性循环的农业生态体系。

三是要处理好种植、养殖和产品加工的关系。根据农业产品的性质与可接轨的国内外市场,发展综合配套技术,合理组装,系统应用,建立多层次的农业技术结构,发挥技术的整体效益。

四是处理好技术体系与民族社会安全保障体系的关系。如果在技术改变的过程中,这个民族的基本价值被侵蚀,原来行之有效的社会保障体系就会被扰乱,而新的价值体系与社会保障体系又不能相应形成;那么,我们就有理由认为这种技术改变是失败的。任何先进技术要发挥作用,必须融入具体的社会文化之中,并在该社会文化中实现高效运作,降低能耗。因为引进先进技术与技术革新的目的不是为了摆设,而是为了社会的进步与发展。

我们认为科学是人类在社会的规律下,凭借对经验的验证和不断探索构建起来的知识与知识框架和对这样的知识和知识框架不断完善和丰富的活动过程。① 可见,不管是什么样的科学,不管是什么时代和空间范围内的科学,

① 杨庭硕、罗康隆、潘盛之:《民族文化与生境》,贵州人民出版社 1992 年版,第 116 页。

都是人类社会的活动过程,超越社会之外的科学活动是不存在的。社会是由具体的文化维系起来的,而文化又必然属于具体的民族,于是不管什么样的科学活动总是在具体民族中实现的,然后又在族际的交流中扩散开去。就同时性而言,这种扩散过程是非等速的,因此,任何一项具体科学的内容,在世界各民族间的分布肯定是不均衡的。

一般人总认为发展中的民族掌握的知识极为粗糙,无法和当代的科学水平相比较,这样的想法也经不起事实的考验。北美印第安人中可以用十个不同的词分别表示玉米的十个不同生产阶段,而且对每一个阶段都有明确的生产特征作为依据,对玉米生长期规律的掌握比现代农业教科书上所能提供的内容还略高一筹。蒙古族对于马匹的称谓,多达百种以上,能够具体地分辨马的口齿、毛色以及形状特征,对马匹品种、特性的描述能够达到一本现代的畜牧学相应内容的知识水平,但是请不要忘记这些人不是大学生,而是极其普通的牧民。再比如,澳大利亚土著在医学知识积累上所达到的精细程度也十分惊人,他们懂得如何用四十几种植物治疗疾病,能够分情况同时使用十几种理疗办法。那种认为原始人的知识是零散的、没有条理的大杂烩的说法,是经不住事实考验的,它们的科学知识与我们的科学知识的差异,仅止于由于价值取向不同,面对的客观环境不同,因而其知识体系的框架与我们不同而已。这就给我们提出了一个严峻的问题,我们自认为完美无缺的现代科学,在世界上显然不是唯一的科学,应当承认科学是多样性的。

正是这样的理性反省让当代的人们大感意外,远古的先人并不像我们那样,严格区分无机世界与生命世界,也不十分明确人类与其他生物的实质差异。他们常常将人与人之间特有的认识和沟通方式,人为地误置于其他事物之上。这就是文化人类学先驱们所说的将一切事物“人格化”“神化”或“精灵化”,由此而得到的认知结果当然会严重地偏离事实,却不足为怪。凡凭借在有限时空内积累起来的经验,按照任何一种既定的认知框架,去认识未知的事物,都难免会重犯类似的偏颇。事实上,即使是今天的学人,也会重复同样的失误，只不过做法相反罢了。今天的学人震慑于自然科学已有的辉煌，以至于在不自觉中将仅适用于无机世界的分析办法，误置于复杂的体系之上。这同样是认识未知事物的大忌，但愿今天的学人在反省先人的探索偏颇时，不要忘记自己也可能犯同样的错误。

古代人们对简单组合形式的认知，存在着另一个致命的缺陷，那就是在知识的整合与认同中充满了牵强附会，随处折射出人的意志与愿望对客观世界的曲解。中国古代的“五行相生相克”观，古印度的“四大元素”学说，古欧洲的“星相术”等，都是如此。由此而建构起来的知识系统，尽管未否定物质世界与人类社会的整体性，却曲解了事物间的客观本质。需要指出的是，在这样的知识系统中，并不明确区分简单组合与复杂体系之间的差异，有关无机世界、生命世界和人类社会的各种知识，往往混为一谈，不加区别地塞进同一个认定的知识框架内。很明显，在这样的知识系统中，明晰的学科分类几乎无从界定。哲学与历史几乎包容了古代人们的全部知识内容。

文艺复兴以来，人类的认知取向与方式发生了巨变，兴起的工业类型民族鉴于中世纪的神权泛滥，在大力倡导人权的同时，以理性思维为旗帜，致力于通过实证去探索事物间的客观规律。为此，解剖一切事物，揭示事物的内在结构，寻找事物最基本的构成单元，成了一种毋庸置疑的时尚和检验是非的定式。这样的学术背景对正确认识复杂体系当然极其不利，以至于近五百年来人文学科逐步失去了独立认知体系，研究方法大量借入自然科学手段，分析办法也逐步趋同于自然科学的惯例，其结果只能是人文学科的进展相对落后于自然科学。

然而不容回避的事实却在于，工业文明仅是当代人类文明的一个有限组成部分，除了工业文明外，还并存着其他众多的人类文明。这些并存的其他文明尽管深受工业文明的冲击，但是其固有的文化特质并未消失，相关的认知传统始终在发挥着作用。因而从古代，乃至远古传存下来的认知方式尚处于稳态延续状况，这样的认知惯例对探索复杂体系依然有效。据此可知，当代的非工业民族对复杂体系的了解不一定逊色于发达的工业民族。在思维方式稳定的大背景下,当代非工业民族从远古传存下来的生态智慧与技能一般会得到较好的保存,只不过这样的有用知识往往被包裹在后世积累的新知中,很难为粗心的观察者所注意到罢了。然而,这些隐而不显的传统智慧与技能却可以为文化人类学提供丰富的经验性资料。

各民族在长期的历史演进过程中都会积累众多行之有效的地方性知识,这对于有效地充分利用地球上的各种资源,使人类获得可持续的发展来说都是珍贵的财富。但是,这样的智慧和技能总具有明显的地域性,值得借鉴并赋予科学的解释,推广使用必须高度审慎。凭借经验积累去认知复杂体系,当然不是非工业民族特有的禀赋,工业类型的民族也具备这样的能力。然而无法回避的事实正在于,当代的工业民族掌握着话语权,致使人类社会中的信息流动并不均等,特别是工业民族与非工业民族之间的信息交流不对等。工业民族对复杂体系的认识与理解可以通过其人文学科,顺利地进入跨民族的信息通道,被全人类所熟悉。非工业民族对生态系统的认识与理解却只能徘徊于本民族的信息圈子之内,很难被其他民族所知晓。

文艺复兴运动在批判神权的同时,高涨了人权。需要指出的是,那个时代人们高涨的仅是抽象的人权,而非具体的、可界定的人权。在这样的人权引导下,抽象"人"被抬高到凌驾于宇宙万物的地步,于是除了"人"之外,人所能感知的一切全部被"人"置于解剖台上。这样的思维方式对认知无机世界而言,当然不会产生太大的偏差。因为无机世界基本上属于物质与能量的简单组合形式,这一形式通常所表现出来的可彻底通约性,可以确保将研究对象分解到最基本的构成单元,其性质不发生明显的质变,因而这一思维方式带来了自然科学的大繁荣。

对这一思维方式的得失也得一分为二来看,在看到其长处的同时,绝不能忽视其先天的片面性。近五个世纪的学术思想史可以佐证,就在人类建构起近代学科体系的同时,传统的人文学科研究思路受到了冷遇,为潮流所染,原先行之有效的思维方式逐步被人淡忘。更多的人文学者则是向自然科学家“讨救兵”,套用他们解剖所有研究对象的惯例,务求找到最基本的构成单元,以便凭借对这些基本单元的观察分析,去认知错综复杂的各种人文事实。五百年间,一方面是自然科学的突飞猛进,另一方面则是人文科学上演了一出邯郸学步的悲喜剧。到头来,世人不得不承认,当代经济学中那些冗繁的高等数学公式在投资决策时,并不一定比老经纪人凭实践经验做出的判断高明多少。对纷繁复杂的社会事实,宁可重温希腊先哲们有关人性的晦涩论辩,也比过分依赖从抽样问卷中统计得出的数据,获益要多得多。应当正视当代的人文学科不仅逊色于自然科学,而且远不如古代先哲论辩的深邃。人文学科的研究思路之所以误入迷津,并不一定是受到自然科学家的鼓动,在更大程度上,反倒是当代人文学科的贤能们放弃了前人成功的经验积累。

试看康德的哲学论著,不难发现这位哲学巨子几乎抛开了前人的经验积累,一心要将他那个时代自然科学业已验证的结论,确立为检验世界上一切事物的真理标准。然而若真用这样的标准去检验一切事物时,不仅对人文学科的判断会捉襟见肘,对某些自然科学也难以尽如人意。对生物分类学就是如此,不管是植物分类,还是动物分类,其门、纲、目、科、属、种的区分标准,就很难一贯到底地保持其必需的周遍性与互斥性,以至于在具体的研究实践中,研究者的经验一直在发挥着重要作用,从而导致不同分类者的结论很难确保相互兼容。这从不同分类者对物种数量的统计结果中不难找到佐证,原因全在于生物分类学面对的是复杂体系,而非物质与能量的简单组合。

人类面对复杂体系的认知过程则稍有差异。远古的人类由于受到观察视野狭小的制约,无法将不同的复杂体系加以比较,因而不自觉地将复杂体系混同于简单组合。他们对人类社会和自然界的认知,主要是依靠经验的积累去做出推演与判断。这样的认知方式虽然适用于认识复杂体系的反馈特征,但是,当时的人们并没有清晰地意识到这一点。然而远古人类由此而积累起来的地方性智慧与技能,却是全人类的珍贵财富,也是人类学需要认真收集和总结的宝贵资料。此外,远古人类的这种认知方式还传承到其后的各个时代,在很大程度上规约着人们的思维习惯。不同时代、不同社群的人们,对所处社群和自然环境系统的认知,也会在各民族的传统文化中,积累起相应的地方性智慧和技能,这同样是人类学需要整理和深化的宝贵资料。

人类面对的外部世界是一个纷繁复杂的无限空间和时间,人类认知外界却要受到时间和空间的制约,而具有有限性。从原则上说,任何一个民族都不可能把有限的认知能力,不分主次地用到一切他可以感知的事物上。他们必须审时度势,针对本民族生存与发展的需要,把自己周围的自然与社会背景分出个主次来,借此合理地安排认知能力的投入,这就形成了各民族认知取向上的差异。这表现为认知对象的级次、认知精度的等次和认知广度的层次。我们在讨论一个民族的地方性知识取向时,其实质就是要剖析这三个方面的综合关系,以及规约这些关系的文化因子符号。

一个民族认知取向的形成,与它认知方式的定型与延伸相关。人类认知世界总是从触及到的频率最高的事物开始,各民族生存空间不同,生活方式不同,因而接触频率最高的事物也不同。这些各民族最先认知的事物,一旦在该民族的认知框架上标定了位置,就会循例延伸开去,作为认知新事物的蓝本。在延伸认知的过程中,新事物某一属性的重现频率下降,就自然会降低它对这一属性的重视,循此延伸的结果,就建构出该民族认知精度的等次来。而作为蓝本的基准认知物,以及他们具有相似利用价值和重现频率的事物,则共同结成了该民族认知的主攻核心,等而下之者逐级形成了主攻对象的级差。在认知延伸的过程中,越远离该民族的事物,认知的几率也随之下降,于是又拉开了认知广度的层次,而最终导致该民族认知取向的定型。

若考虑到此类资料的积累和传承特点,文化人类学在利用时显然需要注意,此类资料的认知背景、认知方式、知识架构和传承历程,才可望复原此类资料所反映的本质内容。为此,文化人类学同样需要从大尺度上去观察与分析,也需要弄清资料出自哪个具体社群,以及该社群的社会规范。此外,更需要意识到古代的知识整合总是不可避免地会与神灵信仰粘连在一起。只有注意到上述各种情况后，不同时代、不同社群分别积累和传承下来的地方性智慧与技能，才能有效地服务于今天的文化人类学研究。

文化人类学旨在发掘、利用各民族的生存智慧和技能，却反对其他民族和地区不顾当地生存背景而机械照搬这些智慧与技能。只有当各民族的生存智慧与技能获得了科学的解释以后，才有可能进一步探讨它们的适用范围和推行前提。这样的工作需要不同学科的学者相互沟通、协调努力才能做好。这样一来，如何突破人类社会中客观存在的信息隔膜，从并存的各民族传统文化中发掘出有价值的地方性智慧与技能，便成了当代人类知识整合中的重大研究课题。

第四章　村落资源的维护

第一节　资源的文化边界

村落的资源已经按照文化进行了分野,村民形成了对资源的有序利用圈或利用格局。现在要讨论的问题是,这个资源的有序利用圈的边界是如何确立的?每个民族都有自己确立的方式,每个民族的村落在其文化的支配下,也会形成具体的措施。文化不仅定义了资源,文化也规约了资源。在村落中,人们都十分清楚,什么是你的,什么是我的,什么是他的,什么是大家共有的,也就是说,村落资源的界限是明确的。资源是村民赖以生存的物质,如果资源的界限不清楚,村民就无法对资源进行利用,村落就没有了正常的运作秩序,村民的灾难也就开始了。因此,在乡民社会,如何确立资源的边界是最为重要和最为现实的。

在乡土社会,村民的生存资源基本上可以分为山地资源和农田资源两大类。

在阳烂村,村民的山地资源主要是林地资源,对林地资源边界的确定是重要的。林地界线分两种,一种是在地下,一种是在地上。在地下作界线者多是在界限上的等距的地下挖掘一米深处埋入木炭、白岩或青石,在埋入这些标识物时,一定要有接界双方和中人或家族长辈在场,否则视为无效。若日后发生争执，必请中人和族长到场挖掘所埋标识物为证，以此理断双方争讼。在地面作界线者，多是在沿林地交界线种植杂木或小竹，也有沿线挖槽或插石，在做界线标志时也必须要林山主人在场，共同见证界线的标识，以此标明双方地界，日后不得有犯。因为这种山林地界的划分不是个人行为，而是家族成员的集体性行为，这就要求在社区内部具有认可的规范，在充分得到认同的基础上加以协调，使之成为一种社会价值体系。这种价值体系在一系列制度安排的条件下，使家族、家庭成员的行动整合起来成为一般性的社会秩序。

图 4-1　草标此树要维护

在侗族款约"法规"的"第十层十步"中规定："屋架都有梁柱，楼上各有川枋，地面各有宅场。田塘土地，有青石作界线，白岩做界桩。山间的界石，插正不许搬移；林间的界槽，挖好不许乱刨。不许任何人，搬界石往东，移界线偏西。这正是，让得三分酒，让不得一寸土。山坡树林，按界管理，不许过界挖土,越界砍树。不许种上截,占下截,买坡脚土,谋山上草。你是你的,由你做主;别人是别人的,不能夺取。"①从这条侗款法规可以看出,在侗族社会中,对山间的界线划定是十分看重的,宁可"让得三分酒,让不得一寸土"。"山有主,田有印,石头莫乱动,泥巴莫乱移。"在"款约"中一再地强调绝不允许"过界砍伐",林地定界在侗族社会中是十分看重和极为明确的。所谓"过界"主要指家族与家族之间的林地界线和家族内部每个家庭所植林木之地的界线。作为侗族社会的一个成员,对这两种界限是了如指掌,不仅能脱口就可以说出自己家族的林地范围和自己家庭的营林面积大小与四抵,而且还能清楚地说出与之相关的家族和家庭的林地范围。林农都记得某块林地是怎么来的,在过去曾经发生过什么纠纷,其纠纷的调停结果如何,他们都一清二楚。在侗款的"条款"第十三款对家族内部各家庭的林地使用也做了相应的规定:山林"各有各的,山冲大梁为界。瓜茄小菜,也有下种之人。莫贪心不足,过界砍树;谁人不听,当众捉到,铜锣传寨,听众人发落。"②也正是由于有了林农习惯法的一贯执行,使得林农一代又一代地对"山界"认同,以至于把"过界砍伐"视为罪大恶极。

侗族社会对山林地界的认同,通过款约的规定以及款首周而复始的讲款,尤其是通过对违规者的各种处罚,使得这些规约逐渐成了侗族社会的惯例。这种惯例的形成虽然是由于社区内部存在自我强制的规则,其实也只有依赖自我强制的规则,才能使最初的纯粹的偶然性的行为变成公众的行为。这种惯例一旦形成,将会对社区所有的人受益,并且没有任何人得益于背离和破坏,于是这种惯例就在社会中确立起来了。这种惯例一旦确定以后,社区成员遵守这些规则就成了最佳的选择,并自动发展成为一个固定的社会习俗。这一社会习俗在一定范围内具有自我强制的功能。"对我们来说,'习俗'是一种外在方面没有保障的规则,行为者自愿地在事实上遵守它,不管是干脆出于

① 湖南少数民族古籍办主编:《侗款》,岳麓书社1988年版,第89页。
② 湖南少数民族古籍办主编:《侗款》,岳麓书社1988年版,第113页。

‘毫无思考’也好，或者出于方便也好，或者不管出于什么原因，而且他可以期待这个范围内的其他成员由于这些原因也可能会遵守它。因此，习俗在这个意义上并不是什么‘适用的’，谁也没有‘要求’他一起遵守它。”①从社区公众的心理来看，如果生活在社会群体中的个人在大多数都遵守习俗的环境下，而自己偏离了这种行为的习惯，尽管不一定遭到集体或他人的报复，但可能会遭到他人的冷嘲热讽，使个体产生难以立足感。谁要是不以这种习俗为行为取向，他的行为在社区生活中就显得格格不入，也就是说，只要他周围多数人的行为预计这个习俗的存在并照此行动，他就必须遭到或大或小的处罚。

因此，在以侗款形式的文化惯例的制约下，侗族社会内部家族之间的山林地界呈现为一种有序的社会安排，即使家族之间发生了山林地界的纠纷，也是通过款约组织去加以调解，家族之间的乡土关系表现在家族成员相互间的“守望相助”，止息争斗。而在面对家族外部的世界时，不仅家族排斥非血缘关系的外人进入，而且对外来的侵扰也都有共同防卫与抵制的义务。这种家族之间的山林地界的“认同”也凸显出侗族社区中生活在不同家族的人们所结成的固化的乡土关系，也正是这种固化了的乡土关系，有力地保护了家族的林地没有被外来力量所侵吞，以至于侗族社会在现代化的进程中不但没有丧失土地，而且在侗族家族系统的保护下实现了对山林资源的有效配置，并在此基础上实现了侗族社会的人工营林业的发展。

侗族社会家族系统是由一种真正的或拟血缘的父系亲属关系联系在一起的感情上依附的共同体。他们由一些血缘相同或相近的人群组成，他们的顺序是按照与创业祖先的血缘关系排列的，谁最早进入该区域，谁就拥有最大的发言权，其社会地位也是按照与主要的血缘关系来确定的。在侗族社会中，家族是由有感情、忠诚和历史因素构成的一群互有关联的父系家族组成，它也可能是以一个共同漫长经历中的传说与真实历史为基础。他们基于共同的利益

① 马克斯·韦伯：《经济与社会》上卷，商务印书馆1997年版，第60页。

和目的,以特定的组织形式和经营方式共同从事经济活动。家族也就成为侗族社会中最重要、最基础的政治、经济和社会单元。侗族社会家族关系的纽带把每一个人和每一个社会有机联系起来,也使得他们的合作能力达到了相当高的水平。这种情况并不单纯是社会有力地控制着个人,相反地,社会规范和个人愿望在一切实际的目的当中达成了一致。很明显,在侗族社区内的任何一个人只能在合理的范围中使自己成为家族中的一员,只有成为家族成员以后才能在社区中有所作为,否则,他将无法作为社区的合法成员而实现生存的目的,也就谈不上在社会中去实现自己的愿望了。

为了对侗族民间地方性制度与资源利用进行深入细致的研究,必须把自己的调查限定在一个小的社会单位内来进行。也正如雷蒙德·费斯(Raymond Firth)认为的那样,应当"以一个村作为研究中心来考察这个村子居民相互间的关系,如亲属的词汇、权利的分配、经济的组织、宗教的皈依以及其他种种社会关系并进而观察这种社会关系如何相互影响,如何综合决定社区的合作生活。从这个研究中心循着亲属系统、经济往来、社会合作等线路,推广我们的研究范围到邻近村落以及市镇"。① 村庄是一个社区,但我国现在农村社会的行政村与作为社区的村庄,不论在地理范围上,还是在文化界限上并不十分吻合。行政村是我国现阶段设立了村民委员会进行自治的管理范围,是为了行政管理的方便等特殊的目的而人为设置的,这就很难说清楚现行的行政村是否真正具有了"社区"的功能。

在侗族社区,一般是一个家族组成一个村落,当然也不排除一个村寨由多个家族构成的现象。虽然多个家族同处一寨也是有时空范围和界限的,但村民对各家族的范围和地域是很清楚的,以至于在外人看来是俨然一体的村寨,而在村民的眼里是有界限的,他们有根据各家族所处的地理位置分别称为上寨、中寨、下寨,或称为头寨、中寨、尾寨;也有村民根据各家族进入该寨时间的

① 转引自费孝通:《江村农民生活及其变迁》,敦煌文艺出版社 1997 年版,第 13—14 页。

先后早晚而称为老寨和新寨。家族是村寨的基础,从家族出发往外延伸,可以看到侗族的社会关系网络,即由不同的家族结成一个个婚姻圈,再由不同的婚姻圈结成一个"小款",众多"小款"又构成"中款",诸多"中款"又构成侗族社会的"大款"。从严格意义上说,在侗族地区能够履行"社区"①功能的是"小款区",每一个"小款区"可以视为侗族地区的标准"村庄",这种"村庄",不是由几个村寨组成,而是由几个相关的家族组成。侗族社会把纳入同一"小款区"的诸多家族视为一个整体,是一个被大家公认的社会生产协作单位。他们存在着姻亲联盟关系,有着共同遵守的行为准则,有着密不可分的经济往来,是由各种形式的社会活动组成的一个家族—地域共同体。我在阳烂村做调查时,我的调查范围并没有局限于阳烂村,只是住在我的调查合伙人所在的阳烂村而已。我的田野工作的开展是基于阳烂村所属的"小款区"范围进行的。这个"小款区"的"款坪"在阳烂村的地界上,"小款区"包括阳烂、高团、高步、高秀、平坦、横岭六个寨子。因此,在我的田野调查中,是把这六个行政村作为一个标准"村庄"来看待的,也即是把这六个行政村视为一个完整的"社区"。这样的村庄是一个扩大了的村庄,这样的社区也是一个扩大了的社区。由此所构成的侗族社会"差序格局"的社会关系不"是逐渐从一个一个人推出去的,是私人联系的增加,社会范围是一根根私人联系所构成的网络,"②而是从家族出发,往下推及一个个家庭,再到一个个具体个人,往上推及侗族的村寨组织"小款""中款""大款"。在这里,家族是核心,族内事无巨细一律由家族成员推选的德高望重的族长召集公众性的集会来商量解决。由于侗族

① 社区是"以一定地理区域为基础的社会群体。"(《中国大百科全书·社会学卷》"社区",中国大百科全书出版社1991年版,第356页。)按照费孝通的理解,就是"农户聚集在一个紧凑的居住区内,与其他相似的单位隔开相当一段距离(在中国有些地区,农户分散,情况并非如此),它是一个由各种形式的社会活动组成的群体,具有其特定的名称,而且是一个为人们所公认的事实上的社会单位。"(费孝通:《江村农民生活及其变迁》,敦煌文艺出版社1997年版,第14页。)

② 费孝通:《乡土中国 生育制度》,北京大学出版社1998年版,第30页。

社会中这种群体性活动比较频繁，这极大地模塑了“寨老”“族长”的权威，但是，这些权威的力量又是通过侗族社会的习俗来实现的。

在侗族社会，家族与村寨在地域上是完全重合的，族籍、村籍与地权的联系是十分紧密的。在侗族社会的村子，能否成为“村子里”的人，即取得村籍，实质上就是要加入具体的家族中。在林农的观念中，村落与家族是合二为一的，要成为村落的一员，也只有加入特定的家族后，也才可能获得在家族中拥有山林土地的资格。从清朝到民国年间，虽然在侗族地区建立了国家组织下的基层制度，然而不论是里甲制度还是乡保制度，在侗族社会要发挥作用，都是通过侗族社会传统的家族组织而实现的。因此即使在从表面上看，从清朝以来在侗族地区设置了基层组织，在特定意义上实现了国家制度下的“村籍”制度，但实际上这种村籍制度更多地表现为与“族籍”合二为一的“村籍”，从严格意义上说就是家族村落。所以，一个外来人要想在侗族地区获得山林土地，关键的要获得的并不是“村籍”，而是“族籍”。

“族籍”制度可以视为一种非成文法形态的地方性制度，集中地表现了家族成员浓烈的内向团聚心理。也正是这种团聚的内向心理，确保了林地资源的顺利进行。家族内的资源所具有的公共使用性，只是对本家族成员而言。家族内的宗教活动和家族的行为规范，也只能约束本家族的成员，除非通过一定的程序和手续被接纳为本家族成员。在侗族社会中，这种现象时有发生，如通道侗族自治县独坡乡坎寨杨姓家族就是通过过继的方式接纳了陆姓加入杨姓家族，他们加入杨姓家族后既可以改从杨姓，也可以保留原来的陆姓，不受到歧视，随其自便。而该县播阳镇楼团胡姓家族在接纳吴姓成员时，吴姓成员统统改为了胡姓。这种通过过继等手续加入某一家族后，不论原来是汉族，还是侗族或是其他少数民族，都一律被视为具有血缘性质的同胞兄弟。他们不仅可以长期定居于家族村寨里，成为家族村寨的当然成员，同时也具有了与原有家族成员对各种资源享有平等的权利。

侗族社会中家族的地理边界的含义是地理方位和产权观念的统一。家族成员基于土地占有权归属而对本家族地理空间界限的认同和家族成员对其地理空间内耕地、山林的监护权,由此实现了家族的地理边界和产权边界二者的直接统一。家族的地理边界是有形的,每当外家族成员对本家族地界内的土地资源造成侵害时,有着浓厚家族意识和家族共产观念的家族成员容易与之发生纠纷、形成冲突;相邻家族之间因人工营林业生产的需要而开展的合作,也以家族地界为限。家族产权边界观念实际上是家族的共产观念和家族地界意识,是无形的却是更深层的制约因素。侗族社会族籍意识的形成是一个动态的历史过程,有赖于共同体意识的长期孕育。族籍这一地方性制度不是抽象的成文法规则,而是作为民间习惯法深深根植于林农血缘、地缘合一的乡土关系网络中。家族地界意识实现着由人对物的占有而引申出族群认同意识,而族籍制度则隐含着家族成员对土地资源的占有欲望。但是,有一点是共同的,那就是不论是家族地界意识,还是族籍制度都表现了侗族社会内聚型的家族村落社区结构,并交织为特定的乡土关系网络。

在侗族社会的地理分界并不是村与村之间的分界,而是家族与家族之间的分界。他们这种家族分界的逻辑是基于人对物的占有而形成的家族共同体意识,这体现出一种封闭的族群关系网络背后所隐含的家族成员对土地权的资源独立占有观念。家族的地界意识首先表现为人对物的占有,家族的地理边界和产权边界统一在家族共同体的家族意识中,鲜明地体现出特定生态条件下人与自然密切的互动关系。从本质上讲,家族地界意识发生机制的深层蕴含着族群关系的流动。当面对外家族成员侵占本家族公产时所表现出的家族共同体意识,又可以从家族村落社区结构加以解释。围绕家族之间的地界而产生的合作与纠纷,实际是家族与家族之间对土地资源的分配过程。当外家族成员进入某个家族并产生永久居住的意向时,产生的不是村籍问题,而是族籍问题。从逻辑上讲,族籍就是个林农资格问题。在人地关系较为紧张的情况下,外家族成员取得本家族成员的资格,就意味着要从有限的"蛋糕"中分取一份。为了限制这类情况的发生,侗族社会的族籍就必然成为一项严格的地方性制度。从表面上看,族籍反映的是村落社群关系,实则涉及对物,特别是土地的分配。族籍作为一种地方性制度,有着直接的经济后果。

由此可见,族籍制度在侗族地区有着深远的经济影响,在浓郁的家族村落共同体意识作用下,外乡人要想进入一个村落社区,哪怕是临时的留住都有一定的困难。"客人"终究是"客人","客人"与"主人"是不同的两个系统。费孝通在《乡土中国》中写道:"我常在各地的村子里看到被称为'客边''新客''外村人'等的人物"①,在侗族社会中,对外来者一律视为"客人"。"客人"是有其特定含义的,"客人"是受尊重的。侗族是一个好客著称的民族,只要走入侗族社区,便深有体会。但"客人"是不允许久留,更不允许定居在家族村落内,更不允许"客人"在家族村寨内拥有不动产。

水田是村民的主要生存资源。村民对水资源的分配形成了特定的规则,以此避免在水资源紧缺时所发生的争端。村民是按照水资源可利用状况对水田进行分类,水田按水源可靠度与水田产出量分为平坝田、塝上田、冲头田和高坡田四类。在阳烂村按照水资源利用的性质又可以分为鱼稻共用田、稻作田和鱼塘三类。在水资源紧缺时,首先要确保鱼稻共用田,再灌溉单纯的稻作田,若水资源有富足时,也要确保鱼塘的用水;按照水资源利用惯例又可以分为老田与新开田两类,老田属于首批进入村寨的祖先所开辟的水田,也多是鱼稻共用的水田,新田是后来逐步开辟的水田,对水资源的分配利用是按照水田所开辟历史的长远来界定的。在水资源紧缺、水田用水出现争端时,村民自觉地遵守这一规则,哪怕新开辟的水田接近水源,按照水流的自然流向可以先灌溉新开的水田,但村民只是从新开的水田借道而过,去灌溉老田,确保老田的产出。

"远田变近田,远山变近山",是阳烂村村民对水资源的充分利用而做出的重大举措。侗族村寨的高度聚居,使得村民对现有资源掌握管理的难度加

---

① 费孝通:《乡土中国 生育制度》,北京大学出版社1998年版,第72页。

大。农田是村民的重要生存资源，而农田的水又是确保水田产出的关键，观察农田水位是村民每天必做的功课，暴雨过后排水是村民焦虑的家事，而农田与住宅之间的距离遥远成为村民正常生产管理的一大阻碍。另外，随着人口密度的不断增大，而水资源空间分布的不可变性，使得水资源的人均占有量减少。为解决生活用水、农田生产管理的诸多困难，实现对水资源的有效管理，20 世纪 70 年代，阳烂村寨在生产队的组织下有三十多户村民搬迁到离村落有五六公里的地方居住。这种从村落析离出去，在特定意义上说是村民在生存要求下的一种本能反应。也正因为如此，社区空间才获得了拓展，从而使村寨的资源得到有效的管理与使用，推动了社区的发展。

修筑水坝，提高水位。在阳烂村，村民通过人工改造天然河道，使整个社区的每一片耕地均有水渠灌溉，每一个鱼塘均有流水通过，每一栋住宅都是临居于鱼塘或河流上方。阳烂村的水田百分之八十是靠阳烂河的水灌溉的。为了确保河水的有效灌溉，村落与村落之间对水位的控制是严格限制的，村民在河道水网设置水门，准确控制水位，使社区对水资源的分配与利用在有序中进行，以避免对水资源的争夺。

在河道上修筑水坝、分流河水是根据村落建寨的历史确定下来的，村落历史越悠久，其获得水资源的机会就越多，获得资源的数量也就越多。但是绝对不能对水资源有半点浪费。在此基础上，如果水资源丰富时，也考虑各村落需要灌溉的水田面积，分配水资源，以确保各村落民众的生存需求，就算在村落共享的河段内，村民也是根据家族—家庭所属水田的历史而对水资源进行分配。社区水网由水门准确控制水位，务必使进入社区的水资源均在被利用后才流出社区。与此同时，村民在构筑水田时，总是以栽培高秆稻种来积蓄水量，由此还可以在稻田养鱼，以求鱼稻双丰收。

在河段急流处架设水车，将河水提灌农田。水车是阳烂村民稻田生产中不可或缺的农事工具，在村寨前的河流边，沿溪流而下随处可见随水而动的竹制水车。雨水季节降水的不均，导致从山入田水量的季节变化，少雨时节水量的减少促使村民利用水车将溪水引入田中，在河道急流处架设水车，将水从溪流提往农田之中，进行灌溉。河流成为农田水量的有效调节器，维护着田中水位的整体平衡。村寨对河流水资源的极度重视与利用也就在于此。

图 4-2 阳烂侗寨竹茳灌溉

从阳烂村村民对山地与水田资源边界确立的形式看，村落资源的确立是靠文化去实现的，文化是资源边界确立的基础。民族是靠文化来维系的，在其文化的维系下，确立起了民族的生境，与此同时，也就确立起了其资源的边界。这种由民族文化来确立的资源边界是神圣的，是该民族生存发展的前提与基础。要尊重民族的生存权和发展权，首先就要尊重民族生境的资源边界，而不能见到别人的资源就想要。遗憾的是在当今世界，有些民族却不顾这一文化规则，以自己的文明或大国自居，以别人浪费资源、闲置资源为借口，总是在绞尽脑汁以各种卑鄙的手段去侵吞其他民族的资源。如此一来，引发了民族之间的矛盾与冲突，给人类带来了种种灾难。

我们从乡村经验出发，可以获得的启发是：尊重文化规则是人类和谐的基础，文化是人类的创造物，也是人类的规范物，如果人类失去了文化的规范，人类的生命也就终结了。在人类生存的地球上，人类面对的自然差异十分之大，因而在构造其文化时也因不同的民族处于不同的自然生态位而建构起特定的民族文化，以应对和利用自己所处的自然环境。民族的文化差异就成了一个不争的事实，这种事实是人类所不能忽视的。其实，也正是因为这种民族文化差异的存在，人类在利用资源时便形成了一个制衡格局，这种制衡格局是人类社会的经验，是人类社会的财富，也是人类社会可以持续的前提与基础。一旦这种人类对资源利用的制衡格局被打破，人类便失去了生态安全，也就失去了生存的根基，人类的灾难也就开始了。

第二节　资源利用的规则

资源对于人类来说是稀缺的，人类面对稀缺的资源，不同的民族有自己的文化规则。我们可以通过阳烂村侗族村民对资源利用的规则，来解读人类的这一基本法则。

在侗族社会，其资源利用的规则体现在侗族的款约上。款有自己的层次结构，以血缘为基础，以地域为纽带，组成小款、大款或扩大款，邻近几个村寨组成小款，若干小款组成大款，遇有强敌入侵时组成扩大款。比如，湖南省通道县坪坦乡阳烂村历史上曾与附近村寨如黄土、坪坦、高友、高秀、高团、都天等组成小款，属于第六款区。侗族历史上曾有勉王起款的传说。吴勉联合各大款，环地千里，组成一个扩大款，这是一个临时性的款，目的是对抗当时的贪官污吏对侗族人民施加的苛捐杂税。

款有一套严密的组织，有款首、款脚、款军、款坪、款约。款首由款众直接选举出来，办事公道、威信高、无固定报酬、无特权。款脚是雇佣人员，负责日常杂务，包括清扫、传信、跑腿等，因为地位低下，一般人不愿意担任。款军由全体成年男子组成，平时务农，合款时则武装起来。

款组织的结构体系是极其严密的，既具有血缘的凝结性，又具有地缘的固定性。既是社会的组织体系，同时又是军事联盟的组织体系。款组织以村落内部的“补拉”（家族、房族）或“杜”（血缘群体）作为基层单位组成村落，以数个村落（亲属集团）组成小款，环地数十里，称为“洞”或“坪”（款的中层组织），“村脚家侗雄龙洞，村头还比雌龙宅；村中遍地是金银，合款保护各寨村。村中坪坦坪墓，村头高友高秀（包括高团，阳烂，高步三村，都天横岑，高本，三层，双扒，务坪，脚村），黄土（五寨）合款坪是阳烂村的大外河口河滩，是属第六款”。以相近或比邻的数“洞”或“坪”组成大款，环地上百里（款的高级组织），再以数个大款组成特大款（最高级组织），形成整个民族的联合。在和平时期，款组织主要通过村寨和“洞”或“坪”对内进行自治，以维持区域内的生产生活秩序。这种自治主要是通过民众执行“款规款约”来规范人们的行为，维持和平衡区域内各层资源的分配与利用。

款组织有对内对外功能。对内部生产生活进行管理，一般由三部分组成。

第一，制定款约。一般款首组织款民聚集在一起，共同制定款规款约。款首邀集寨老，款脚传报众人，大家相聚一坪，共同议定村规，杀牛盟誓合款，集众制定规章。“学理事的大郎，定出六面阴（死刑），六面阳（活刑）；六面上（有理），六面下（无理）。”这些款约规章，要求各寨共同遵守。

第二，讲解款约。一般由款首召集款民，在鼓楼坪前讲解款规款约。款首每讲解一句，款民即相呼应，表示赞同。讲款的时间一般都是固定的，并在讲款前举行庄严的祭祀仪式。农历二月初二、九月初九，阳烂侗村都集中到寨脚的飞山侯王庙祭祀飞山王，在飞山神主面前誓宣“二月约青”“八月约黄”的各项款条，希望大家兢兢业业务农，不搞歪门邪道，不准偷鸡摸狗，不准乱砍滥伐，以搞好社会治安。大家听完寨头老人宣读各条款规约项后，若一致同意，就齐声高呼“是呀”！

第三，执行款约。款民中如有违反款规款约的行为，则要召集全款区的款民，当众公布当事人的行为及所造成的后果，并由款众集体裁决。寨老和款首，此时也只是主持“开款”而不能擅作主张。因为款约款规面前人人平等，最后的处罚决定要款民一致同意才行。1947年，高团村杨兴放鹅吃了阳烂一家人的谷子，按照款约要罚杨兴三只鹅以作惩罚。全寨将鹅煮了分吃，由族长杨昌盈来分。吃后开会，由寨老龙怀义主持召开，告戒人们不要违反款约。

款组织对外带有联防的军事民主性质。旧时侗族地区常有土匪出没，为了能有效防范土匪侵扰，各款区都设有关卡一般都设在鼓楼或居高点，并设有专人看守关卡和传递信息。一旦发现匪患，就以擂鼓、吹牛角、点燃烽火等方式报警。对于稍远的村寨，就派人传送粘有鸡毛的木牌，并加上火炭，表示十万火急。一旦接到这样的求援信息，款首立即召集青壮年款民全副武装前来援助。

侗族社会通过款众和各款之间的平等合款，组成一个超有机体的自治联盟。在这种款组织中，所有的成员都把自己融入联盟的群体中，以群体维系个体，利用群体的力量，对区域进行自我管理，维护社会秩序，使民众安居乐业。

款组织有自己的运行规则和程序。它正如一部健全的地方政权机器，有头领、公务人员、武装力量、议事场所以及一套完整的法律，俨然是一个缩小的“王国”，行之有效地控制着这个地区，对内民主自治，对外抵御入侵，实行自卫。

侗语说“二月初二，战粑未”。就是村民二月初二只能吃粑粑，不吃鸡和鸭，为的是在二月初二，阳烂侗村都集中到寨脚的飞山侯王庙祭祀“飞山王”，村民集聚听款。全村有三四石谷田作为款会田，如哪户耕种，到二月初二这天，负责杀一头猪，用30—50斤猪肉 祭祀“飞山王”神庙，用醋和酸水酸透后，每户发一串醋酸肉片2—3两，酒半斤。这天，趁全寨祭祀“飞山王”之机，在飞山神主面前宣誓“二月约青”“八月约黄”的各项“款条”。这时开春进入农忙季节，也是召集团寨父老乡亲在“飞山王”祭祀之机会，团寨头人向大家宣唱各项约束条款事项，希望大家兢兢业业务农，不搞歪门邪道，不准偷鸡摸狗，乱砍滥伐，搞好社会治安等事。

款的活动有“讲款”“开款”“聚款”和“起款”。“讲款”每年有固定时间，如“二月约青”“八月约黄”。“约青”即每年农历二月初讲款，告诉大家春季生产即将开始，要准备好各项生产工具，保护庄稼、山林，加强防护以保护生产顺利进行。农历八月则“约黄”告诉大家劳动果实已经成熟，要爱护自己和人家的劳动果实，要防匪防盗，保护秋收。讲款实际是对大家制定的款规款约的一次宣传、教育和重温。讲款活动一般在鼓楼或款坪上进行，由款师或款首向大家宣讲。“开款”犹如现在的公审、公判活动。款民中如有违犯款约的行为，则召集全体款区民众，当众讲明违犯款约人的行为和造成的伤害。依靠民众集体裁判、集体办案。“聚款”即立法活动，由款首率领款民，齐聚一堂共同议定款规款约。“起款”是一种实现联防自卫的军事行动，一旦本寨或邻近村寨有紧急事件，款首立即召集民众，全副武装出征保卫本村或他寨。从款的活动可以看出款的政治和军事联盟的性质以及自治与自卫的职能。

村落的“款规款约”对资源的合理利用进行了严格的规范。龙儒太老人陈述说：

“古时人间无规矩，父不知怎样教育子女，兄不知如何引导弟妹，晚辈不知敬养长者。村寨之间少礼仪，兄弟不和睦，脚趾踩手指，邻里不团结，肩臂撞肩臂，自家乱自家，社会无次序，内部不合肇事多，外患侵来祸事难息。”祖先为此才立下款约，订出侗乡寨的规俗。

讲到古时混乱年间，领事无人当，人死无人葬，钱粮不认承，赋税无人上，田地无人种，路上无人行，只听蛇虫叫，没有人声音，今要聚众商议，协力复兴寨村。我们要修理寨子来往，靠村子谋生，祖训如何，俗规如何，如何嘱咐如何遵循，少耕多知，重在力行，表说清楚，带是青龙款坪！（众合）是哈！！！

孔子著书，孟和鸟耶，周富作枷，六郎订约法，订立二六一十二面，二九一十八章，仓有四向，约法有八章，仓有四面捶紧，事要八面了结，订下六面阴约法，六面阳约法，六面厚约法，六面薄约法，重罪重罚，轻罪轻罚，秉公正直讲理，不准徇私枉法。

倘有谁人，上山偷逃内鸟，下河摸钩上鱼，进园偷菜又摸瓜，虽是一些轻微小事，不罚该挨骂。若是手勾眼浅，心怀恶邪，偷鸡又摸鸭，牵羊又偷纱，就要按俗规受罚，偷鸡罚银一两一，偷鸭罚银一两二，偷羊偷纱成倍加。倘有谁人，心怀歹意，行凶作恶，拦路抢劫，杀人放火，偷牛盗马，触犯阴约法，上天不容，侗家不许，第一罚他三十两金，第二罚他三百两银，第三罚他家产荡尽命归阴。事关重大，杀牛起坎，砍下额头给制枷的周富，砍上额领给处事的六郎！（众合）是哈！！

过去当初侗乡村寨无款规、寨无约法的时候，好事得不到赞扬，坏事没有受惩处，内忧无法解除，外患无法抵御。有人手脚不干净，园内偷菜摸瓜，笼里偷鸡摸鸭，有的心中起歹意，白天执刀行凶，黑夜偷牛盗马，还有肇事争闹，逞蛮相打，杀死好人，造成祸事。闹得村寨不安宁，打得地方不太平，村村希望制止乱事，寨寨要求惩办坏人。（众合）是哈！！

阳烂村太史龙怀亮的陈述是："款首邀集寨老，款脚传报众人，大家相聚一坪。共同议定村规，杀牛盟誓合款，集众制定规章，效作枷的周富，学理事的大郎，定出六面阴（死刑），六面阳（活刑），六面上（有理），六面下（无理）。定了二六一十二条款，二九一十八规章，这些款约规章，宣告各寨村乡，共同遵守不移。"（众合）是哈！！

再就二层二步，不准谁人，起心不良，蓄意不好，五更黑夜，半夜子时，捅猪圈，拱牛栏，盗走牛，偷走羊，偷了园角黄牯，盗走遍角水牛，牵到龙山虎岑去藏，赶过十二坳去卖，撵过十三盘去杀。我们邀集众人，像水獭追鱼尾，犬脚跟兽脚，寻到你们村前寨后，在前得牛角，寨后得牛肠，山脚得月圣骨，山头得肝肚，找得锅灶，搜得甑子，锅内得牛肉，甑底有牛油，抓到谁,抓到黑油麻脸,碰到其父正在闭口嚼肉,遇见其母正在张口吃肝,包庇盗贼,你做魁星在前,我做罡星在后,抓的真实把柄,就秉公惩处,如果退让不追究,就是放虎进山林,玩弄众人,扰乱乡村,今把犯者三个一处葬,五个一坑埋,拿他父去杀,埋进烂泥坑,拿他母去卖,卖过青云边。(众合)是哈!!

再讲第三步,不许任何人,居心不好,起意不良,挖地破塘,钻箱橇柜,盗仓内谷米,偷地下金银,不管是谁,捉不得贼身,抓不到把柄,眼不亲见,捉不到手,好似打脱乌鸦,逃走鹞鹰,脱逃乌鸦藏村尖,逃走鹞鹰进山林,算它侥幸,如有谁人,捉得手,抓到发,取得胜物,拿到把柄,我们侗乡村寨,要拿他游乡示众,告诫各寨村人,以后不许他父住寨中,母也不许住村里,赶他去远处,抛他天脚下。(众合)是哈!!

讲到四层四步,不许谁人居心不良,起意不好,内勾外引,勾外吃里,勾生吃熟,窝藏黑户,表面堂堂正正,内心鬼鬼祟祟,门楼当作阁楼,不楼允作宫殿,假装野猫,真是老虎装成小蛇,实为大蟒,别人造木船运材,他就制铁船运事,引祸害人,刨沙进田,制造内讧,今天款规不答许,老乡不留情,要以内奸论处,取他的性命,永世不得翻身!(众合)是哈!!

再讲五层五步,不准谁人,收留陌生人,树根不许躲青蛙,树尖不许藏松鼠,深山禁藏虎,岩洞禁藏蛇,草坪禁藏野猫,山林禁藏豺狼,莫作贫穷当珠宝,大水包青蛙,草纸包火,岩沙包头,迟早要暴露,若他自外归顺,受到大家保护,自内判出,抓得回来,要脚压得木棒,头上压岩,拿木棍敲脚,用岩石打头,让它三命归天,身体入地,丢他下九泉深坑,盖他三尺黄土。(众合)是哈!!

现在讲到六层六款,不许谁人,偷挖坟墓,盗葬风水,抛朽骨尸,放新骨埋。丢出骷髅,放进新颅,挖坟盗墓,开棺抛骨,罪大当杀,罪重该死。(众合)是哈!!

讲到七层七款,青春年纪,正像盛开桃花,男插鸡羽,女戴银花,老年人吃完夜饭上床睡，小伙们吃完夜饭寨中游，怒娘在家织锦，男子游村走寨，男游村乡，女坐檐下，青年男女，青春花时，山上吃苞，甜言蜜语，冲里摘犁细雨悄言，正当往来合理应该。切不可男刀女滑，讲金要银，爱富嫌贫，有钱就爱，无钱就甩，要像金和银，莫做烂草鞋，真的是真的，假的就是假。莫做牛粪糊墙壁，鸡屎粘鸟窝，莫像鹅屎污江河，狗屎涂凳桌，肮脏又龌龊。（众合）是哈！！

八层八步，男女花时已过，就应成家自乐，切莫风流浪荡，拦母鸡进窝，离间别人夫妻，脱妇裹脚，挑拨别人婚事，挖别人墙脚。如果拐卖妇女，强奸诱惑，伤风败俗，该受发落，你做得不干净，轻要罚银三十两，重要破产赔偿，家产荡尽，多者余，少者光，富者吃穷，贫者吃完。（众合）是哈！！

九层九步，官家设衙门，侗家选老人，从前做枷十三，十五理事。朝廷设官府，民间推头人，村有头人树有干，龙蛇像杆寸两头平不许谁人，佩刀偏左，挑担偏右，如不公正，我们六村不用，六洞不容，村寨不要，要他自审良心。（众合）是哈！！

现讲十层十步，屋架都要梁柱，楼上各有川枋，地面各有宅坊，田塘土地，有青石作界线，白岩做界桩，山间的石界，插正不许搬移，林中界槽，挖好不能乱刨，不许任何人推界石往东，移界线偏西，这正是让得三杯酒，难让一寸土。山坡树林按界管理，不许过界挖土，越界砍树，不许种上截，占下截，买破脚土，谋山头草。你的是你的，由你做主，别人是别人的，不能夺取，屋场、园地、田塘、禾晾，家家都有，各管各业，各用各的。（众合）是哈！！

十一层十一步，讲到田塘用水，也要合情合理，共源的水，同路的水，公有公用，田塘有利，大丘不许少分，小丘不许多给，引水浇傍田，灌冲田，上面先灌，下面后浇，不许谁人，挖断田塍，使坏田口，不许做南蛇拱上面，青蛇钻下边，捅洞偷水，田在上的有饭吃，田在下的也该有饭吃，不许上面常下水，下丘像草坪，上丘像金坪，绝不许在上富登天，在下穷到底，你想当富户，别人受穷苦，这是亏心事，大家切莫为。（众合）是哈!!

十二层十二步，说到山头坡岑，田土相连，牛马相聚，山林地界，彼此相依，山场有界石，款有界碑。山脚留火路，村村有规，不许何人，砍别人的树木，谋别人的财物，路上捡得失物，挂榜寻找原主，要有高尚道德，莫做贪财小丑。哪家有难大家帮，哪寨有苦村村助，哪寨有外人侵侮，击鼓招众护卫，和睦相处，同甘共苦，互相友好，村寨安乐，无忧无愁。（众合）是哈!!

在二月初二的“飞山侯主”祭祀，大家听完寨头老人词诵，各条款项约规后，一致同意条款内容的约束，就齐声高呼“是哈”!!

而杨正培和龙建云的陈述却是：今我开讲法规阴阳款。庚子年戊午日，洲王置条规在岩洞下，处事三年不取肉，理事九年不索布。庚子年戊午日，洲王置条规在岩洞下，处事三年不取肉，理事九年不拿钱，因为梭等傻等心不良，手勾前浅，梭等过田坝偷外婆的纱，傻等过田坎偷祖母的白鹅。朝黄的孙子偷祖母的棉，朝黄妇人睡不安，站不稳。一喊要罚十两金，二喊要罚百两银，三喊罚他牵金口母水牛来抵，争吵到团寨，吼闹众人头人，款首传乡老，头人邀众人。商议上款坪，定规约调解纠纷，买来白母水牛，牵来膘肥水牯，拿到九弯河九层滩边杀，要他父亲牛角传告各寨村。砍上颚送周富，砍下颚给六郎，送给制刑法的周富，送给立规约的六郎，立得法规二六一十二面，二九一十八条，仓有四方，屋有四向，仓有四方捶紧，事有八面了解，祖言父语，讲到哪处，我就讲哪里，当初我们祖先，就地商量议款，立款大家遵行！（众合）是哈!!

今我不偏右，也不袒向左。先讲六面阴事规约的一层一面，我们地方不许何人，心怀歹意，深更半夜，夜半子时，拱牛圈，打牛栏。倘有谁人，深更半夜,夜半子时,砍上栏,破下栏,牵走圆角黄牯,偷走扁角水牛,牵鼻拉尾,棍撵棒槌。我们就邀得众人,及时约伴,邀得一十不止,五十不难,沿蚂蚁腿痕,顺野猪足迹。走到冲脚得牛角,冲头得牛油,得牛得锅,得鱼得禾。遇见他父亲吃肉坨坨,见他儿子吃肝片片,这样捉得他的手,抓得他的把柄,就该受到重罚。拿棍棒打头颅,拿锤子敲脑袋,用胳膊粗的棍子,打的他遍体鳞伤,打的他头破血流,性命归天,尸体入泥。受到重处者有家产可拿家产抵,无家产性命来顶。有产偿当,无产偿命。

再说二层二面,我们地方,不准任何人,拱池完塘,拱箱撬柜,捅楼上的谷仓,挖地下的金银,这类事面大,事底,事面大要吃肉,事底要出钱。倘有谁人,拱池完塘,拱箱撬柜,贼当场捉到,贼当众查出。就要把他家门槛打断,门扇打烂。楼上空荡荡,地下生虫蟮,使他父亲不得住屋,儿子不得住村乡。

再讲三层三面,我们地方,不准何人,冲脚搬动界桩,冲头拨弄界线,冲脚砍枯竹,冲头砍树木,推界石往左,刨界土往右,塞水酿塘,阴谋诡计,山坡上搞出岔子,暗地里捏造祸事。别人造木船撑柴,他早铁船撑事端,撑事给别人,刨沙石进田。倘有谁人,砍树搭架,制造事端,人架木檐,他架石檐,别人架一膝高,他架一头高,六村不许,六洞不容,村立一边,寨立一方,让他孤单站一旁。严诫这几句,规劝这几句。

再讲四层四面,我们地方不准任何人,林里捆人,路上杀人。杀人要抵命,杀人要埋葬,死者一方要与他拼,倘有谁人,山里捆人,路上杀人,要他父亲具供,母亲承担赔偿。要有金杯作眼,铜锣作面,团鱼婆作脑髓,三十斤麻作头发,五十两黄丝作肚肠,金蚱蜢作骨骼,银腰带捆人骨。使他父亲站不得,母亲坐不成,自己去抵命,伦罗治眼疗,鹰是公的猛,鸡是母的狠,死人头钱要七千,银要九百,使他人亡财尽。(众合)是哈!!

再讲五层五面,我们地方不能走路勾引官府,游村私通朝廷,拿侗家当汉家,外反进就磕四头,保四脚,内叛出就倒水下地,捉回丢命,事归司法处治，倘有谁人，作个鸡引鹰，勾引外人，勾引坏人，勾生吃熟，六村不许，六洞不容，拿红衣给他穿，破衣给他披，拿深潭给他住，洞穴给他睡，拿三人共鼠洞，五人共蛇穴。

再讲六层六面，我们地方，不许谁人，挖坟掘墓，强埋盗葬，撬棺材，掏干骨，开棺见骨，揭棺见尸，该当何罪？刨散尸骸，犯成死罪。倘有谁人，开棺见骨，揭棺见尸，这面事大要吃肉，事底要用钱。拿上十二款场，十三款坪，拿他父亲去杀，魂上青云，拿他儿子去卖，远走天边。（众合）是哈！！

今讲六面阳规约。开大好开田，面大好攀亲，他父亲不怕屋顶尖，他的母亲不怕屋头空，穿针引线，外地找媒，天上有云才有雨，地下有媒才有亲，成亲成戚，成情成伴，大屋吃酒，吃肉剩骨头，吃酒见沉渣。到傍晚黄昏时，男家办猪肉，糍粑为礼，女家办银链，项圈陪嫁。娶人过门名过户，拿去争碗柜边的光，争火炉旁的光。饭同吃，屋同住，活路同做，水同担，屋中吃饭，睡房同床。不准谁人坏心眼，滋养异心，搅乱新计，日订合木楔，夜打青桐尖，使人家昧鸟不恋笼，鸽鸟不恋窝。日不进屋，夜不入房，破堂规，丢堂威。像水贩坏酒，茴香坏蓝靛。藏上三间仓屋，五见正屋，母鸡屋上蹲，母鸽屋上住，事要了结，鬼要送除。不准谁人，大人搅大事，大事欺大棍。倘有谁人，事不肯理清，鬼不肯送除，我们集合众人就要闹。造成梭镖靠仓屋，弓弩挂堂屋，打他三棍皮伤，五棍烂肉，使他倒下柱脚，脸向屋梁，不死重伤。这一层一面。

今我讲二层两面，都要遵循姜良的俗规，执行姜妹的乡约。要作真，莫作假。真事才好理，假事难收场。要做虎咬吞了，别做蛇咬丢掉。种地就要除草，下秧就要移栽。倘有谁人，不作虎咬吞了，要做蛇咬丢掉，我们走路不响脚步，砍肉不响砧板，堵住出水槽，安定草鱼苗。早晨出事，晚上清理。为父的要体谅众人意，为子的要领会头人心。（众合）是哈！！

再讲三层三面，我们三坡头、四山梁，各有青石界碑，石白界线，山界直，田界弯，一块石头不许过界，一坨泥巴不让偏线。倘有谁人，砍越山树，拖过山木，砍树有树蔸，拖木有槽印，砍木凭斧屑，拖木凭牛钉，我们村脚请人清理，村头有人知情，使他脚出钱头出银。

今我讲四层四面，我们田塘共假，水源共路，自上灌下，由下旱上。不准谁人，作个浪蛇拱上面，青蛇拱下边；拱田口，敞水槽。倘有谁人，做个浪蛇拱上面，青蛇拱下边，我们要捆人进寨，押人入村，严嘱这几句戒律，交代这几句诫语，务须谨慎，切莫乱行。

今我再讲五层五面，我们地方，不准何人，上山又套内鸟，进河偷钓上鱼，进园又瓜茄，偷豆菜，早事晚上了结，罚他三两三，四两四。严嘱这几句戒律，交待这几句诫语，严厉执行，莫徇私情。

今我再讲六层六面，未成年不曾上皇帝的钱粮，未到花时蜂蝶早已飞翔。规定女子坐家，规定男子走寨，游过屋旁，走过廊檐。男子廊边得姑娘的话，要男有金坨，女有银当，男有硬金，女有布匹。要像河中有石墩，浪中有石头岩梁。倘有无硬金的男子，无家机布的女子，他作水流两河，布两梳，心有两个他，面有两个人，村叶三层挡不得风，麻叶三遍不住丑，裙捆不过身，同伴都讨厌，它像母鸡屋上蹲，母鸽屋上住。我们抓着就拉，当众退它的背，使它脸如指手（意为“没脸”），鼻似筷条，人知皆笑，冷眼相投。此属乱爱事，此属荒唐事。严嘱这几句戒律，讲这几句诫语，去了六层六面。（众合）是哈！！

新春刚到，燕子未曾飞，阳雀未曾报春。杉木未曾抽嫩条，枞树未曾发嫩心，江边鱼塘，水还未满，清明谷雨，树木嫩叶还未长齐。四面山头云雨，正是五龙相会时。因为郎洲、澧洲，天高皇帝远。驻坐一方滩头之地，理事不明，打乱皇纲，扰乱乾坤，金鸡叫喊，邀集众人，龙太宗、石元保、相都天，依照众议，订立六面是阳，六面是阴。顺官千日好，逆官一时难。年有春夏秋冬四季，日有初一、十一、二十一，天时顺装莫倒逆。

这款是老款，我们一人传十，十人传百，不是今朝人创始，上古流传到如今,合歌同唱,合叶同欢,众人同心,共守款规。天上莫捏弄雷公,地上莫捏弄官人,挖田摸错用工具,行路莫错走桥亭,三岁记得爹言语,四岁记得娘文章,孝顺爹娘天为大,父母恩情海洋深,朝廷交椅轮流坐,媳妇也有做婆时,今日众人推我当头坎,当场定款各寨要执行。

我们在调查中查到了县志办、文化局、政协文史办整理出版的《侗款》,该书记述侗款的内容是:

第一款　不要抢官兵,掳官担,顺官千日好,逆官一时难。哪个不依顺不听,铜锣全村,当众提到,公布罪行,斩草不留根,我们十村九头目,讲了第一款。

第二款　不许谁人,偷塘挖圳,窃坟破墓,偷葬祖坟。青龙哪里葬,白虎哪里埋,谁人犯着,剥皮抽筋。捆身砍手不留情,村罚三百两,上交十五两。

第三款　不许谁人撩妻弄妇,拐抢人口,逞蛮强奸。谁人犯了,剥皮抽筋,大人连抄家,打马连毁鞍。

第四款　不许谁人上偷下盗,拉好人下水。摸鸡抢鸭,猪胜过猫,猫强过狗,当众宣他的丑恶。

第五款　强盗出于赌博,人命出于奸情,哪里阴打阳和,日里做人,夜里做鬼。明摆酒席,暗开赌场,若捉不到,条款就会显灵。

第六款　不许谁人杀人放火,行凶逞蛮,扰乱乡村,人命关天,罪情重大,哪人触犯,当众提到,铜锣传村,千欠事,众里人。村里放在水里就随水,放在火就随火,是水制得火,是村罚得人,村是雷公,村是龙。

第七款　向来不许谁人,偷东摸西,偷鸡摸鸭八两八,偷柴摸菜四两四,不是今朝兴起,古时流传到如今,若捉不到,款条就是显灵。

第八款　不许撬箱挖笼,挖仓拱柜,盗谷偷钱,哪人不听,若是捉得,款条就是显灵，当众发落，罚他牛脚一双，马尾一对。

第九款　向来山林树木有界碑，田土塘园有界基，不许谁人，强谋强占，强争豪夺，上丘有水不准下丘捅，上丘无泥不许钩下丘，若凡捉到，条款就显灵。

第十款　不许谁人争论地产，园土宅场，菜圃鱼塘，田地上场，各有各的。别人祖遗产，世传屋场，不许谁人坏心肠，死要赖，强抢侵占，哪人不听，当众提到，铜锣传村，罚他龙角一对，马尾一双。

第十一款　不许谁人飞天油火，耍白头光棍，欺官弄府，诬赖告状。寨里有事寨里判，村里杀牛村里断。日里是人，夜里是鬼，暗中作梗，四村不许，六洞不容。

第十二款　不许谁人作奸通贼，日里做人，夜里做鬼，勾外吃里，勾生吃熟，千只牛脚进，百只牛角出，哪人不行，当众提到，铜锣传村千家事，万人理，众人判杀就杀，断打就打，我们十村九头目，讲完十二款。

第十三款　向来山林进山，各有各的，山冲大梁为界，瓜茄小菜，也有下种之人，莫贪心不足，过界砍树，莫顺手牵羊，乱拿东西，谁人不听，当众提到，听众人发落。

第十四款　不许客人争地方，老鼠钻禾仓，糟蹋一仓粮，猫儿骑老虎，无理又荒唐。不许祸祟人盘剥地方，大称进，小称出，四村不许，六洞不容，若还捉到，款条会显灵。

第十五款　正月上山带刀斧砍柴，二月用斗笠蓑衣，三月用钉耙，四月用犁耙，五月有茄豆、黄瓜，六月禾抽穗，七月莫坐仓恋花，八月莫留伴玩耍。这些规矩，家家有男有女，养女要顺，养男要教，哪人不听，四村不许，六洞不容，我们十村就头目，讲完第十五条款。

从这些款约法的内容看是无所不包的，由此不仅序列了村落的资源，而且规范了村民的行为。村落的“款规款约”具有法律效用，每个村民都得绝对地服从，具有极大的权威性和神圣性。因为这些“款规款约”是由款组织（村寨的头人，这些头人是村落里德高望重、说话算话的人）共同参与制订，并在神灵面前歃血盟誓，刻石竖碑而确定下来的，它代表了村民的意志，也是村民的期望。“款规款约”是款组织自治与自卫原则的真实体现，在实施过程中，不仅有神灵的监督，更主要的是实现了家族族治与村治并重的原则。哪个家族的成员违反了款约款规，首先由其家族内部处治，哪个村落的村民违反了款约款规，就由哪个村落的寨老来处治。如果哪个家族或村落对违反者不按照款约款规来处治，他们都将受到其他村落——参加款组织的所有村寨联合起来进行严厉的惩处。在处治过程中是通过强制性手段来实施的，有些手段是十分严厉而残酷的，即使不是处死也是难以逃生，如对犯者需要用手拔出钉在鼓楼柱上的铁钉，有的甚至就是活埋。“款规款约”在执行过程中实现人判与神判相结合，使人威与神威得到充分体现，这既体现了款约的权威性，也体现了款约的神圣性。如此一来，在侗族地区，村落内部的生产生活秩序一直都很好，村寨夜不闭户，道不拾遗。

侗族村落的款约在村民看来是一种无言的契约，是村民所共同遵守的规则，对村民的行为有着无形的约束力。当然在这其中也不知不觉不例外地存在着在相互关系中每一个人都希望别人尊重而自发产生的规则，因此，在这过程中就自动地形成了帕累托优化，即通过变化使一些人变好而没有使一些人处境变差的改善。无论是契约还是惯例，其存在的根据是由它的存在可能产生大家共享的效用或是公共效用，都希望从资源的保护和合理利用中获得既定的好处。在这种共同期待获利原则的指导下，就共同体的相互合作而言，潜在的预期效用一定足以刺激缔约者相互为伴进行合作，并按照他们之间的共同分配效用的条件达成交易，从中获得“最大”效益。

惯例的出现是由于社区内部存在着自我强制的规则。只有依赖自我强制的规则，才能使最初的纯粹的偶然性的行为变成公众的行为。这种惯例一旦形成，将会让社区所有的人受益，并且没有任何人得益于背离和破坏惯例。但这并不意味着惯例的形成具有必然性，相反，从人类学的材料中所反映的事实看，这种惯例的形成可能产生于纯粹的偶然。但惯例基本确定以后，社区成员遵守这些规则就成了最佳的选择，并自动发展成为一个固定的惯例。这一惯例在一定范围内具有自我强制的功能，这种功能的发挥也无须借助集体选择的权威进行压服。“对我们来说，‘习俗’是一种外在方面没有保障的规则，行为者自愿地在事实上遵守它，不管是干脆处于‘毫无思考’也好，或者处于方便也好，或者不管出于什么原因，而且他可以期待这个范围内的其他成员由于这些原因也可能会遵守它。因此，习俗在这个意义上并不是什么‘适用的’，谁也没有‘要求’他一起遵守它”。①从社区公众的心理来看，如果生活在社会群体中的个人在大多数都遵守惯例的环境下，而自己偏离了这种行为的习惯，尽管不一定遭到集体或他人的报复，但可能会遭到他人的冷嘲热讽，使个体产生难以立足感。谁要是不以它为行为取向，他的行为在社区生活中就显得格格不入，也就是说，只要他周围多数人的行为预计这个习俗的存在照此行动，他就必须忍受或大或小的不快和不利。在侗族社区，个体总是非常渴望被社区所接纳，在侗族的传统习惯法中对个体的严重处罚就是驱逐出寨，割断与家族—村寨的一切联系。因此，村民总是按照社区群体的规范在行动。

人不仅是一种追求目的的动物，而且还是一种遵循规则的动物。也就是说，人的社会生活之所以可能，就是因为个体依照某些规则行事，在很大程度上是遵循社会行为规范而把握他们在社会世界的行动方式，并且通过这种方式在与其他行动者的互动过程中不断地维系和扩展社会秩序。“人的目的之所以有可能实现，只是因为我们认识到了我们生活于其间的世界是有秩序的。这种秩序乃是我们具有的这样一种能力凸显自身的，亦即我们有能力从这个世界上所知道的若干（空间或时间）部分中学会那些能够使我们对世界其他部分形成预期的规则。再者，我们也可以期望，这些规则极可能经由各种事件

① 马克斯·韦伯:《经济与社会》上卷，商务印书馆 1997 年版，第 60 页。

而得到证明。由此可见,如果我们不知道生活于其间的世界所具有的这样一种秩序,那么有目的的行动是不可能的"。[①] 不论是在自然界还是在人类社会中,一种秩序的存在对于追求任何一个目的来说都是必不可少的。哈耶克将秩序分为内部秩序与外部秩序,或叫自生自发秩序与人造秩序。所谓内部秩序是源于内部或内生的秩序,是一种自我调整或自我组织的系统。而外部秩序则是由一个处于这种秩序之外的力量或机构决定的,是一种源于外部或外部强加的秩序。当然,这样一种外部因素也可以诱使或激励一种自生自发秩序的形成,而它所诉诸的方式就是把众多要素在回应其周遭事实过程中所表现出来的常规性强加给它们,进而使一种自生自发的秩序得以自我形成。[②]

社会秩序在通过利益状况本身是不稳定的,失去自己规范的秩序,以及归结为利益状况人为的相互渗透的秩序,会导致隐蔽的状况:"一种社会法令关于单独连结利益的其余部分,因此,是根本的赏罚,所以几乎是经验主义的,尽管作为最初的假设,这个法令也许具有理论的可能。这种机制不仅体现价值,而且把价值与利用状况相统一。"[③]行动者按合法秩序所定的方向,允许不排斥按自己利益方向。人们可以在整体利益与个体利益之间进行选择性的决断。但在其中我们应该看到的是文化价值的调节力量。

在文化标准的认同过程中,使得社会化个人的权限通过文化价值和社区规范的联合而统一的集团。由此我们所看到的由社会行动一体化的文化价值的维护和统一的社会秩序,在特定意义上实现着社会的整合与统一。"生活世界的社会统一的条件,是通过行动协调理解过程的运用基础,并与一种占统治地位的世界观的结构相联系而规定的;社会职能统一的条件,是通过作为体系对象化的生活世界的条件,确定为一种只是部分控制的周围世界。如果在

① 冯·哈耶克:《哈耶克论文集》,邓正来选编译,首都经济贸易大学出版社 2001 年版,第 7 页。

② 参见冯·哈耶克:《哈耶克论文集》,邓正来选编译,首都经济贸易大学出版社 2001 年版,第 7—13 页。

③ 哈贝马斯:《交往行动理论》,第二卷,洪佩郁等译,重庆出版社 1994 年版,第 277 页。

内部运用要求和外部超生活命令之间的妥协，仅仅为了放弃价值方向的机制化和内部化才能达到，而这种价值方向的机制化和内部化与相应的行动方向的实际职能不一致，妥协正如职能是隐蔽的存在时，才能维持。在这种情况下，那种承担一种价值意见一致和社会统一的运用要求的体现的幻想的性质，是看不清楚的"。[①] 因为社会本身就是一种周围世界中的体系，这个体系是在不断地通过自我控制的过程而趋向于稳定或独立，并且为了持续这种体系的存在，必然要保持社会的自我满足，是一种通过与环境的关系以及它在内部结合拥有的状况，来平衡连接其控制的作用，使周围世界形成一个统一的整体。

村民在面对稀缺资源所形成的"个体与群体之间的人际关系，以及由其所界定的地位结构，是社会组织异于一般集体的关键所在，但这并不是区别的全部。社会组织的另一个主要维度是组织成员的共同信仰与行为导向。在社会交往的过程中，对于如何行动，什么是有价值的目标等问题，组织内部各成员往往有共同的价值取向和行为方式"。[②] 共同的信仰对于组织来说会起到双重的作用：有共同认同的目标和共同的价值判断标准；可以组织社区共同体内部存在着社会行动准则，共同体成员都知道应该朝什么方向行动，该做什么，以及违反规则将会遭到怎样的惩罚。一句话，社区共同体具有共同的信仰才会增强组织的凝聚力。

组织是有意图地寻求达成相对具体目标的集合体。在这种意义上，组织是有意图的，即是说参与者的活动和相互关系都被协调起来，以达到特定目标。从个人的角度看，之所以愿意加入社区内的组织，是因为个人预期加入组织的收益大于成本，即是加入组织后有利可图，当然这种预期不仅是来自于单纯的经济考虑，而且可能更多的是来源于社区文化的规约或是文化的压力。

---

① 哈贝马斯：《交往行动理论》，第二卷，洪佩郁等译，重庆出版社 1994 年版，第 307—308 页。

② 竹立家、李登祥等编译：《国外组织理论精选》，中共中央党校出版社 1997 年版，第 105 页。

对社区的组织而言，组织之所以能够存在，是因为组织预期收益大于成本，即希望社区共同体成员对组织有所贡献。组织是形式化程度较高的集合体。参与者的协作是有意识和审慎的，人与人之间的关系结构是清晰的，而且可以有意图地被建构和重构起来。组织是作为社区内部成员构成的力量协作系统，通过这种协作使得内部的关系得到理顺，并能使内部资源得到最大限度的被利用。

在任何人类社会活动中，法律是一个基本要素。“法律与土地、机器一样，也是社会生产方式的一部分，如果不运行，土地、机器就一文不值，而法律则是其运行的有机组成部分。没有耕作和交换的责任和权利，农作物就得不到播种和收获。没有生产、交换和分配的某种法律秩序，机器就得不到生产，也不能从生产者手中转移到使用者手中，也就不能被使用，其使用成本和收益也得不到价值。这种法律秩序本身就是一种资本形式”。[①] 然而，在人类社会的一切生产活动中，都要求人们在生产过程中必须进行广泛的合作，也正是在这种广泛的合作与互惠关系中，潜藏着人们之间在利益分配基础上的冲突与纠纷的可能性。因此，不仅合作需要有规范，而且排解各种利益分配基础上的冲突与纠纷也需要规范。在这些规范中有的只是约定俗成，不牵涉人们之间的利益关系，而有的规范就特别涉及人们的利益分配问题，梁治平将前者称为普通习惯，将后者称为习惯法：“普通习惯很少表现为利益之间的冲突与调和，单纯之道德问题也不大可能招致‘自力救济’一类反应，习惯法则不同，它总涉及一些彼此对应的关系，且常常以利益冲突的形式表现出来，更确切地说，习惯法乃由此种种冲突中产生。”[②]然而不论是普通习惯还是习惯法，它们既是村民在劳动和生活中达成的一种默契或共识，又是一种公认的行为规范或惯例。所有这些规范或惯例就构成了特定共同体社区的地方性制度。在这

---

① Berman, Harold J. (1983) *Law and Revolution: The Formation of the Western Legal Tradition.* Cambridge, Mass.: Harvard University Press. p.557.

② 梁治平：《清代习惯法：社会与国家》，中国政法大学出版社 1996 版，第 165 页。

种地方性制度的秩序安排过程中，实现了村落群众在生产生活过程中对人际关系的协调，实现了对社会资源的配置与利用，同时也实现了对自然资源的分配、利用与保护，使村民都在这种地方性制度的安排下得到了协调，维持了该村落的持续发展。

第五章　生存安全与生计保障

第一节　生计方式的安全选择

如果一个社会的成员不能保证获得足够的食物，以维持自己的生命，并进行生殖活动，社会就不可能存在。如果有一种社会提倡的信仰或制度完全切断了食物的供给，或终止生殖活动，那么这个社会很快就会不复存在。通过这个极端的例子，我们可以明显地看到，食物供给甚至决定在信仰和观念的机制中也是最终制约因素。“社会系统不仅能够弥补人的器官机能的缺陷，而且还能够抵御外部的自然和社会威胁，实现对自我保存。当然，社会也不只是一个自我保存系统，作为里比多存在于每个人身上的那种具有诱惑力的天性，脱离了自我保存的功能范围，追求乌托邦式的满足。甚至，这些同集体的自我保存的要求并非从一开始就相一致的个人要求，也被社会所吸收。因此，与社会化必然连接着的诸种认识过程，不仅能够作为重新创造生活的手段起作用：认识过程本身同样也决定着人们所创造生活的格局。这样延续下来的生活，尽管好像是不丰裕的，它却已经是一种历史性的伟大业绩。”①因此，我们可以假定，维持生计的方式也是以具体的方式，最终发挥了一种类似的创造力和控制

① 哈贝马斯：《作为“意识形态”的技术与科学》，李黎、郭官义译，学林出版社 1999 年版，第 73 页。

力，在推动着社会进步的车轮，创造着自身的历史。

而从侗族社会长期的生活水平看，他们几乎都在维持着一种最基本的状态，以致侗族历史的经验和文化的趋向就是使其生计方式如何满足传统的、一般性的吃、穿、住需要，而获得生存安全。

生存权利是侗族社会发挥积极作用的道德原则。如果说对于最低限度保障的需要是侗族村民生计中一个强大的动因，那么，在满足这种需要的村民社区里必须要建构起一个维持生存需要的制度化模式。事实上，在侗族社区里，生存伦理已经成了共有的社会价值标准，在任何一个村寨内部都有相应的社会表达形式。在其中，我们发现，那些在塑造村民日常行为的社会控制和互惠模式，最低限度的生存保障是生计方式的最基本的表现，也是最为重要的因素。也就是说，在村民所控制资源的允许范围内，将保证所有的村民家庭都得到起码的生存条件。在这种意义上，体现在侗族社区里的平均主义不是激进的而是保守的，它要求同处于一个社区的村民起码都有相应的住处、耕地、山林等，也就是都能生存下去。但这并不意味着在侗族社区的所有人都是完全平等的，在侗族社会的资源再分配是不均匀的，甚至在20世纪80年代初的已实行家庭联产承包责任制的情况下，也不会出现绝对平均主义的乌托邦，村民在面对一块块稻田和山林，只能信天由命地去抓阄来获取自己的份额，其实许多村民所抓到的份额并不一定是自己所想要的，也并不意味着这种评估就是平均的。因此，我们可以想象，在特定社区里希望尽量减少义务的富人和从公有社会保障中得益最大的穷人之间总会存在某种紧张关系。穷人在社会中得到一个“地位”，而不是平等的收入，同时一定会失去身份，这就是他们永久性依赖的后果。然而，这一模式确实体现了侗族社区村民相互关系的最低道德要求。它通过大多数村民的支持或默许而发挥作用，而且，在正常情况下首先确保最弱者的生存。侗族社会在特定的地域内所建构的家族—村寨作为一个地域共同体的道德稳定性，事实上最终是基于其保护和养育村民的能力。

在任何一个传统社区中，由于社区成员的生存安全是第一性的。为了维持社区成员的生存安全,社区内部的社会团结是首要的。“无论范围是大是小,它所具有的一般社会整合功能显然是建立在包含着某种共同意识,同时又受到这种共同意识规定的社会生活的基础之上。意识越是能够使行为感受到各种不同的关系,它就越是能够把个人紧密地系属到群体中去,继而社会凝聚力也会由此产生出来,并戴上它的标记”。[①] 侗族社区的这一生存伦理的社会力量,它一方面成为对社区内部的成员的保护力量,另一方面又在社区共同意识的作用下形成了社区的凝聚力。这种生存要求的社会力量不仅会因自然资源环境的不同而有所差异,而且也会因为社会环境的差异而不同。在我们对侗族不同社区的比较后发现一个富有启发性的事实:在传统的乡村形式发展得比较良好、受外界影响较少的村寨,仍然保持传统的家族—村寨格局的社区,其内聚力表现得极强的家族—村寨,其生存保障也最为可靠,其维持生存保障的生计手段也最为有效。

从我们的观察中发现,侗族社区的生存保障之所以在今天仍然行之有效,其主要得益于地方舆论的支持。这些舆论体现了村民对社会“合理”关系的基本看法。通过这些舆论,使得保障社区一切成员的生存权利和风险共担落到实处,因而成了特定社区村民的价值共意和对道德的评价标准。在侗族村寨里,富人们的资源要想在所处社区被村民认为是合法的,他必须对所拥有的资源不断地进行再分配。他们必须在任何场所比贫困的村民表现得更加慷慨大方,才能避免村民们流言蜚语的非议。他们被期待着主办铺张排场的婚礼庆典,以显示其对亲属邻人的宽厚仁爱,还要主办地方宗教活动,在村寨之间的交往活动中被要求赞助更多的礼物和接受更多的来访客人。

当然,富人也只有在做出这一系列的慷慨行为之后,他们所拥有的资源才被社区里的村民认为是合法的,也只有在得到所属社区村民的认同之后,他们对自己所拥有的资源感到放心。从某种意义上说,这样的资源才算是自己真

① 埃米尔·涂尔干:《社会分工论》,渠东译,三联书店2000年版,第71页。

正拥有的资源。不仅如此，村民们有时甚至还将富人们的资源视为自己生存的一种依赖，因此，一旦出现有其他民族或其他社区的人们对其破坏时，村民们往往会自觉地与拥有资源的富人们一道共同对付外来破坏者。这种来自家族—村寨内部的社会压力也许可以看到此类关系的规范的生计策略模式，它的运作要求在社区内相对富裕者支配个人资源的方式有利于共同体内较贫困的村民。通过对待个人财富的慷慨态度，富裕的村民既可以博得好人的名声，同时周围又集聚起一批听话的感恩戴德的追随者，从中获得援助的村民自然有着强烈的意识，知道他们从这种关系中可以正当地期待得到什么，知道这种关系可能要求他们做些什么。如果得到满足的话，这种生计策略就会逐渐地形成一种模式，并且还会得到道德的认可。

在侗族地区，由于执行的是林粮复合生计方式，大多数人的生存危机与灾荒的规模一直比较小。从稻田粮食生产看，由于侗族地区的稻田主要分布在河谷坝子中，稻田排水畅通，根本不存在盐碱化之虞，也不会酿成大面积的洪涝灾害。因此，一年之中的灾象，不外乎只有局部的旱涝，导致耕畜家禽的瘟疫，收割季节毁坏粮食的风灾雨灾或者是毁坏庄稼的鸟灾、鼠灾和虫灾。因此，他们没有像亚洲其他地方在强烈的季风气候下的农业那种周期性的粮食危机所形成的恐惧感、价值观和习惯，更没有像20世纪30年代的大萧条给整个一代美国人的恐惧感、价值观和习惯留下不可磨灭的印记。但是，这并不是说，侗族就没有被食物的短缺所困惑。与其他民族所不同的是，他们的困惑不是主要来源于自然环境对粮食作物生长与收成的影响，而是来源于社会环境的变动对族际贸易的影响，使多民族的经济联动网络结构受到破坏，而致使必要的经济来源受到阻止。因为侗族地区的林粮复合生计方式是以耕田为食、以林山为用的经济结构，在很多情况下是因为耕田的粮食收获难以满足基本的食物之需，而必须靠出售山上的林木到汉族地区换取粮食。一旦山上的林木销售受阻，侗族的以林换粮就成为大问题。

这种社会环境影响的结果，不仅造成粮食的短缺，而且，为了填饱肚子而付出的代价可能是严重依赖他人的羞辱感。他们为了生存不得不离开家园，到他们陌生的粮食丰足的地区进行乞讨，或者靠政府的救济。对于每一个侗族家庭来说，就是要从田里和山里获取足够的生存物资来养家糊口，要买一些盐、农具和日常用品，当然还要满足社区交往活动的必不可少的物质。在稻田耕作中所获得的粮食收入，部分地取决于运气，主要是当年的气候、病虫灾等情况；但种子的品种、种植技术和耕作与收割时间等的地方传统，是侗族社会经过了几百上千年的实验和挫折才形成的，使得在特定的环境下能有最稳定、最可靠的产量。这些都是侗族村民发展起来的技术安排，用以消除“使人陷入灭顶之灾的细浪”。在侗族社会里还有许多社会安排也服务于同样的目的，如家族—村寨内部的互惠活动，公用土地，劳务换工等等都有助于弥补家庭资源的欠缺。否则，这种资源欠缺就会使他们跌入生存线以下。在这种环境下的这些技术与制度和社会安排已确认的价值，使得那些来自“国家”培养出来的科技工作者在侗族地区的技术推广总是受到巨大的排斥，这种排斥甚至表现出极大的顽固性。

村民总是在自觉或不自觉地按照生存“安全第一”的原则进行自己的生计安排。村民在选择种子和耕作技术时，这一原则就意味着尽量减少灾害的可能性也不去尽量增加平均利润。这一策略一般要排除带有任何危及生存的巨大风险的选择方案，尽管他们有可能生产出较高的平均净利润。这也正如乔伊所指出的：“我们可以假定，农民为了增加长远的平均净利润而热心于改革，取决于一个条件：在任何一年中减少净利润的风险不超过既定值。进一步说，我们可以假定，农民们自愿承受风险的程度，在某种意义上说，同他们与自身的‘生物学生存’的接近程度相关。……因此，我们得出这样的假设：重视维护生存的农民可能抵制改革，因为改革意味着告别那种有效地、最大限度地减少大灾难的风险的制度，而接受极大地增加了风险的制度。”①当然村民就

① 詹姆斯·科斯特：《农民的道义经济学：东南亚的反叛与生存》，程立显等译，译林出版社 2001 年版，第 23—24 页。

是一直使用原有的种子和传统的耕作技术，每年也会有一定的风险。那么为什么村民仍然会一如既往使用传统耕作技术，而不愿改变虽然平均利润可能高得多但实质上蕴含着更大风险的技术。其实，问题的本质就在于村民所选择和追寻的就是那些将能够给他们带来最高和最稳定的劳动报酬。如果在最高和最稳定的报酬与新技术所蕴含的风险之间发生冲突的话，处于生存边缘的侗族村民通常是不可能选择具有高利润高风险的新技术的，而是宁愿选择低风险的传统作物品种和传统耕作技术。

从以上分析可以看出，侗族村民对免于破产，使生产风险最小化的生计方式安排的偏好，就已经充分地体现侗族社区共同体生存原则的作用。更为重要的是，这种生计策略反映在社区中那些相对富裕的所受到的要求慷慨对待较贫困村民的社会压力中，这种压力也是侗族社区生存策略特点。其实像这样的生存策略在前资本主义的社会中，在农村的权利关系允许的范围内，几乎都可以看到这些生存权利的存在。因此，我们认为在侗族社会中生计策略所表达的生存权利，就是在特定社区资源允许的条件下，社区内的所有成员都可以享有既定的生存权利。这种生存权利是以关于人的需要层次性的普遍观念为道德基础的，它认为对维持村民生命生存资料的需求天然地优先于对于社区资源的其他一切要求。也就是说，在特定社区内如果村民的生存权利不处于优先的地位，那就很难想象如何能够证明财富和资源占有上的任何不平等具有其合理性。侗族社区中的这一权利自然是个人对其所在社会提出的最低要求，也许正是由于这样的理由，这种生计策略才具有如此强大的、能够为所有共同体成员接受的道德力量。“既然人在国家均占有指定的地位或级别，那么每个人都有权要求国家为他提供维持生计的手段。任何妨碍这一生存权的交易和契约，不管是如何达成的，都是不公平的、无效的。对于大多数人来说，生存权最终要诉诸社会（相对于经济）的责任”。①

---

①　詹姆斯·科斯特：《农民的道义经济学：东南亚的反叛与生存》，程立显等译，译林出版社2001年版，第227页。

在侗族社会里，村民的耕地不足是一个普遍的现象，平均每人还不到4分田，也即是每年的正常粮食产量(稻谷)只有300斤左右。而村民传统上靠以木材换粮的机制又受到阻止，村民粮食的供给一是靠国家政府的救济，二是村民到林区毁林开荒种植杂粮作为食物补充。政府为了解决侗族村民的吃饭问题，首先采取的措施是要改变侗族村民传统的稻作品种。大致从1956年起，政府就开始在侗族地区推行"糯改粘"，但快推行半个世纪了，其效果并不十分明显。在"大跃进"、人民公社时期，大部分村寨都推行了"糯改粘"，但是到了20世纪80年代，在农村实行了家庭联产承包责任制以后，几乎所有的村民都不同程度地恢复了传统的农作物品种和传统耕作技术。

应该说，粘谷，尤其是杂交稻的推广，确实给村民的粮食增加了产量，而且种植这些新品种的技术村民也基本掌握了，也就是说，在规避新技术的风险方面，村民已经有了相应的能力，那为什么村民还要放弃新技术选择传统的农作物品种和技术。因此，我们认为要对侗族的这种生计行为作出说明，就不仅仅是前面所论述的，即在最高和最稳定的报酬与新技术所蕴含的风险之间的矛盾而作出的选择，而是可能还有更深层的原因。为了对这一问题进行说明，我们先来看一看"糯改粘"给侗族社会带来的影响。"糯改粘"不仅打乱了侗族社会的食物结构，而且还打乱了侗族村民的生产结构。侗族村民"糯改粘"后，引发了一系列的不适应。到20世纪80年代，农村实现了承包责任制，政府对村民的土地控制有所松动，于是几乎所有的村民都恢复了传统糯稻的种植。

由此我们可以看出，不要说一种生计方式的选择是文化模塑的结果，就是一种农作物品种的选择也是特定文化模塑的结果。因此，我们看到的并不是农民一旦"当旱季作物、新种子、种植技术以及市场生产等新事物提供了明确的、实质上的收益并且对生存安全没有风险或风险不大时，人们会看到农民是冲在前面的"[①]。侗族在对新品种与新技术的选择过程中，并不总是冲在前

① 詹姆斯·科斯特：《农民的道义经济学：东南亚的反叛与生存》，程立显等译，译林出版社2001年版，第30页。

面。特定文化下的农民并不是也不可能如此地势利，再理性的农民也逃脱不了其所属的文化之网。也就是说，他们的选择也只能在特定的文化环境中进行。当然，这也并不意味着村民就永远屈从于“习惯”。人不仅可以使自己调适于自然环境，而且也可以调适于社会环境，同时也在不断地改型和创新自己的文化。侗族村民经过近半个世纪的实践，对粘谷尤其是杂交稻的高产是心中有数的，传统的糯谷在产量上与杂交稻是不可比拟的，但侗族文化不仅在生产技术与规避风险与传统的糯谷生产是相互契合的，而且在侗族文化的结构中也与传统的糯谷粘连在一起。因此，侗族村民在其生计选择时，采取了一种内外有别的文化策略，把稻田的劳作分为两大类：一类劳作是在维持生存需求，另一类则表现为“受利润支配的欲望”。也即是将稻田分为两种，一种是种植使侗族社区文化运作的糯谷，另一种是种植用于售卖的杂交稻。从侗族对农作物种植的分类行为看，农民的生计行为不仅是理性的，而且这种理性的行为总是文化选择的结果，也即是特定文化下的选择。

的确，在大多数村民的生活中，保障生存的目标是不可减少的当然之举。但是，如果我们把侗族村民的生计方式仅限于此，就无法看到村民们生计方式选择的关键性的社会背景，当然也就看不到村民们所处的社会和文化为他们的生计方式的选择提供的既定的道德价值框架，一套具体的社会关系，一种对于他人行为的期待模式，以及使他们形成这种生计方式的文化因素在过去是如何实现类似目标的看法。处于同一文化环境下的人的任何生计目标都有一定的关联性，比如，他们为生计设计的目标，行使生计的手段与方式等，实质上是共同体文化的历史的创造物。我们说人们是社会人、文化人，并不否认人们有创造新形式、打破旧形式的能力，仅仅是要指出人们不是在荒原上进行活动，不能够脱离共同体的文化与历史而随心所欲地去规划自己的生计方式。

由此可见，人类的创造力不仅可以改造生存环境，而且在改造的过程中创造出了自己特有的技术与科学认识。因此，我们有理由相信侗族历经唐宋以来所建构的稻、鱼、豆相结合的稻田农业经营范式，是侗族在人类的农业文明史上的一大创举,是侗族人民对其所处生存环境的积极适应与能动创造。

由于侗族的生活,受制于自然环境中的气候和社会环境诸因素的影响,侗族家庭对于传统的新古典主义经济学的收益最大化,几乎没有进行计算的机会。典型的情况是,侗族农民耕种者力图避免的是可能毁灭自己的歉收,并不想通过对稻田的冒险而获得大成功、发大财,但这并不排除通过对林地资源的开发而大获成功、发大财。在侗族近300年的历史中,就有不少的侗族通过木材贸易而发迹,成为富甲一方的大富豪。尽管在侗族社会里通过木材贸易出现了社会分层,形成了拥有不同财产的阶级。但是,正如我们在前面对他们各阶层、各阶级的经济行为所作的分析那样,他们并不具有真正的商业冒险精神,他们的所作所为都存在尽量缩小最大损失的主观概率。如果说把侗族农民看作面向未来的熊彼特式的企业家,忽略了他们的主要生存困境,那么,通常的权力最大化假设则没有公平地对待他的政治行为。村民首先考虑的是可靠的生存需要,把这种需求的满足当作村民耕种者的基本目标,然后再去考虑他同邻居、精英阶层和国家的关系,看他们是援助还是阻碍村民满足这一最基本的需要。

侗族社会这种生计方式的制度安排具有典型的农民社会的特点,但这并不像人们所想象的那样,他们的生活是浪漫的,有的甚至把它描写成陶渊明笔下的“世外桃源”,把侗族社会的这些生计安排理想化其实是一个严重的错误。他们并不意味着平均主义,这种生计安排仅仅意味着一切人都有权利依靠本家族—村寨资源而生存,而这种生存的获取,有时是要以丧失身份和自主性为代价。但侗族社区这些适度而关键的劳动产品再分配机制,确实为村民提供了最低限度的生存保障。因此,在某种意义上说,侗族社会确实没有个人挨饿的威胁。

侗族社会的这种生计方式安排所提供的生存保险,不仅在社区内部得到了社会的一致赞同,同时,它还建构了同外部社会精英之关系中的道义经济。无论从长期还是从短期看,社会平衡均取决于村民的剩余物资向社区管理集团或更高一级的管理机构转移的某种平衡，取决于这些管理集团对村民提供最低限度的生存保障。分享社区内部的有限资源，依赖于同强有力的保护人的联系，这些通常是村民为力争降低风险、加强生活稳定性而采取的主要措施。这些措施也在很大程度上会得到管理集团的支持，甚至有时这些来自民间的措施还会通过管理集团由上而下地在社区加以贯彻执行。现在实施的侗族社会的乡规民约不少是通过乡一级人民政府甚至有的是县人民政府下发的。有的社区在制定乡规民约时，是由政府牵头，召集各村寨各家族代表共同协商而定。当然，这种有关生计的制度安排，在发挥作用的时候，他们也并不必然地是利他主义的结果，在侗族地区这种制度安排的结果，首先是对不同社区的资源进行有效的界定，即使是习俗性产权在侗族地区也具有强大的约束力；其次，是保证社区内有限资源的有效利用，在特定的文化环境中实现其效用的最大化；复次，就是通过这种宏观的生计制度安排，从而加强了政府与民间的联系。

其实，侗族社会所固有的生计方式，就是保障村民的最低收入，获得生存权利的问题。这种最低限度收入的确定当然具有生理学方面的可靠依据，但也不能忽略其社会与文化的含义。为了充分发挥自己作为社区成员的作用，每个家庭都需要达到一定水平的财力，以便履行必要的礼仪和社会的义务，同时吃饱肚子、继续生产。倘若低于这一水平，那就不但有饿肚子的危险，还要遭到在社区内失去身份、地位的深远影响，也许这样的村民就会从此陷入依赖性的境地。侗族生计方式中的制度设置就是围绕着这一最低限度收入问题而建构起来的，旨在最大限度地减少所在社区成员由于有限的技术和变幻无常的自然环境与社会环境而必然遭遇的风险。侗族社会传统形式的保护与被保护关系、互惠主义和再分配机制可以认为就是由此产生的。诚然，一旦发生社区内集体性灾难，规避风险较差的侗族社会难以为其成员提供生计的时候，他们可以通过精心设计的社会交换体系，来尽可能地为社区内提供家庭社会保险以应付超常的风险。这样的灾难若是自然造成的，那么其风险的排解可以随着自然环境的改变而改变，从通常的事实来看，像这样的灾难不会延续太久，因此，他们的生计制度不会必然地发生改变，更不会造成侗族文化的紊乱，在文化网络中其他的文化因子仍然会甚至还强化着对生计制度的支持力。

一个社区的生存水平是由该社区的历史与文化因素所决定的，因此，也就具有了历史性与特定的文化性。也就是说，一个社区共同体成员的最低生存水平标准总是与以往的生活经验联系在一起的。因此，不同社区共同体之间的生存水平标准是不一样的。侗族也有自己的标准。认识了侗族社会的生存水平的历史与文化因素之后，我们就可以把收入的最低水准看作是侗族社会的“死亡”之点：一旦低于这一水准，他们的生存就会受到威胁，这就表现为村民出现大量“借”甚至“讨”，以至于任何礼仪上的花费都要被彻底取消。一旦这样的情景超过了两个农业生产周期，处于该生存界限以下，村民在生存、安全、身份地位和家庭的社会内聚力等方面，就会出现巨大的、痛苦的质的退化，就可能出现社会动荡。

对于一个有一系列必不可少的迫切需要的耕种者来说，他们不可避免地要抓住来临的一切机会。他们在生计策略中可能选择的机会，包括让全家都能为生存需要而去获得一定的生存资料，在生存危机来临时，可能取消以前受到重视的礼仪习俗的义务，或者迁到他处，共担贫困，寻求仁慈的帮助，或者在走投无路时就只有铤而走险。在侗族历史上真正出现的社会动乱不是很多，表现得最为突出的就是自明代以来所爆发的几次农民反抗运动，如明代的吴勉起义与清代的姜应芳起义，都是由于汉族两次向侗族地区大规模移民，大肆侵吞侗族有限的农田，迫使侗族生存难以为继，而不得已进行的反抗斗争。

即便有了最精明的技术防范措施，村民还是必须设法度过那些净产量或收入低于基本需要的年头。当然生存水平线的确定，并不意味着其收入低于这一水平的村民家庭就会自动饿死，其实他们有一整套相应的措施对这种危机进行解救。有时候，他们可以把腰带再勒紧些，比如原来一天吃三餐的，改为一天吃两餐甚至只吃一餐，如原来吃的是硬饭，改吃稀饭甚至在饭里加上一些杂粮。当然村民勒紧腰带的余地已是很小时，如果这种危机仍在长时间地持续时，这种方法就会失灵。在家庭层次上还存在着许多的生存自救方案，包括小买卖、小手艺、做挣钱的临时工、移居他乡，有的妇女甚至靠性来维持生计。① 在家庭之外，还存在一整套网络和机构，在村民生活陷入生存危机时常常起到减震的作用。这包括一个人的男性亲属、朋友、村寨、有力的保护人，有时妻子方面的亲属、朋友、村寨有能力的人也会进行帮助，甚至包括政府都会帮助处于生存危机的家庭渡过难关。在侗族社区里，不论是男性亲属还是女性亲属常常感到自己有责任和义务去帮助邻亲摆脱困境，然而，这些所能提供的帮助也只能是从自己所拥有的有限资源中进行分割。救助方法越是有效可靠，那么一个社区的资源就越会感到紧缺。对于侗族社会来说，看重的不是资源拥有的多少，而是在于所拥有的资源能否被社区认同。

因此，在社区内一旦有人处于生存危机时，对自己的社区同胞进行暂时性的援助则是义不容辞的，这时共同的价值标准与社会调节紧密的结合。因为一旦有村民不得不依赖亲属或保护人而不是靠自己的力量来克服生存危机时，这就意味着他让渡了自己的劳动和资源的索要权。而当这次帮助自己解决困难的亲友在下次遇到麻烦或困难时，也总是指望能从自己曾经资助的亲友们那里得到同样的帮助。在这里，事实上亲友们帮助他，也正是因为有一个心照不宣的关于互惠的共识：他们的帮助就像是在银行存钱一样，以便有朝一日自己需要帮助时就能得到兑现。当然，在侗族社区通过这种朋友和亲属间的互惠和村寨的援助，进一步加强了家庭之间、家族之间乃至村寨之间的凝聚力，有时还通过这种帮助，可以化解以往的仇视与矛盾，弥合过去相互之间的裂痕，乡村规范和习惯的“小传统”博得了最广泛的接受，这样一来，往往一次生存危机的出现就是一次社区亲和力的再生。从某种意义上来说，社区内的一次生存危机就是社区的一次自救与新生。

---

① 参见李银河：《性的问题》，第 13 页，中国青年出版社 1999 年版。

文化不只是一种传承,它还是一种方案。“文化是一套生存机制,但文化也给我们提供实在的定义”。[①] 正如阿布多·班图(Abdou Toure)所坚持的那样,这是一种非洲的方案或者是一组非洲的方案,而绝非是在20世纪发展信仰(development—religions)中仍然得到崇拜的18世纪西方理性远征世纪的方案。一如陶尔所言:“作为(精英的)少数领袖自愿忘记了文化就是一种生活哲学,文化就是一种对世界的挑战作出反应的无穷无尽的宝藏。而且,正是因为他们漠视了这个意义上的文化,他们才不能够既依照发展的目标来具有洞见地运思,又深藏一种价值尺度、为人标准或者能从一个社会传播到另一个社会中去的行为模式!”[②]“文化是人们用来包装其政治—经济利益和动机以便表达它们,掩饰它们,在时空中扩大它们并牢记它们的领域。我们的文化就是我们的生命,我们最主要的内涵,而且也是我们最多的外在表现,我们个体和群体的特性”[③]。

第二节　生计保障的制度安排

社会保障最基本的就是生存保障,这是社会向社会成员提供的基本生活保障。然而,各民族由于历史文化、社会经济以及发达程度的差异,在对如何理解社会、社会成员、基本生活、保障手段和程度等一系列概念上,形成了许多不同的看法。1941年,以威廉·贝弗里奇为首的一个调查英国社会保险现状的委员会提出了题为《社会保险及有关服务》的报告。该报告认为,社会保障就是对收入达到最低标准的保障,国家所组织的社会保险和社会救济的目的

① 参见罗伯特·F.墨菲:《文化与社会人类学引论》,商务印书馆1991年版,第20页。

② 转引自马戎、周星主编:《二十一世纪:文化自觉与跨文化对话》(一),北京大学出版社2001年版,第118页。

③ 伊曼纽尔·沃勒斯坦:《现代世界体系》第2卷,吕丹等译,高等教育出版社1998年版,第68页。

在于保证以劳动为条件获得维持生存的基本收入。① 在我国广大农村，古代缺乏来自政府的保障。从特定意义上说，在汉族地区土地制度的性质如何决定了政府对农民提供保障的程度。但在我国的少数民族地区，由于历代政府的法权并没有真正发挥作用，而是按照各少数民族的传统文化在对其社会成员进行着社会保障。只有在新中国成立后，在民族地区经过了民主改革后，没收了“富户”的土地，建立了土地公有制，为民族地区的社会稳定提供了一个“安全阀”。有人认为目前均分土地的平均主义农地制度为农村人口提供社会保障，不失为对现金型社会保障的一种有效替代。② 从这种理解出发，国家和地方政府在理论上承担起了对农民提供社会保障的责任。

然而，在我国由于农村人口过于庞大，农村的生产力水平不高，对于绝大多数的农民来说，他们的保障也离不开家族、家庭和社区的生产组织。

在侗族社会里，家庭既是生产单位又是消费单位。根据侗族家庭规模，它一开始就或多或少有某种不可减少的生存消费的需要，为了作为一个具体的单位存在下去，它就必须满足这一需求。以稳定可靠的方式满足最低限度的人的需要，是农民综合考虑种子、技术、耕作时间、林粮间作等选择的主要标准。濒临生存边缘的失败者的代价，使得村民对安全、可靠性收入就必然优先于对长远的利润考虑。因此，在实际的村民生计策略安排中，必须全家共同努力，确保全家有充足的食物供应。

由于劳动是农民所拥有的唯一的相对充足的生产要素，为了满足生存需要，他们可能不得不做那些利润极低的消耗劳动的事情。这可能意味着转换为农作物或耕作技术，或者在农闲季节从事小手艺、小买卖等活动，虽然所得不多，实际上却是剩余劳动力的一条出路。一般情况是，侗族妇女在农闲时，在家里进行纺纱、织布、染布、挑绣、制侗锦、缝衣、打鞋垫等，与此同时，年长的

---

① 参见郑杭生主编：《社会学概论新修》，1998 年版，第 494 页。

② 参见刘兆发：《农村非正式结构的经济分析》，经济管理出版社 2002 年版，第 131 页。

妇女还要负责教少女们学会做这些活路。少女们大多在七八岁的时候就开始跟着自己的母亲或姐姐学习，到 12、13 岁时，就基本掌握了这些手艺、技术。她们掌握了基本技能以后，为了创新，往往是姐妹们三五一伙、四五一团地在一起切磋技艺，或展示自己的创造性作品。而男子在农闲时，有的在家里打制各种装饰品，如侗族妇女头上戴的银花冠、银簪子、银簪花、银梳、银钗等，脖子上戴的项链、项圈、手上戴的手镯、钏、戒指以及等耳环等；有的在家里编制草鞋、绳索、草凳等；有的则上山采集药草；当然也有的在村里收集山货到市场销售。在这种情况下，由于村民的近乎为零的机会成本及其挣得足够生活费的要求，村民运用自己的劳力，直到其边际成本极少，甚至为零时，这种劳动还是有意义的。这有助于我们深入了解侗族村民是如何规划自己的经济生活以及如何确保稳定的生存条件，也有助于我们懂得对生存的关注是如何把村民的生活环节连接为一个整体的。

图 5-1　侗家纺纱

我们可以将村民们的这种农闲期间所从事的各种辅助性劳动，视为侗族村民的“生计退却方案”或“生计次选方案”。这种生计方式在村民遭受饥荒时可以得到可喜的赚头，如村民在地方集市出售他们的纺织品、手工艺品、药材等，以此来获得一定的积蓄。一旦庄稼歉收，村民就靠这些交易所得来弥补家庭收入的亏空。侗族村民还在林业经营的多种植物的套种中获取大量的非粮食收入，这些也是村民保障生存安全的资源，可以帮助村民度过稻米短缺的困难时期。在侗族社会里存在的这些生计退却方案并不是消极的，也不是外生的，而是立足于侗族社会所处的生存环境，是对生存环境积极应对的结果。村民的这类生计方案选择，即使在正常时期也是村民生计方式中确定的组成部分。村民对这类生计方式的强化不仅不会对社区生活造成干扰，而且这成为推动社区经济发展的重要动力之一，尤其是村民对林业的经营，使侗族社会经济取得了巨大的成就。因此，我们把侗族村民的这种生计方式称为“退却方案”或者“次选方案”，仅是与他们的稻田农业生计方式相对而言的，我们并没有把这种生计方式理解为“退却主义”。

图 5-2　侗家染布

图 5-3　村民捶亮布

侗族社会为了免于社区共同体处于生存水平以下，在其生计方式的建构中表现出了巨大的包容性。为了适应自然环境的海拔高度差异，稻作品种无法单一化，培育出了大批适宜冷、阴、锈田的水稻品种，如牛毛糯、融河糯、打谷糯、旱地糯、香禾糯、红糯、黑糯、白糯、长须糯等。这些糯谷都是高秆谷种，又适应了侗族稻田里常年蓄深水养鱼的习惯，侗族村民在稻田里种的水稻，一直是糯谷，有 30 多个品种，糯禾有秆高、穗长、粒粗、优质和芬香等特点，其中以白香禾与黑香禾最为著名，香禾质地优良、营养丰富。由于秆高，稻田蓄水才深，也才便于在稻田里养鱼。侗族的鱼是与稻连在一起的，稻田里的收入是稻鱼并重。侗族民间流传的谚语:“内喃眉巴,内那眉考”,意为“水里有鱼,田里有稻”,这种稻田养鱼的方法就是侗族的传统生活方式。侗族认为有鱼才有稻,养不住鱼的地方稻谷长得也不好。侗族还认为鱼是水稻的保护神,现在侗族仍把鱼当作禾魂来敬。侗族把粮食,主要是稻谷称为“苟能”(kgoux namx),意为“谷水”。稻田里蓄水较深,而且终年蓄水,主要目的就是在田中养鱼,在准备稻田时,村民要在稻田里做一个“汪”,汪就是鱼的房屋。在插秧时,要留下专门的“汪道”。侗族的稻在中耕时,不用人力薅秧,靠的是鱼去吃水草和松动泥土,使秧苗茁壮成长。因此,鱼不仅是村民的主要食物之一,还成为侗族稻田农作的“工具”。侗族村民修砌的田坎都比较宽,每年农历四月初,村民便在田坎上每隔一尺左右挖一个小洞,点播黄豆,待豆苗长到五六寸时,把田埂边的肥泥扶在豆苗脚,作为对豆苗的陪莸追肥。到秋收时,黄豆也成为村民的附加收入。

侗族的日常生活除了糯米、鱼类外,村民在各个季节采集的野菜种类十分丰富,采集的食物大致有块根、叶芽、竹笋、磨菇、花果、虫蛹六类。其中叶芽植物主要有水芹菜、香椿、酸苔菜、树番茄、莼菜、滑板菜等几十种;光竹笋类就有苦竹笋、大泡竹笋、甜竹笋、麻竹笋等十余种,蘑菇类有木耳、香菇以及鸡枞、乳浆菌、白参、牛舌头菌、大红菌、辣菌等;花果类有黄花、木瓜、白花等;经常挖掘的块根有黄山药、多毛黄薯蓣、蓑衣色、翅茎薯蓣、蘑蓣等十几种;而采集的虫蛹主要有知了、油虫、蚂蚱、天牛幼虫、蟑螂、蟋蟀、蜂蛹、秧蚂拐、蚯蚓、注木虫、竹蛹。由此可见,侗族对上百种可食用动植物生长规律的认识,比我们所想象的要复杂得多。

为了弥补稻田粮食作物的不足,村民还往往在林地实行各种形式的“林粮间作”,从中获取必需的生存物质。按地形、土质、日照以及距村落距离远近等情况,在林地里实行“林粮间作”“林油间作”“林药间作”“林果间作”和“林菜间作”等间作类型。“林粮间作”主要是在林地里套种小米、黄豆、玉米、红苕、荞子、洋芋等;“林菜间作”主要是在林地里套种辣椒、红萝卜、白萝卜等;“林果间作”主要是在林地里套种西瓜、地瓜等;“林油间作”主要是在林地里套种芝麻、花生、油菜等;“林药间作”主要是在林地里套种烟叶、茯苓等作物。

在侗族社区里的生计安排中形成了特定的社会保障机制。为了确保村寨住户的最低限度收入,如在稻谷收割时,首先允许村寨内的孤寡老人和少田的农户到已经收割过的稻田里进行“二次收割”,山上的桐茶籽也是如此,到约定的时间,村民可以到所有的桐茶林里搜捡。通过这种方法以保证同一社区的村民获得最低的收入。除此之外,在村寨里还有各种各样的维护和保障孤寡老人以及少田少地的村民的社会安排,诸如各种“公田”“公山”的安排,以及村里特殊劳动的安排,如专门有看护用于斗牛“牛王”的“牛公公”,派专人精心护理喂养,此人多为孤鳏年长者,村民称为牛王公公,生时由村民公养,死时由村民共埋。还有专门提醒村民防火防盗的“打更人”,也像“牛公公”,生前由村民供养,死后由村民共埋。除此之外,还有家族—村寨森林的护林员的生活费用也是由村民分摊。同时在侗族社会村寨内部也存在着某种再分配的机制:富裕村民要仁慈待人,在各种村内庆典和村际交流活动中,他们要付出较多的开销,救助暂时贫困的亲戚邻居,要慷慨地捐助当地的圣祠、庙宇和各类公共设施。这也正如M.利普顿所指出的:“许多看似古怪奇特的村庄活动,实际上具有隐藏的保险功能。”侗族村寨也正是建立在这种生存伦理的基础之上,侗族社会的生计方式也是在此基础上展开的。从特定意义上说,侗族村寨的这些社会安排就是侗族生计方式中制度安排的具体体现,生存伦理就是植根于侗族社会的经济实践和社会交易之中。

侗族经历了近半个世纪的社会变革,侗族社区内部的再分配规范已经受到巨大的冲击。一直到20世纪80年代,由于实行了家庭联产承包责任制,使得侗族社区内部的传统再分配制度得到了一定程度的恢复,但是这种恢复并没有加强对社区风险保障,而是正在使社区的保护弱化,减弱了社区机制对村民生存的贡献。这种变化主要表现在乡村在分配的强制做法仅仅对于社区内掌握的资源有效,因而乡村的保护能力,正如宗族的保护能力一样,传统上仅局限于小范围。如果社区内甚至相连的多个社区在整体上连续遭受到自然灾害的打击而出现生存危机时,社区内部共享资源的能力就起不了什么作用。半个世纪的社会经济变革,使得国家政权对社区的控制不断强化,但另一方面又使得社区失去了对越来越多的实际财富的支配权,尤其是原来社区内部拥有的大量"公田"和"公山"。社区内部的"公田"与"公山"的收入主要是用于开销社区内部的各种活动,当社区内的家庭出现天灾人祸时,也往往能够从中得到援助,渡过难关。我在田野调查中发现在侗族地区确实有不少的"公山","公山"主要包括风水林、庵堂山、庙宇山、寺院山、款山、家祠山、清明山、渡口山、桥梁山、耕牛山、学堂山、纪念林以及汉族进入侗族地区后的"同乡会山"等。每一种公山都有专门的用场和管理者,如"清明山"和"家祠山"的收入是一个家族用于在清明节扫墓和六月六"晒谱"等全体家族成员活动时的费用开支。

自古以来,侗族村民像全国的农民一样缺乏来自政府的保障,土地制度的性质决定了政府对农民提供的生存保障程度。新中国成立后,农村经过土地改革,在没收了社区内封建地主土地的同时,也没收了家族或村寨的各种共有土地,建立了土地公有制,农村土地实现了国家和集体所有制。有人认为这就从根本上为农民提供了天然的保障,是农村社会保障的最基本的制度,为社会稳定提供了"安全阀"。甚至认为中国目前的均分土地为特征的平均主义农地制度在为农村人口提供社会保障方面,不失为对现金型社会的一种有效代替。① 在社会经济变革的过程中,政府将这些社区村民共享的资源要么收归国有,要么分摊到个人,取消了社区内部的共享资源制度。社区不再拥有公有资源,因而就再也不能为确实需要帮助的村民提供有效的援助。同时由于在社区内部没有了村民共享的资源,社区在进行各种社交活动和宗教

① 刘兆发:《农村非正式结构的经济分析》,经济管理出版社 2002 年版,第 131 页。

祭祀活动时，村民们都不得不从自己的收入中扣除一部分或者是村民在考虑他们的生计活动时就必须将这些社区习惯性开支考虑进去。这样一来，在社区内那些处于贫困的村民，有时由于不能支付这些社区习惯性开支，就不得不被抛弃到社区活动之外。这些被社区所“抛弃”的村民，日益变得冷漠，逐渐地变成社区边缘人。他们有时做出越轨行为，这些村民的出现，成为社区一个不稳定的因素。我们通过对侗族地区土地所有制变更对村民生计方式影响的分析，发现所有权的模糊与混乱也成为侗族人工营林业发展的障碍。

在侗族林地产权的历次变更中，一直没有分清经营者、获利者与法律负责者的权力与义务。在我看来每一次变更，侗族林地产权就模糊、混乱一次。在50年代初期，在延续过去“公山”作为集体所有外，其余的均为国家所有与私人所有。其实这里的“公山”归集体所有，实质上仍然归家族或家族—村寨所有，这里的“集体”是十分具体的。但后来，进入高级社、人民公社以后，确立了“三级所有，队为基础”的三级所有的制度。在这种制度下，产权界定不清，由此带来了两个方面的弊病。[①] 首先，三级所有就是使人民公社内部存在同一资产的产权有三个所有者主体的现象。公社可以用一级所有和一级政权组织的名义无偿使用生产大队和生产队的生产资料，大队也可以用一级所有者和上级行政组织的名义无偿调拨生产队的资金与劳动力。公社与大队两级所有的生产资料，名义上还属于该公社与大队的社员所有，但社员却无法从这两级经济组织中获取任何经济收益。其次，人民公社把生产资料的所有权、占有权、支配权和使用权都集中在集体经济组织手中，而集体经济组织又实行“政社合一”的制度，使其实际上成为国家行政机关的附属，这样就使作为基本核算单位的生产队在产权关系中基本处于无权地位。由于生产队没有自主权，有实行集中经营、集体劳动，以及对社员其他方面的种种约束，使得社员群众

---

① 参见高富平：《土地使用权和用益物权——我国不动产物权体系研究》，法律出版社2001年版，第376—377页。

更加处于无权的地位。森林产权虽然法律上规定为国家所有,但实际的森林资源支配权却在各级地方行政机构手中。

侗族社区的生计方式在近半个世纪的社会经济变革中,逐渐减缩了村民生存安全阀。我们在田野调查中看到,以往为村民们提供副业机会的地方手工艺和贸易市场都遭到了巨大的破坏,哪怕在交通十分闭塞的山区村寨也是如此。他们在面对大都市的大规模的专门化的生产或进口商品,地方性的纺织品、手工艺品、家用品、农贸市场正在萎缩。生计方式选择方案的减少,使得侗族社区的生存安全阀也受到极大的限制,这给村民的家庭生活带来了巨大的影响。

因为这种致使侗族村民生计方式选择方案减少的原因来自外部的社会环境,这种社会环境的力量又是侗族社会无力抗拒的,而这种破坏力的作用又是持续的过程,这样给侗族社区造成的灾难就会比自然环境的破坏力更大。它是难以靠侗族社区原有的社会交换体系来对社区成员进行保障的,从而也将使得原有的生计制度解体。随着生计制度的解体,生计方式的改变,在文化网络中与生计相关的文化因子也将发生变化。至少有五个方面的影响:一是越来越多的村民面临新的不断变化的环境或不安全性环境的威胁,在传统农业产量波动的风险之外,又增加了村民收入的变动性。二是对于大多数村民来说,它正在破坏着社区和家族分担风险的保护性功能。三是它正在减少甚至取消了许多传统的生存"安全阀",即以往帮助村民们度过荒年的许多辅助性职业。四是从前为生存危机承担部分风险的社区"大人物"开始将自己的资源通往市场,分担社区风险的职责和义务正在消减,造成社区内贫富分化日益严重。关于这一变化,我们从近50年来的林业政策的改变对侗族生计所造成的影响就可见一斑。

因为事物的本质是这样规定的,社会生活的本身既然必须有所组织,国家就表现出一种倾向,把一切具有社会性格的组织活动全都吸收到它的身体里来。但是,国家并不能有效地去组织公民的细密的日常生活。它和大多数的公民在地理上相距很远,它的活动必须限于具有一般规律性质的事务上。人和人之间积极的亲密的合作这种活生生的实体必须永远处于政治控制之外。① 事实上无论正式组织与制度怎样完善,它都难以为社区共同体成员的生计活动提供一个全方位的生活保障体系,也不可能是生计领域的唯一有效的框架。相反,无论是社会成员的生计保障需求,还是经济活动的利益追求,非正式的、特殊的人际关系都将在特定共同体内部有着不可替代的功能。

如果文化提供了许多有益的生计知识,能够满足在一定生活世界中出现的理解要求和生计的成功,使得社区共同体内部十分统一了,以至于在同一的生活世界中出现的生计方式合作化要求获得了满足,那么,这种社区生计方式协调的过程就使得个人或家庭的生计活动具有了或从属于社会性,使得这一社会性在通过社会统一过程中成了社区共同体的道德义务,在生计方式的运作中又成了文化价值的重要组成部分或核心部分。

从人类的经济需要来看,人们在经济活动中为了阻止非共同体成员分享共同体所拥有的自然资源或由共同体成员所创造的财富,总需要采取特有的形式来对共同体的利益进行保护。人们最初是以血缘关系所构筑的"自然制度"或社区共同体来提供经济活动的保证条件的。但是,随着共同体经济活动的不断扩展,以血缘关系为核心的相连的不同共同体成为互为依存、互为补充的依靠时,在不同的社区间就提出了财富生产与分配中的利益分割问题。于是早先建立在以血缘为基础上的自然共同体在经济生活中就显得不合时宜了,在这种分离性的发展过程中,使人们跨越了直接的自然血缘关系,开始建构起更为广泛的地缘关系或是家族—地缘关系。通过这种间接和混合的又是更为广泛的社会关系的认同,来构筑起社区共同体及其社区共同体利益的制度体系。也正是这种社区共同体的形成及其相关社会制度的安排,为民族的

① 参见《费孝通译文集》,下册,群言出版社2002年版,第19页。

认同建立了广泛的社会基础，但是，这种认同的选择仍然是建立在不同社区共同体对自身经济权益的承认、保护和发展的基础上，从而使得这种认同被置于一种十分有限的利益框架内。

图 5-4　村寨的土地庙

社会学的研究已经显示：一种社会秩序都是立足于一套为社会成员所共有的有关社会行为的价值观、取向或规范的基础上，它们构成了所谓的集体意识。正是借助这个集体意识，分离的个人才被社会化，才能融入社区生活中，适应社会生活。在这其中我们也同样可以看到，人们在面对复杂的自然环境与社会环境时，可以作出各式各样的乃至千差万别的选择，并且人们在进行这种选择时总会表现出巨大的创造力，也正是这种选择的差异性与创造的独特性，使得人类社会发育并形成了无以数计的制度。然而，不论这些制度有多么的不同，但对于特定文化下的共同体来说都有其存在的理由和合理性。对这种现象的认识,我们从侗族社区网络关系的建立与生计制度的安排过程中就会得到充分的说明。尽管在侗族社区内往往还有更为基层的生活单位如房族、亲族、家族甚至邻里等,但社区生活的整体性在整体上基本是通过村寨—家族的集体祭祀、集体节庆与集体互拜,以及社区组织、乡规民约和互助习俗而得以实现与保持的,这种村寨—家族社区生活的整体性、同一性以及社区归属感常常表现得十分突出。

为强化村寨内部的团聚,侗族群众创造了许多独特的制度与风俗。在侗族社区内广泛存在着“一家建屋百家帮”。在村民建房盖屋时,除了专门的木匠师傅是要付一定的现金和实物报酬外,社区内的成员都有义务前来帮忙,来帮忙的时间长短不限,这都是自愿的,凡来帮忙者还需自带劳动用具,主家只供给帮忙者的伙食而无需付额外的报酬,但主家要记住别人前来帮忙的情况,到时遇到别人有需要帮忙时,也必须以同等的劳动去帮助他人。在侗族村民中如有婴儿出生,全寨的每个村民都要为新生婴儿栽上一棵杉树表示祝贺,待18年后,孩子已长大成人时,杉树也已成材,可以作为他成家立业的基础。农业生产有季节性,有很强的节令要求。同时,庄稼的栽种、灌溉和收割等劳动活动需要在短时间内同时完成,这种劳动仅靠单个家庭内的成员是很难完成的,所以在农忙季节,在社区内自然组织成换工的方式。村民间彼此帮工互助,有的是以工还工,今天你帮我,明天我帮你,相对稳定;有的是以工钱作报酬,这主要是田地多少不对等的互帮户之间常用的方法;有的是供伙食,另外再给一些实物;若是贫者帮富户的,也可以以秋收时的粮食作为报酬支付。这些互助活动所给的报酬,根据季节和劳动时间、劳动性质和劳动强度等的不等而有所不同。村民在人工营林中更是大规模的换工,因为营造林木和砍伐林木都必须是大面积进行,其劳动力的投入靠单个的家庭无法完成。因此,在村民中换工最多的就是在林业的经营中,这种劳动强度也特别大,村民们一大早就离开村寨,直到天黑才回家,午饭都是由家庭主妇送到山上。这类换工除了以工换工外,多是要付给报酬的。在村民中薅油茶山和拣油茶籽也要采取换工的方式,集中时间完成。

在侗族社区的生产性劳动除了表现为以换工为主的相互协作外,对资源和财富的利用与分配也是相互协调的。这主要表现在水资源的分配和各种公共设施的建造与维修上。在侗族社区由水稻种植所必需的水资源分配和管理,也构成了生计方式的重要方面。在侗族社区因为长期种植水稻的需要,各地普遍有人工挖修的水利灌溉系统。侗族地区中有很多带“洞”或“峒”、“平”或“坪”“溪”的地名,这些带“洞”的地名,按照侗语来解释,就是指同一水源的小灌溉区,而分享同一水源进行稻田耕作的人们大都是同一家族的成员,这种以共享同一水源组建成的村寨聚落便构成一个“洞”,把“洞”多记为“峒”。在水源比较紧张时,按照侗族社区的规则,先要满足最先开辟的老田,然后才将水供应新开的稻田;先要满足离水源最近的稻田,然后顺着稻田一丘一丘地往下供应;先要满足稻谷的水,再供应鱼塘的水。正像村民的款词所说的,讲到塘水和田水,咱们要遵照祖宗的规约办理,咱们要按照父辈的规矩办事。

> 水共一条沟,田共一眼井。上边是上边,下边是下边。只能让上边有水下边干,不能让下边有水上边干。沟尾没有饭吃(因为干旱无收),沟头莫想养鱼。如若哪家孩子,偷水截流,破塘埂,毁沟堤。他私自开沟过山坳,他私自引水过山梁。害得上边吵,下边闹,这个人拿来手臂粗的木棒,那个人拿来碗口大的石头(指械斗)。相打抓破了耳朵,相推碰破了脑袋。这个人皮开肉绽,那个人血迹斑斑。这个人指桑骂槐,那个人点名道姓。这个人挽起衣袖,那个人卷起裤筒,人人都修起挖不平的田坎(指各方都记下了深深的冤仇)。咱们要让水往低处流,咱们要让里往尺上量(指要规矩办事)。要让他的父亲出来修平田坎(解除冤仇),要让他的母亲出来赔礼道歉。

如此一来,在侗族社区的水资源分配与利用方面建构起了一套可以遵循的规则,这套规则在今天的侗族社会中仍然在发挥着功能。

由于山间坝子的稻田有限,导致了侗族村寨的聚落规模不可能像汉族地区那么大,人口也不可能那么密集。为了有效利用有限的水田,侗族村落一般多建在山麓,依山傍水。由于侗族按家族聚居的社会原因,内部偷盗不多,在村寨内没有防盗设施,却有一整套惩戒偷盗行为的规则。

如若那家孩子,鼓不听槌,耳不听音。上山偷套上的鸟,下河偷钩上的鱼,进寨偷鸡,进田偷鸭。偷瓜偷茄,罚一两一(银子,下同)。偷鸡偷鸭,罚三两。偷根烟袋,罚一两二。偷桃偷李,只是挨骂。偷鸟,每只罚六钱。偷蚱蜢(蝗虫,是侗族的蛋白质主要来源之一),只需赔油盐。青年煮粥偷韭菜,小孩煮茶偷南瓜(侗族青年男女有夜间行歌坐月时共同煮粥和油茶的习俗),这是传统,不罚不骂。这条罪轻,这面罪薄,这种事情不用调查。大缸用来酿酒,小碗用来量酒(指区别对待)。这种小事,早晨发生,晚上断清。哪村崩田哪村垒,哪寨滚牛哪寨剥(指各村自行处理这类案情)。如若牛角抵下,羊角抵上,撑杆插眼,堆石拦路(指犯者不服,处罚遭到抗拒)。那就要上十三款坪,那就要上十九土坪(指交由当地款组织公开审理),便要加倍处罚。对于那些偷粮食、偷鱼以及金银钱物者,咱们要搜寻蚂蚁的足迹,咱们要理清水獭的脚印(指要仔细侦破)。因为偷盗者抬脚必有路径,展翅也有声音。咱们要当场抓到手,当面查到赃。要用棕绳套他的脖子,要用草索捆他的手脚。拉他到十三款坪,推他进十九土坪。并且还要抄他的家翻他的仓,倒他的晾(侗族晾晒和存放粮食的专用房子)。要让他家门破,门槛断,抄家抄产,抄钱抄物。天上不许留片瓦,地上不许留块板。楼上让它破烂,楼下让它破碎。把他的屋基捣成坑,把他的房子砸成粉。让他的父亲不能住在本村,让他的儿子不能住在本寨,赶他的父亲到三天路程以远的地方,撵他的儿子到四天路程以远的地方。父亲不许回村，母亲不许回寨。去了不许回村，转来也不许进寨。

这等于是对这一家人判处了“死刑”。

也正是由于侗族社区规约的权威和执行的严正公平，使得侗族社区内不少村寨至今仍保持着道不拾遗、夜不闭户的太平景象，使当地侗族村民在生产、生活、社会交往等方面都得以正常进行。在他们的社会中，锁是没有用的。山上的牛、圈里的猪、笼里的鸡、河里的鸭、塘里的鱼、田里的稻、家里的财物都是各有其主，任何人也不会取其分外之物，以至于把储存粮食的晾禾架、粮仓都架在村内的鱼塘上，而无须放入室内，把储存粮食的禾架或禾仓建在鱼塘上，不是防偷盗，而是防老鼠或火灾。但在村外则严设防御，建寨必须建立寨门，村民们对寨门是十分看重的。寨门除了能起到防御作用外，还具有深刻而重要的象征性。村民有俗话说：“山有山规，寨有寨礼”，寨门习俗就是侗族寨礼的主要内容之一。过去每逢瘟疫横行，村民要在寨门上置寨标（利刀或草），表示拒绝寨外生人入寨；寨内村民举行萨坛（圣母坛）安殿与祭祀仪式或在禳灾期间，村民也要在寨门上悬挂寨标，禁止生人入内。来人一旦见到寨标，而真有要事，则必须在寨外呼叫，得到村民允许后方可进寨。[①] 客人来访，也常在寨门设歌卡，唱拦路歌以表示欢迎。拦路歌常以祭寨或祭祖为由向客人盘问，歌词有“为保全寨的安宁，莫怪我们来拦路”。村民们还在村寨四周设栅栏，村民们叫“更采”，就是围寨，即在村寨周围插上木桩，缠绕刺藤，筑起一道难以逾越的栅栏。侗语中还有“更困”，就是堵路，即是在通往村寨的交通要道的关隘处，用石头和树枝作栏，作为村寨前沿的防线。这种设施也只是特定时期的产物，或是在特定时期才发挥作用。在平常只是一种村寨安全的象征。

由于侗族长期在十分有限的山间坝子从事稻作农业，为了有效地利用山

① 参见郭长生：《侗族的“打标”习俗》，《民族研究》1982 年第 6 期。

区稀缺资源,侗族采取了聚族而居的生活方式,形成了家族—村寨的村落结构。这种村落结构使得侗族社会形成了在内部极为协调统一群体意识,而对外却具有极强的竞争意识。这种社会生活方式的形成是取决于对稀缺资源的保护与利用。侗族内部协调的群体意识主要表现在重视群体,强调个体归属群体,个人的存在与所属群体休戚相关、荣辱与共,个人脱离群体是不可想象的。因此,在侗族社会中,个人被逐出村寨或被村寨村民孤立,乃是最为严厉的惩罚。侗族社会存在的"补拉"组织存在的终极意义就在于团聚本家族成员,要构筑一个像"鱼窝"团聚着大大小小的鱼一样的家族社会。因此,当本"补拉"的成员被外族人造成严重的人身或物质上的侵害时,所属"补拉"的任何一个成员都有集体复仇的义务,"凡伤害个人,便是伤害了整个氏族"①。

第三节　生计方式的文化逻辑

各民族的文化对该共同体成员的经济行为会产生巨大的影响。在具体的现实经济生活中,诸如对食物、住房和休息的基本要求,所有这些是由几乎与基本生理需求无关的考虑决定的。与此相反,这些选择都会取决于该民族的社会经历,而这些社会经历正是该民族应对的自然环境与社会环境所赋予的内容。对于一个民族的经济增长来说,与该民族的文化对所处自然环境与社会环境的利用程度密切相关。随着文化在一般进化与特殊进化的双重作用下,对生存环境的利用在不断地深化,使得原来制度安排中的一些要素变得过时,不能在经济过程中与自然和社会的交流获得更多的财富与服务,或者说是在这一过程中其交易成本在不断地扩大。在这样的背景下,一个民族的文化就会对原有的经济制度进行调整,在文化的整合过程中创建全新的经济制度。

经济行动是社会行动的一种形式,经济行动是被社会地位定位的,经济制

① 《马克思恩格斯选集》第四卷,人民出版社 2012 年版,第 98 页。

度是一种社会建构，因此，它无法与社会赞同、地位、社会性与权力等因素分离开来。也正如吉登斯在研究了人们对资源利用的经济行为后，把资源划分为两种不同类型，即配置性资源与权威性资源。配置性资源是指对物体、商品或物质现象生产所控制的能力，权威性资源是对人或者说行动者生产控制的各类转换能力。[①] 当把一种经济行动作为一种社会行动的方式存在时，其经济行动就不仅牵动配置性资源，而且必然要牵涉权威性资源。事实上，人们的经济活动就是在不断地调节、重组配置性资源与权威性资源，使得经济行动在文化的网络中与其他的因子联动，以实现效能的"最大化"。"人类行为不能被条块分割，这种条块分割认为人类行为有时基于最大化，有时不然；有时受稳定的偏好驱使，有时任随意的动机摆布；有时需要最优的信息积累，有时则没有这种积累。相反，所有人类行为均可以被视为某种关系错综复杂的参与者的行为，通过积累适量的信息和其他市场投入的要素，他们使源于一组稳定偏好的效用达至最大。"[②]因此，最大化也并非总是经济行为，而是在特定文化环境下的经济行为所能追求和可能实现的最大化。建立在特定文化背景下的理性选择，是行为者在既定的文化框架内来解释周围的世界或接受信息反馈，进而在文化的"弧段"内不断地修改和纠正自己的行为。

在民族经济活动中，经济是与其他种种社会因素交织在一起表现出来的，因而它在特定环境下并不仅仅是按照一定的经济目的而采取明确的直接合理的行为。不仅市场的交易物品与民族文化紧密相连，就是交换行为也是民族文化的具体体现。这是由于一个民族的文化在该民族的总体结构中承担着消费、协调人际关系、组织社会财富、规约社会物质的再分配等社会功能。无论哪一个民族，尽管他们有着种种看似离奇的行为，但这些行为实际上都是人们在自己居住的社会环境与自然环境作用下为保障物质和精神供给所采取的特

---

① 参见安东尼·吉登斯：《社会的构成》，李康、李猛译，三联书店 1998 年版，第 99 页。

② 加里·S.贝克尔：《人类行为的经济分析》，王业宇，陈琪译，上海人民出版社 1995 年版，第 19 页。

有方式。实际的经济行为在具体的文化背景下，是依赖在文化中的角色的形式来进行组织，因此在这一过程中并不仅仅是非经济行动通过角色标准介入经济行动的组织，而是它们共同处于一个价值系统之中。在这一共同的价值系统中，行为者既不可能脱离特定的文化背景采取行动、作出决策，当然也不可能是文化规则的奴隶，变成文化的编码，而是在具体的动态的文化关系制度中追求目标的实现，使得该民族的文化与其经济活动总是处于相互协调和融为一体。

图 5-5　村民去做客

理性行为，在经济学理论中是使用频率最高的词汇之一。理性使经济行为具有某种规定性的形式，表现为人们在既定情况下怎样合乎理性地行动，是以对追求自身利益的推断来表示的。其起源可以追溯到亚当·斯密（Adam Smith），他的《国民财富的性质与原因的研究》出版之后，政治经济学的研究就建立在理性“经济人”的假设基础之上:假定每一个人都在追求自己利益的最大化。“人是理性的”,所谓理性,经济学家指的是当个人在交换中面对现实的选择,他将挑选“较多”而不是“较少”。按照西蒙(Herbert Alexander Simon)的定义,“理性指一种行为方式,它是指:(1)适合实现指定目标;(2)而且在给定条件和约束的限度之内”。目标可以假定是效用函数期望值在某一时间区域上的极大化形式,也可以假定一些意欲达到的准则。条件和约束可指抉择者自身的主观特征。[①] 西蒙进一步把理性区分为完全理性、有限理性和直觉理性。完全理性基本上就是新古典主义的理性假定,认为人具有完全的理性的能力,对面前的一切都可以做到深思熟虑,不仅对自己的能力完全了解,对客观的外部环境也可以做到完全把握。所以,对目标、行动及其结果都能给予一个合理的预测。直觉理性是人们凭借直觉得到的认识,是通过经验的储存而获得的一种基本判断力。而有限理性是介乎于完全理性和直觉理性之间的一种中间程度的理性。在具体的现存实际中,他们都强调决策者在其技能、知识和习惯思维方式的范围内决策才合理。这种管理目标的提出都是主观的,不仅由社会化个人价值体系、社会阅历和知识面所决定,还由社会化的个人的技能、兴趣范围和习惯的操作方式所决定。在条件不确定的情况下,决策者往往倾向于一种冒险行动,并且只要可能就会求助于传统的或习惯的选择。所有这些行动的选择方案都是由于人类所处环境的制约和人类自身能力的限制,他们不可能知道全部备选方案,不可能把所有的价值考虑统一到单一的综合性效用函数当中,也无力精确计算出所有备选方案的实施后果。

人类在经济过程中经济行为肯定还存在着其他一些动因,而自身利益仅是个人想要追求的各种事物中的一个,因此,那种认为自身利益最大化的假设就显得过于狭窄。虽然个人自身利益的极大化者在一群有各种动因的人中通常会做得相对较好,但是最为重要的是当对不同组分的生存进行比较时,强调

---

① 参见赫伯特·A·西蒙:《现代决策理论的基石》,北京经济学院出版社 1989 年版,第 3、4 页。

价值而不是仅仅强调自身利益极大化的组分实际上很可能做得更好。现在不论是在经济学界还是在社会学界、人类学界,研究成果都已经充分显示,经济上的成功常常更多产生于这样的文化,这些文化因为注重的价值强调行为的规范,与个人私利不断极大化的规范十分不同。社会规范和个人行为之间的关系是一个十分复杂的领域,自身利益极大化的简单假设,或简单的表面上的"一致"模型,就不可避免地忽视在特定文化环境下的个人——社会关系的重要方面。因此,那种认为经过理性模型达到实际行为的整个计划,本身在方法上就可能存在着相当大的问题。

实际上,就理性行为模型所把握的理性本质的能力而言,在其背后有着大量复杂的哲学问题。仅仅有选择的内在一致性对理性是不够的,也不能将自身利益极大化看作是唯一符合理性的,而追求其他目标,如公益精神、利他主义、群体意识、群体团结等就不是理性的。更为艰难的是为理性发生另一种供选择的结构,该结构就把握人类选择中理智所要求的东西这一目的而言,被认为是令人满意的。到现在为止,人们对这个问题的考察还很不充分,在很大程度上仍是一个悬而未决的问题。①然而,就在经济学界还没有对人们的经济理性行为进行全面的认识并作出科学的论断之前,在社会科学研究中一股无限制的向自然科学靠拢的潮流已经荡起,尤其是在经济学界,数学方法与公式在没有被正确理解其使用范围的情况下已被到处滥用,以至于经济学几乎成了应用数学的一个分支,无须联系现实社会就能成功地从事研究。

"今天世界范围内通行的数理经济学只是在过去的半个世纪之内就变得如此显要,而在这之前的经济学反映的是民族文化的明显差异,并且与时间和地点等条件的差异密切相关。只是在过去 50 年才出现了一种世界范围的单一的大众文化,并且在与其他因素共同作用下,接受数理经济学之风横扫世

① 参见约翰·依特韦尔、墨里·米尔盖特、彼得·纽曼编:《新帕尔格雷经济学大词典》第四卷,经济科学出版社 1996 年版,第 73—79 页。

界，影响所及，将特定的时间、地点和国民差异都抽象掉了。”[1]这正像罗宾逊所指出的：“经济学绝不是一门‘纯粹’的科学，而不掺杂人的价值标准。”[2]尽管经济化分析揭示了人类价值最大化追求，但在这种追求中，人们并不是可以随意自由的，而总是在其经济过程中要受到文化网络的牵制，这意味着人们在特定的文化环境下使共同的价值标准通过制度化而得到确立和稳定化，使个体的评价与选择行为在更大范围内得到同一性的关联并凝结出共同的社会价值目标，激励该文化背景下的人们共同对经济与社会的发展作出相应的贡献。所以，在特定文化环境下的经济发展，“最大化”只能是特定文化制约下的“最大化”，“节约”也只能是特定文化环境下的“节约”。

“经济”（economy）一词源于希腊文（oikonomos）。从词源学的角度来看，是指家庭管理术，意为通过家政管理使自己的资源主要包括土地和奴隶来获得更多的财富，指明了一个需要谨慎且节约管理的特定领域，也即是一个家庭如何在给定的资源条件下实现效益最大化。从本质上说，经济就是一种生计策略或生计方案。到17世纪后，这种家政经济管理被扩大到国家经济管理，形成了一门专门为了解决在他们看来植根于当时当地历史条件下的稀缺所引起的一系列问题。因此，“经济”也就赋予了“节约”和“最大化”的含义，它同时也反映了人们在稀缺性资源在被节约或最大化过程中如何进行选择的原则。经济学是研究为满足各种需要而分配稀缺资源的研究。人们要对有限的或者说是稀缺的资源、手段进行选择，以将其分配、应用到最有价值、最需要的目的上。因此，经济学只是致力于分析人们是如何进行理智选择等“经济化”的行为，但经济人类学却是在此基础上关心和描述特定人们共同体在具体环境下的人们的真实行为，还关注技术水平、社会制度和环境等许多因素，而经济学家的研究兴趣相比之下要狭窄得多，只有在很少的情况下，如当环境、社

---

① 亨利·威廉·斯皮格尔：《经济思想的成长》，晏智杰、刘宇飞等译，中国社会科学出版社1999年版，第5页。

② 琼·罗宾逊：《现代经济导论》，商务印书馆1982年版，第5页。

会制度等因素对经济发生明显的作用时，经济学家才会去考虑具体文化中的相关要素，而且在考虑这些要素时，也往往是把这些文化要素视为相对独立的因素去加以分析，极少把文化因素与经济因素作为一个共生关系去处理。我们认为经济学可以在经济人类学的研究方法中获得可供借鉴和启发的东西，可以使经济学家在进行人类的经济活动分析时，能够对具体的社会文化背景有更深更全面的理解。

因此，我们认为在对特定民族的经济生活进行分析时，不能把以往的多种经济学模型乃至经济学理论视为教条。因为这些经济学模型和经济学理论所反映的也仅仅是一般的伦理价值标准或价值判断。这也正像所谓经济发展和现代化这种观念仅仅是人类潜能的实现的合理目标一样，但这一合理目标在不同文化下的各民族中会有不同的要求和取向。也正因为如此，人类已经走过的经济发展道路并不是千篇一律，而是无限多种，而今天人类所走的经济发展道路也是千姿百态。在经济发展过程中所体现出来的价值标准或价值判断，如经济与政治的平等、消除贫困、普及教育、提高生活水平、民族独立、机构现代化、参与政治与经济活动、强化民主、自力更生和自我发展等这些概念与目标，在不同文化背景下的不同民族就会有不同的要求。因此，要区分它们的合理性与不合理性，从本质上看是特定文化上的价值标准和价值判断。

我们将这种产生于特定文化作用下的共同体成员的内生性偏好，纳入效用最大化的研究方法中并加以扩充，对于我们进一步解释经济过程中的一系列“理性”行为，包括习惯的、社会的和政治的行为都是非常有效的。贝尔克认为：“没有别的任何建立在‘文化的’‘生物的’或者‘心理的’力量基础上的研究方法，能够具有与这种方法同样的深入思考和理论上阐释上的权威性。”①然而新古典经济学认为，人的经济行为不是一种习惯或惯例化的行为，因为他们的分析是基于人的理性的计算。但事实上，人们不可能对每一个决

① 加里·S.贝尔克：《口味经济学分析》，李杰、王晓刚译，首都经济贸易大学出版社 2001 年版，第 5 页。

策进行合理的预期,因为信息是不完全的,未来是难以预测的。新制度经济学派则承认古典经济学的理性人的假设,同时通过稳定的偏好概念将人的理性计算与习惯联系起来。习惯存在于交换的社会经济中,意味着一种信息,一种给定的信息,即对其他人,即交换对象的行为的预期,它告诉人们他的交易对象会采取什么行为。如果有人违背习惯,就会受到谴责,并为此付出代价,包括道德成本和经济成本。一个违背习惯的人会丧失信用,失去交易机会。[①]这样,习惯起着与合同相似的功能,尽管没有第三者的约束,但人们必须遵守它。因此,习惯是通过社会或团体内部自我实施的。

图 5-6　阳烂侗寨的水井

文化是人类共享的价值和偏好,通过家庭、同辈群体、种族群体、阶级和其他群体一代一代传下来。格尔兹(Clifford Geertz)曾经说过,我们不应当把文

① 参见高德步:《产权与增长:论法律制度的效率》,中国人民大学出版社 1999 年版,第 140—141 页。

化看作是具体行为模式的复合体,而应当看作是一套行为的控制机制——包括计划、配方、规则、指令等。与其他种类的社会资本一样,文化会随时间而变化,但是变化很慢——大体说来,文化资本的贬值率之所以小,原因在于这些"控制机制"并不容易被改变。个体对文化的控制要弱于对其他社会资本的控制,个体不可能改变自身的种族、人种或家族历史,并且在改变他们的国籍或宗教信仰上也有困难。由于改变文化会遇到巨大的困难,并且文化的贬值率很低,所以对于个体的整个一生而言,文化在很大程度上是"给定的"。社会网络一旦确立,人们基本上就失去了对社会资本生产的控制,因为社会资本的生产主要是由同辈和其他相关的人的行动所决定的。真正的选择是对伙伴以及他们生活方式的选择,也正像 Thompson、Ellis 和 Wildavsky 所认为的那样,理性的人们支持他们自己的生活方式。也就是说,是否理性取决于生活的方式——因此,不可能存在一个其行动对于每一个人来说都是理性的行动集。[①] 一个民族、一个社会、一个共同体,都拥有自己固有的一种深层的理念系统。各个共同体所固有的理念系统之间的差异,并不是单纯的历史发展过程上的差异。人类学家道格拉斯(Mary Douglas)认为,人们会对总的生活方式作出基本的选择。在每一种生活方式中,人们对个人资本的类型与数量作出选择。任何一种现存文化类型在很大程度上取决于个体的选择。

当然,人们所采取的行动会受到收入、时间、不完全的记忆、思考能力以及其他有限资源的限制,同时还会受到经济中及其他领域的可利用的机会的限制,这些机会在很大程度上是由其他个体和组织的个别及集体行动所决定的。共同的规则决定了不同的变量以及经历融入偏好的方式中,而这种偏好在大多数时候会起到激励大多数人的作用。并且,有远见的理性因素是通过偏好的作用,而不只是通过当前偏好的作用,从而将个体的效用最大化。之所以这样,是因为这些有远见的个体认识到,今天的选择会影响他们将来的效用。同

---

① 参见加里·S.贝尔克:《口味经济学分析》,李杰、王晓刚译,首都经济贸易大学出版社 2001 年版,第 17 页。

辈压力和习惯之间的相互配合作用表明,当习惯程度越深的时候,同辈压力会对需求的弹性产生更大的影响,同样的,当同辈压力增大时,程度更深的习惯会对长期弹性产生更大的影响。结果,由于习惯程度越深的时候,同辈压力对需求所产生的影响会越大,因而对习惯性行为而言,同辈的压力就更大了。也就是说,在相同文化环境的人们所采取的经济行为一般只会在文化容许的范围内摆动。"最大化"的倾向存在于人类社会的方方面面,如人们总是努力获取最大的利益、最显赫的地位与名誉、最真挚的友谊等,同时又总是试图将痛苦、失落等避免或减少到最小程度。他们认为波拉尼等实在主义并不是真正哲学意义上的实在论者,他们是沉浸在符合自己主观意愿的浪漫幻想之中,并没有真正透彻理解西方经济学原理,例如,他们不理解最大化原则不仅限于货币、市场的范畴,像人的感情、对安全的需要等也需要进行最大化的理性选择,而稀缺的资源、理性的行为等也并非是资本主义社会中的独特产物,在非资本主义的社会中也普遍存在。

这也正像本尼迪克特指出的那样:在文化中"我们必须想象出一道巨大的弧,在这个弧上排列着或由人的年龄周期,或由环境、或由人的各种活动提供的一切可以可能的利益关系。……作为一种文化,其特性取决于对这个弧上某些节段的选择。各地人类社会在其文化习俗制度中,都作出了这种选择。"①"任何社会都选择人类行为弧的某些弧段,就其达到的整合而言,其各种习俗趋向于促进它所选择的弧段的表现,并且阻止相反表现。但这些对立表现仍然是文化载体的某种性质的类似的反应。"②因此,我们在理解具体文化环境下的个体共同体行为时,不仅需要把他的个人社会史与其天资联系起来,因为个人生活史从特定意义上就是社区发展史,因此,还必须把它的同类反应与从其文化习俗中提炼出来的行为联系起来。

文化中的各种因素就是一套供人选择的项目,有些民族选择了这些因素,

---

① 露斯·本尼迪克特:《文化模式》,何锡章、黄欢译,华夏出版社 1987 年版,第 18 页。
② 露斯·本尼迪克特:《文化模式》,何锡章、黄欢译,华夏出版社 1987 年版,第 197 页。

并形成了自己特有的文化形貌,另一些民族选择了其他的文化因素,又形成别样的文化形貌。而不同的文化形貌决定了民族个性的形成,因而文化就会从此产生出它的性格特征,成为区别于其他文化的独特整体。在这一过程中,不同的家庭和亲属组织、生产关系和长期的非亲属之间的交换关系、统治与政治权力以及通过讲话操纵这些情况的能力出现了。也就是说每个人进入多种形式的关系、制造新的关系和新的生活方式的特殊可塑性产生了。"(人类)在他们存在的过程中,发明的过程中,发明了关于他们自己和他们周围的自然的新的思想和行为方式。于是他们创造了文化创造了历史(或者是大写的历史)。"[①]随着这些形式的出现,与之相关的因果关系也出现了:不光是生态的因果关系,也就是所有有机体得承受选择性的力量,而且是明显的人类的社会、政治和经济的因果关系。

在这一过程中,所有这些知识决定着人们在经济过程中的选择。这就是为什么从人类社会化开始,人们就已经用神话、道德、法律、禁忌、宗教和教义等来理解他们所处的环境和规范他们的行为,甚至到现在还一直这么做的真实原因所在。文化不仅是不同知识的混合,还包含对行为标准的价值判定,行为标准(社会的、政治的或经济的)被用来解决交换问题。在所有的社会里,都有一种正式和非正式框架建构人类的相互作用。文化不仅扮演塑造正式规则的作用,而且也对作为制度构成部分的非正式制约起支持作用。文化是人们习惯行为及行为结果的总体形貌。由于文化是一个社会所共有的价值观念、行为规范,个人要遵循文化的规则,才能生活在社会中。文化在经济过程中的选择具有决定作用。

人类的习惯是在特定文化下的习惯,人的习惯性行为之所以渗透到社会生活的方方面面,能够对经济行为产生巨大的影响,主要是因为每一个人都不是出生在一块空白的纸板上,而是出生在特定的文化中,在特定的文化中成

① 麦克尔·卡里瑟斯:《我们为什么有文化》,陈丰译,辽宁教育出版社 1998 年版,第 52 页。

长，他吃在文化中，睡在文化中。“个体生活历史首先是适应由他的社区代代相传下来的生活模式和标准。从他出生之时起，他生于其中的风俗就在塑造着他的经验与行为。到他能说话时，他就成了自己文化的小小的动物，而当他长大成人并能参与这种文化活动时，其文化的习惯就是他的习惯，其文化的信仰就是他的信仰，其文化的不可能性亦就是他的不可能性。”①于是在同一文化下的共同体成员几乎都具有相近或相似的社会经历，这些经历通过孩提时代以及其后的经历而不断地充实。孩提时代是在父母以及其他亲戚的照料下生活的，这些人的行为又是由特定文化所模塑的，这就决定了他们特定的文化背景下要去吃什么、干什么、观察什么，认知什么，以及如何去实施。因为“降生在任何社会的绝大多数个体，无论其所属社会的习俗有什么特质，正如我们已见到的，他们总是采取那个社会所需要的行为”②。由此所产生的对孩子偏好的巨大影响能够解释父母与孩子之间在许多态度和选择方面存在的紧密关系，包括宗教信仰、价值判断、伦理观念、行为准则与规范的趋向等。这种事实常常被其文化载体解释为，是由于它们的特殊习俗反映了一种根本而普遍的明智。这种解释是不全面的。其实，大多数人因其文化形式而受到塑造，是因为他们有着那种与生俱来的巨大的可塑性。面对他们降生其中的社会的文化模铸力，他们是柔软可塑的。这些经历部分地通过社区的习惯养成、显性行为与隐性行为以及传统，对少年时代以及成年后的欲望和选择产生影响。即使生活环境发生显著的改变，孩提时代和青年时代养成的习惯一般也会持续地对该个体的行为产生影响。孩提时代的经历能极大地影响一个人一生的行为，因为当环境改变时，试图极大地改变习惯可能是不值得的。于是在经济过程中，人们在追求最大效用的同时，就不能不受到在特定文化环境中培植起来的习惯的影响。在一个特定文化下的人们共同体内，即使是个人的习惯和迷恋甚至沉溺，在行为如何获取最大效用时，也同样要受到来自社区的压力，诸

---

① 露斯·本尼迪克特：《文化模式》，何锡章、黄欢译，华夏出版社 1987 年版，第 2 页。

② 露斯·本尼迪克特：《文化模式》，何锡章、黄欢译，华夏出版社 1987 年版，第 197 页。

如同辈的压力、父母的影响、传统的约束等。从根本上讲,效用更多的是取决于该文化下共同体成员的“偏好”,诸如健康、社会地位和名声、感官的愉悦等态度与看法,而所有这些态度与看法的形成则是其文化模塑的结果。从这种角度来说,人们的经济理性选择就是文化选择的一种具体表现形式。

一个民族的生计方式的形成与存在,是该民族在特定的自然环境与社会环境中,在历史进程中逐渐形成与完善的,对此我们已经在前文作了分析说明。一个民族的生计方式是该民族文化不可分割的一个有机组成部分,它是民族文化这个庞大系统中的一个小系统。可以说,一种民族文化就是由若干个这样的小系统有机结合而成。为此,要认识一个民族的文化,我们认为从构成民族文化庞大系统的各个小系统入手是可行的。作为民族文化系统中的各个小系统,它不仅具有自己的内部结构,同时构成内部结构的各要素也具有特定的文化功能,而且这个小系统不是封闭的,而是一个开放的系统,与其他各个小系统发生密切的联系,与其他各个小系统协调一致来共同维系民族文化的运作。因此,我们的目的在于通过生计方式,来探讨民族文化中的文化逻辑。

在人与自然环境的相互关系中,人口结构、社会组织、技术、环境等都是作为重要的构成因素包括在内的。获得食物的活动和人口的维持活动是有关人类生存的最基本的活动,特别是为获得食物的集团、活动、技术等总称为生计方式。这个生计方式往往是人口结构、社会组织、文化体系的结点。斯图尔德(Steward,J.H.)在详细研究地域集团的生计方式与生存环境的关系后,把与生计活动及经济组合有密切关系的一群特征性称为中核心文化,而除此之外的一律归入次要文化。[①] 斯图尔德的这种归类,表明了生计方式在民族文化中的重要性,但是由于在研究分析一种文化的生计方式在不同区域所表现出来的特殊文化特征时,采取的仅是技术—经济体系的基准,在文化与环境中有一

---

① 参见庄锡昌、孙志民编著:《文化人类学的理论构架》,浙江人民出版社 1988 年版,第 172 页。

个技术、资源和劳动三方面的动态的创造性的关系，换句话说，也就是社会生产组织，将生产与季节周期相适应，分配任务，协调劳动者活动的格局主要取决于当时所掌握的技术和要开发的资源，劳动格局反过来对社会机构，包括婚后定居形式、家庭模式、部落规模和驻地等发生影响。他认为人类生存中最重要的事就是从环境中获取生活资料，在其中资源是环境中的关键因素，人通过文化认识资源，通过技术获取资源。① 根据文化相关性的标准赋予了资源以意义，是生产活动为了组织文化，必须通过文化方式来分解生产活动。从本质上说，其理论是建立在工作活动之上，而不是建立在"制度或价值"之上，而活动中的理性则是在环境中产生的实际功效。因此，文化逻辑的原则乃是适应性利益原则，文化中的制度与价值并不能起到组织人类与自然的相互关系的作用，而是从工作情景中确立起来的关系的结晶而出现在这幕后来的场景中。② 而忽视了社会的、观念的因素，也没有对构成生计方式各要素之间的逻辑关系进行充分说明。也就是说，斯图尔德所忽视的是人们怎样把工作组织为象征过程的。象征过程既贯穿于生产关系之中，也贯穿于生产的最终结果之中，寻求文化的内在逻辑。他的这种研究方法，后来也遭到了众多的批判。

我们在分析一个民族的生计方式时，有了更多的理论准备，可以在审视前人研究得失的基础上，去展开自己的研究工作。既要看到技术—经济体系在民族生计方式中的价值，又要充分重视社会的、观念的因素对民族生计方式的作用。"文化是一个整合的系统，在一个特定共同体的生活中，每一个因素都扮演一特定的角色，具有一特定的功能。"③把生计方式纳入民族文化的整体中去加以分析说明，也只有这样，我们才能透过民族生计方式实践对文化逻辑进行全面的认识和把握。在特定的历史—环境条件下，一种文化就是一种与

① 参见墨菲：《文化和社会人类学》，吴玫译，中国文联出版公司 1988 年版，第 98 页。

② 参见马歇尔·萨林斯：《文化与实践理性》，赵丙祥译，上海人民出版社 2002 年版，第 120—121 页。

③ 参见拉德克利夫—布朗：《社会人类学方法》，夏建中译，华夏出版社 2002 年版，第 37 页。

自然和其他文化发生相互联系的开放系统。一种文化是由物质的、制度的和观念的三个子系统构成。一个民族的生计方式自然属于物质这一子系统，但是，它与文化体系中的制度的、观念的子系统有着密切的联系。要分析一个民族生计方式所反映出来的文化逻辑，除了要了解生计方式在物质生活中的价值外，也要了解生计方式在文化中的制度与观念系统的关系，这样才能透视生计方式实践中的文化逻辑。

一个显然的事实——无论对所谓后进的少数民族社会，还是对近现代各发达民族社会来说都是如此——物质方面并不能与社会方面脱离开来。但是在人们对这一现象进行分析研究时，似乎自然地得出结论，后进的少数民族社会的是通过占有自然资源来满足需要，而发达的西方各民族则以科学理性来实现自身在存在。正是因为人们对人类的文化人为地作了这样二元剖分——也就是把文化秩序分成拥有不同目标的次级系统。也就是说，每一个"次级系统"从一开始就只能使用不同的分析策略，分别运用物质属性和社会属性的术语，而且，也由此涉及不同目的论逻辑：一方面，是为了实际利益而如何与自然连接的问题；另一方面，则是如何维持人与群体之间的秩序。萨林斯也认为"西方文化的特殊性在于，过程在物品生产中的制度化以及过程在物品生产的制度化，相比之下，在'原始'社会中，象征性分化的场所仍然是社会关系，最主要的是亲属关系，其他领域的活动是由亲属关系中的各种关键差别组织起来的。它们之间的不同，一种是公开的、不断扩展的法则，通过不断地变换组合而对它自身筹划的各种事件作出反应，另一种则显然是静态的法则，它似乎对事件一无所知，但只拥有它自身预先的观念。"①然而这种分化与区别是按照我们自己社会提供的模式作出的，忽视了文化作为一个象征结构所具有的统一性和特殊性，并因此也就忽视了从内部加之于外部自然关系上的理性。

① 马歇尔·萨林斯：《文化与实践理性》，赵丙祥译，上海人民出版社2002年版，第273—274页。

但是,非常明显的是,仅仅从社会关系的背景中来考虑物品,错误在于把这种理性归于各种实用性,而且由此也不得不去判断一套需求是怎样反映在为了满足另一套需求的关系之中的——经济关系是为了满足社会需求,社会关系是为了满足精神需求,精神关系是为了满足经济需求。文化秩序统一性是由意义构成的,而正是这种意义系统确定了全部的功能性,也就是说,是根据文化秩序的特定结构和最终目的而确定的。比如说,生态作为在开发环境、满足生物需要的过程中的一系列限制条件、允许范围而进入文化运作之中,在那些条件和范围之外,这样构造起来的系统将无法运行。在自然选择之前,文化选择就已经出现了,即选择相关的自然事实。选择绝不是一个简单的自然过程,它产生于文化结构之中,通过其自身的特性和最终原因,文化结构确定了为其自身所独有的环境背景;也就是说,决定了有选择的力量究竟会具有怎样的形式和强度。自然界只裁决生存问题,而不关心具体形式问题。或者换一种形式来看,选择作为一种"生存力的限制",是一种负面的决定因素,它只规定什么事情是不能做的,但同时也毫无区别地许可(选择)任何可能的事情。就文化秩序的一定特性来说,自然规律是不确定的。就自然规律全部的事实性和客观性而言,自然规律与文化秩序的关系就是抽象与具体的关系:是可能性领域与必然性领域的关系,是业已给定的潜在性与一种实现状态的关系,正如生存与实际存在的关系一样。① 在利用自然时,自然的行动是通过文化而展开的,是作为意义的形式而出现。其中,自然事实采取了一种新的存在方式,作为象征化了的事实而存在,其文化衍化与结果受制于文化维度与其他类似意义的关系,而不是受制于自然维度与其他类似事实的关系。文化图式以各自的方式被占据支配地位的象征生产场所曲折变化了,正是这个象征性生产的支配场所为其他的关系和活动提供了主要的惯例。由此我们可以说到象征过程的首选制度场域,强加于整个文化的分类就是从这个场域中产生的。

---

① 参见马歇尔·萨林斯:《文化与实践理性》,赵丙祥译,上海人民出版社 2002 年版,第 270 页。

人们只能生活在特定的文化中,这是无可选择的,在这样的自然形式中塑造着特定的文化心境。文化不仅仅表现为实现人类目标的主要动力的媒介或环境,而且还具有借助主体来实现自我设计的目的。文化在实现自己意愿的时候也构造了这种环境的各种属性。文化作为一套意义秩序所起的功效也就充分得到体现。本尼迪克特在《文化模式》中分析了文化的定向逻辑(orienting logic),是把罗威(Lowie)所忽视的碎片集合起来,并把它们构成稳定的文化模式。在她的概念中,秩序是因为所有文化实践活动中都浸淫着可比较的意义与态度而产生的。她强调文化的整合运作,从而把环境与社会关系以及历史组织起来。埃文思—普里查德在《努尔人》中的整体观点,正是基于对社会建构方式的分析而沟通了生态的总体决定性作用与宗族系统的特殊的对立。社会后果并非来自自然的起因,一件自然事件被包容进文化秩序后,如果还没有失去其物质属性的话,其结果就不再按照由其属性规定的方式发生。文化结果不是自然原因的直接后果,在严格意义上,恰恰是一个相反的过程意义系统来源于物质系统但并不时时依附物质现实,人们体验世界的方式绝不是一个简单的感知过程。人类赋予意义的能力——作为意义体验的能力——营造了另一种世界,其意义和作用并不是由于其客观属性所决定的,而是由符号间的关系系统所决定的。涂尔干在《社会学方法的准则》中提出:"要把社会事实当作物来看待",这并不仅仅是一种实证主义的具体化策略。他之所以要强调社会事实的事实性(facticity),是为了避免用个人生产来理解社会事实:"因为任何真实的事物都有一种确定的实施控制的本质,即使我们能够成功地将之中性化,我们也必须把这一点纳入我们的考虑之内,而且这也是完全不可能回避掉的。"①涂尔干还提出了世界是由感情、观念以及形象构成的,它们一旦形成了,就会遵循它们自身的法则。它们相互吸引、彼此排斥,既统一又分化自身,而且生生不息,虽然根据深层的现实,这些结合形式并不

① 涂尔干:《社会学方法的准则》,狄玉明译,商务印书馆1995年版。

一定发生，也不是要必然发生。[①] 也就是说，社会构成了模型以后，人们的经验就是在这种模型中塑造形成的。因此，人们所知的世界必然是一个社会的世界——恰恰不是社会反映世界，而是世界就在社会之中。

人类生存环境的多样性，从本质上规约了居住在地球不同地方的人们的生活方式不可能整齐划一。人类生活方式的多样性既是一个客观的事实，又是人类活动的必然结果。人类为了谋求自身的生存与发展，在漫长的历史过程中凭借特有的智能和智能传递建构起了丰富多彩的文化，以对付千差万别的人类生存环境，去实现人类的生存、延续和发展，并求得人类的共同繁荣。文化的多样化，既是人类对付自然的结果，又是人类主观能动创造发明的产物。“文化成为人类的适应方式，文化为利用自然能量，为人类服务提供了技术以及完成这种过程的社会和意识方法。”[②]人类的文化在对自然环境和社会环境的适应过程中所形成的绝不只是一种文明，而是“类型”与“样式”极其多样的文明。也就是说，在特定文化规约下的人类生计方式也绝不是只有一种，而是无数多种，选择了一种文化也就是选择了一种生计方式。在这个意义上说，没有文化的多样性，没有多样文化规约的人类多样化的社会生活，也就不会有人类的今天和人类世界的繁荣。

“文化”一词源于拉丁语 Cultura，意为耕作、培育等，即通过人工努力，将自然界的野生动植物加以驯化培育，使之成为符合人类需要的品种。在英语中，农业（agriculture）一词就来源于文化（culture），“文化”意味着一种生活方式的总和，表现为特定的生计方式。它实际上涵盖了人类社会的全部生活内容。虽然后来 culture 一词又引申为把人类自己从自然本能状态通过教化、培育而成为有素养、有修养的人，但最初的作为代表特定环境下的生计方式的含义，仍然被保留在这个词的含义之中。

---

① 参见涂尔干：《社会学方法的准则》，狄玉明译，商务印书馆 1995 年版。

② 托马斯·哈定等，《文化与进化》，韩建军等译，浙江人民出版社 1987 年版，第 20 页。

图 5-7　盛糯米饭的波

按照马林诺夫斯基的文化理论，文化是为直接满足人们的生物需求而产生的工具（物质器物）和基本社会组织，以及维系这种制度和工具性存在的精神的或观念的形态。人们的这些需要导致文化的产生，文化反过来又满足需要。人类需求的整体性使文化也具有了完整的体系，以使它能够更好地满足人类的生存和发展需求。而在满足人的肌体的文化过程中，形成了“文化驱使力（cultural imperatives）”，包括器具和消费品的生产和保存的方式；行为的规范如风俗、法律、道德等；文化传承所需要的训练、教育和知识以及社会的权威形态和权威执行方式。这种“生计决定论笼统地将文化归结为人个体需要的衍生物，因此，他们在对任何的文化进行研究时，总是把人体需要当成解释复杂的文化现象的唯一理由。这种文化分析的方法，把‘文化’分裂成一系列的类别，然后，均将这些类别的文化要素，与人的生计联系起来，最后产生解释性的框架”。[①] 这种生计决定论或是人类工具性需要把现实解释为人的生物需要，在这其中，他们忽视了人作为社会的人和文化的人的本质，从而也就把人们的生计活动仅仅是为了满足个体的生物需要，把生计活动范围减缩为只是为了生存所必需的最低限度的食物和避所，以及获得这一最低量的手段，而忽视了生计过程中的诸多“非经济因素”。

地球为人类生存所提供的环境多样性使文化呈现出千姿百态。遍及全球的人类已经发现了具有各种特点的环境，每一种文化的形成部分决定于环境的影响，部分决定于原先的文化传统；而人类众多的文化总是处在不断地变更之中。在这变动的过程中，“任何文化都利用了某些选择过的物质技术或文化特质。一切人类行为分布的这个大弧，是如此巨大，又如此充满着矛盾，因而任何文化都只能利用其中重要的部分。选择是第一要求，没有选择，任何文化都不能取得让人理解的明晰度，而且，它所选择的和构成其自身的意向，要比它以同样方式选择的特殊的技术细目或婚姻形式重要得多。”[②]也正是文化的这种选择机制的作用，每一个民族的生计方式在文化选择的基础上呈现出各自的特点。这就是为什么相邻的民族处于相似甚至相同的自然环境和社会环境下，而他们的生计方式却并没有因此而呈现出本质的趋同性，尽管在他们的生计方式中相互之间有诸多文化因子的借入和输出现象，但他们在接受过程中都经过了自身文化的加工和改造的过程，使之与本民族的文化协调运作。

人类的历史已经证明，“文化的进步取决于提供给某些社会群体的向其临近群体学习经验的机会。该群体的发现会传播给其他群体，而且这种交往越多，学习的机会就越大。人类发展水平不同的关键是人类群体之间的接近程度。那些有机会与其他民族相互影响的民族是最有可能处于领先地位的。的确，他们是被迫这样做的，因为这样做既选择了机会，也选择了压力。如果

① 王铭铭：《文化格局与人的表述——当代西方人类学思潮评介》，天津人民出版社 1997 年版，第 87 页。

② 露丝·本尼迪克特：《文化模式》，何锡章、黄欢译，华夏出版社 1987 年版，第 184 页。

没有抓住机会,这种接近则包含着不断被同化或被消灭的威胁。"①也就是说,如果不同民族所处的生存环境相似或相同,那么民族之间的进步和发展的关键就在于各民族之间的可接近性。而那些处于闭塞状态下的民族,他们既得不到外来的促进,也没有外来的威胁。因而被淘汰的压力对他们来说也是不存在的,他们可以按原来的状况继续生活。但是,他们这种特化了的经济生活并不是世外桃源,一旦受到外来文化的冲击时,悲剧就可能降临到他们身上。美洲古代文明的消失就是最好的历史见证。

因为任何"一种文化种系发生演变的原物质来源于周围文化的特点、那些文化自身和那些在其超有机体环境中可资利用或借鉴的因素。演变的进化过程便是对攫取自然资源、协调外来文化影响这些特点的适应过程。"②如果说文化是人类适应环境的工具的话,那么各民族文化的发展便会随着环境(自然环境与社会环境)的不同,而走上不同的道路。"它们更大的差异在于整体定位的不同方向。它们沿着不同的道路前进,追求着不同的目的,而且,在一种社会中的目的和手段不能以另一社会的目的和手段来判断,因为从本质上讲,它们是不可比的。"③因此,各民族文化在适应不同环境所形成的特有生计方式对于特定环境而言是极其有效的。若是地球上的人类只有一种文化,其生计方式是无从选择的,全人类则只能按照同一种生计方式去生存,其后果是不言而喻的。对动物来说也一样,它们之间的差别越大,就越不容易发生争斗。在一棵橡树上,我们可以找到两百种昆虫,它们好像结成了邻里关系,彼此和睦相处。它们有的靠橡树汁为生,有的靠橡树叶为生,有的吃橡树的皮,有的吃橡树的根,它们分别以橡树的不同成分为生存对象。但是如果它们都属于同一物种,都只以橡树的皮或叶为生,那么这些昆虫是绝对不可能生

---

① 斯塔夫里阿诺斯:《全球通史——1500年以前的世界》,吴象婴、梁赤民译,上海社会科学院出版社1999年版,第540页。

② 托马斯·哈定等:《文化与进化》,韩建军等译,浙江人民出版社1987年版,第20页。

③ 露丝·本尼迪克特:《文化模式》,何锡章、黄欢译,华夏出版社1987年版,第173页。

活在一棵大树上的。人类也如此，如果人类都执行一种生计方式，都以小麦或水稻为生活资料，这种生产的单一化，消费习俗、消费方式的划同一化，必然会引起地球表面生态均势的失衡与破坏，而最终将毁掉人类生存的基础。因此，我们认为今天人类所面对的资源危机，从终极上讲正是人类单一消费方式导致的结果，而不是资源本身真正的短缺，是由复杂的经济、社会、人口、制度和政治条件造成的，其稀缺的界限是取决于人类的文化，稀缺是一个文化概念。自然资源本身具有多样性，就需要在人类文化多样性模塑出人类生计方式的多样性，人类生计方式的多样性也必然会创造出利用资源的多元化途径来。也就是说，人们一旦在特定的文化下选择了特定的生计方式，在不同文化的互动调适过程中完全有能力实现资源利用的多样化，这对缓解人类所面临的资源危机是大有裨益的。

人类的生计方式是文化的一个组成部分。根据新进化论学派的分析，不同的民族在控驭能量的数量上有差别，在左右能量及获取手段上也各不相同，而且所处的生活环境（自然环境和社会环境）也有差异，因而经济生活差异构成了各民族特征的一个方面，而且控驭能量是民族文化的物质条件的创造基础。随着文化的一般进化，文化在经济生活中能控驭的能量越来越大。于是，按照各民族的控驭能量的实际能力，可以将地球上所有各族划分成不同的类型，以显示其经济生活的发展等级，然而在因类型/等级的经济生活还会因特殊进化而产生手段、技能、利用率，控驭办法等方面的差异，又会造成其经济生活的样式差异。

在千姿百态的文化规约下，人类结成数以千计的民族，各民族的生计方式千差万别。这种差异不仅表现在控驭能量的水平上，还表现在人与自然之间物质与能量交换的物化形式及交换比例、交换规律、交换手段上。然而，人类的生计方式，不管从表面上看上去是多么的不同，但是它终究都可以纳入一个普同性的范畴，即人类社会凭借自身的文化运作规律，在物质和能量的自然运作中，实现人与自然之间物质和能量的交换，以满足人类生存与繁衍的一切需要。正因为人类的一切生计方式在物质与能量交换上具有普同性,因而能量控驭水平较高的民族,就可以靠部分降低效益的手段,诱使或迫使其他民族部分地按照它的生计方式去从事经济活动。

生计方式是民族文化的一个构成部分。文化的发展具有双重性,即世界上一切民族的发展进化是一般进化与特殊进化复合作用的结果,这两种进化方式方向各别、内容各异,进化创造成的后果也不一样,但对每一具体的民族来说,却可以同时兼具双重进化内容。[①] 具体说来,一方面,族群生计方式会按照一般进化的方向由低到高,出现等级差异,由此而造成世界各民族生计方式的不同类型[②]。不同类型的生计方式也会由于特殊进化的作用而表现为综合性、适应性的程度差异,这种适应性差异是由自然环境和社会环境所决定的。正是基于这些原因,我们认为各民族生计方式并不是千篇一律的,而是存在着类型差异和样式差异,也正因为各民族的生计方式存在着诸多类型差异和样式差异,才构成了人类丰富多彩的生活方式;也正因为人类的生计方式存在类型差异和样式差异,也才使人类在不同层面上不同层次地利用着地球资源。

通过上面的论述,我们已经知道民族之间的生计方式差异,并不简单地等于先进与落后、强大与弱小的简单直线关系,而是包括了类型与样式两种不同系统复合造成的综合性差异。因而,要确切地了解不同民族在生计方式差异上的实质,都必须进行类型与样式差异的综合分析,所得出的结论也绝不是先进与落后、强大与弱小的关系,而是利弊得失参半、互有优劣的系统性差异。基于这样的理由,在两个民族间单一凭一两个指标,任意地分割先进与落后、优越与低下,都无助于认识事物的本质。

为了正确地评估民族间生计方式的差异,当然得制定进行比较的统一的

---

① 参见托马斯·哈定等:《文化与进化》,韩建军等译,浙江人民出版社 1987 年版,第 19—31 页。

② 参见谭明华:《试论民族的发展极其度量》,《民族研究》1992 年第 5 期。

指标。指标制定的好坏,直接关系到这项评估能否反映事物的实质。以往不少人总是习惯用简单化地充满了民族偏见的指标,去衡量民族间的生计方式差异,得出的结论往往带有很大的随意性。客观现实提醒我们,由于民族间生计方式差异的复杂性,在比较两个民族生计方式差异的指标时,当然不能简单化,必须采用综合性的指标,进行系统分析,才能满足比较的需要。而且得出的结论只能就既定的指标度量范围而言,不能任意地引申,因而对于民族间不同性质的生计方式的比较,往往还得制定特殊的度量指标,才能满足实际的需要。

资源是由文化而不是由自然来界定,"'资源'概念预先就是意味着某个'计划管理者'在评估其环境对于达到一定目的所具有的作用"①。人类世世代代都在用文化模塑下的生计方式在探测、归类、评价和利用自然资源,人类的文化只有在对自然环境实体获得利用它的知识和技术技能以及对所生产的物质或服务有了某种需求以后,自然环境中的成分才能归为资源。因此,正是因为人的能力和需要,而不仅仅是自然的存在,创造了资源的价值。资源是文化规约下的资源,在一种社会中具有很高资源价值的东西,在其他社会和可能只是"中性材料"。虽然在个别社会中,对自然保护、景观的重要性或对河流和大气的质量,会有某些广泛认同的概念,但对特定的环境组分却不一定有一致的价值判断。对某一民族可能具有真正重要价值的资源,可能在别的民族看来可能是代价高昂的阻碍或者是毫不相干的东西。即使在今天,评估资源的方式也是千差万别的。在话语帝国主义时代,人类资源在很大程度上是按照发达国家的技术和需求来定义的。有幸的是,人类开始认识到,自然环境要素的文化意义在各社会之间是显著不同的,对那些满足各民族文化价值的各种资源,不仅与该民族的物质财富有重大关系,而且与该民族的精神财富也有必然的联系。

---

① Ciriacy-Wantrup, S.V. (1952) *Resour Conservation Economics and Policies*, Berkeley, Calif., University of California Press. p.28.

结语　民族志与“文化”的解读

要解读一种文化是十分艰难的，甚至是不可能的。作为一个民族志，其内在的要求就是试图去解读一种文化，通过一个民族志去理解一种文化，或者是通过一个村落的民族志去窥见一个民族的文化。在这里我们暂不讨论那些所谓的学者所描述一偏远地区的土著聚落生活（民族志），他们把在土著聚落中所获得的这些资料能否在认知上的“部分”来代表“全体”，而被视为“某民族”的社会与文化是否可能性的问题。但我们不能回避的是，对自己在村落中所观察、访谈、参与等形式所获得的资料必须有一个诠释。如果这一点，我们都做不到的话，我们真的应该反省我们的工作，甚至怀疑我们的工作。

在从民族志解读其文化之前，我们必要厘清文化与文化事实（文化的产物）之间的关系。

我们认为，我们在村落中所记录下的资料，其本身不是文化，而只是文化的产物或叫文化事实。但以往的很多学者却把这些事实当成了文化本身。这些事实本身不是文化，只是文化的结果，或者说，这只是文化的一部分，即文化事实或文化的产物。要靠文化去解释这些事实，要对这些文化的结果进行解读，就必须对文化与文化事实（文化的产物）进行辨识。

文化是什么？前人对它的定义确实是太多了，在这里没有必要对这些文化的定义进行梳理与评价，当然有些文化的定义是可以加以借鉴的。我们可以通过对阳烂村落文化事实的记录与描述，来阐述文化的内涵。

文化本身是由某种知识、规范、行为准则、价值观等人们精神或观念中的存在所构成。文化影响并模塑人们的行为，但文化并不就是人们的行为本身。文化外化为种种社会制度，但文化本身并不就是构成种种社会制度，文化对象化、物化或者说凸显在人所创造的各种器物、社会组织机构之上，但文化概念所涵指的对象性并不就是各种人造器物和社会组织机构。

著名人类学家古迪纳夫早在20世纪50年代就曾经明确地表述过："一个社会的文化是由人们为了以社会成员所接受的方式行事而须知和信仰的东西所构成。文化不是一个物质现象。它不是由事物、人、行为和情感所构成，而是它们的组合。文化是存在于人们头脑中的事物的形式，是人们观察、联系以及解释这些事物的方式"。

格尔兹由于把民族志的事例记载放置到人类日常经验中来解释，认为人类学问题实际上就变成了一个文化解释问题，并且，这种文化解释并不是脱离现实的和超越实情实事的神话和习俗的理论遐想，或如列维-施特劳斯所理解的那样是一种"解码"（decipherment），一种用预先给定的和构思的概念将世界的要素组合而成的文化图案，而是要对作为"一个民族的全部习俗所形成的是一个整体"的"交流体系"的"深层结构"进行"深度描写"。尽管作为文化的"意义"和"符号"是一种观念性的存在，但实际上它们并不是存在于"人脑之中"的一种个人知识和感悟，而是为社会成员所共有的"交流体系"。这也即是"思想不是位于莱尔所谓的头脑密窟中的神秘过程所构成，而是由能指符号的交流构成，即是由人们赋予意义的经验对象（礼仪和工具，偶像和水穴，手势，记号，图像和声音）的交流所构成。"这种观点使文化已经成为和其他任何科学一样的"实证科学"。

把文化理解为某一群人所共享的、社会性地传承下来的知识和意义的公共符号体系的理论洞识，可以从一定文化体系中将人们之间的"集体意会"这一方面非常清楚地体现出来。而"集体意会"与文化"解码""文化文本"或

“行动的记存”密切相关。因为处在同一文化体系中的社会成员,可以通过这种“解码”或“行动记存”的文化文本知识,来解释其他成员的行动或发出的某一种符号[signs——包括声音、手势、眨眼皮,或外在物化记号(token)像符(icon)寓像(allegory)和像符(symbol)如书写语言等]的意义。而在人们交流中对用来表达这种“集体意会”的信号、符号和物体(如图腾、绘画、雕塑和其他艺术品等)。按照格尔兹的理解,文化就是一种符号。由种种符号所包含和承载的意义,处于同一文化背景中的人是很容易解读出来的,但要向不属于这个文化群体中的人去解读是非常困难的。这些在社会场景中承载着“集体意会”的标识符号丛或文本的汇聚,本身就构成了文化。因为文化的意义是公共的,所以,文化才是公共的。

文化的本质就是一种人群内部人际间能集体意会的“文本的汇聚”和“行动的记存”的“有序排列的意义的符号丛”和“交流体系”,它对该人群中个人人格的塑造和民族形成的作用是不言而喻的。既然自从有“人”和人类社会以来,每个人都落在或生活在一定的颇似无缝之网的文化事实中,并且借助这种无缝之网中的共知和共享的标识符号系系统进行交往、交流和社会博弈,那么每个人的行为自然常在无意识或下意识的由这个无缝之网中“有序列的意义的符号丛”中符号所承载着的意义乃至集体意会所指导、所规制。也就是说,在每个人的现实行为背后,都有一种潜在的、难以言说的,但为大家所共享的和公共的观念性的知识或意义在起作用。因此,格尔兹说:“没有文化模式——意义符号的组织的系统——的指导,人类实际上是不能控制的,只是一些无序的无谓行动和感情爆发,他的经验实际上是杂乱无章。作为这些模式的积累总和,文化不仅仅是人类存在的一种装饰,而且是——其特殊性的主要基础——它不可或缺的条件。”由此可知,没有存在于文化之外的人,也没有超然于人的文化。

作为知识与意义的象征符号单元之整合的文化模式,是通过人的中介对社会发挥作用,首先文化在于对作为一定“身份——角色”的人来说,是一种外在的信息源。这里的“外在”主要是从微观上看文化模式是存在于任何单个个人之外,而不像人的基因那样存在于作为生物机体的人体的内部,也不存在于个人的心智之中。从这个意义上说,所有个体一出生就生活在一个社群或社会成员所共享的意义与知识所构成的象征符号体系的世界之中,即使个人离开了这个世界,而这个意义与符号象征体系的世界仍然存在与延展。其中的信息源就是文化模式对社会及其生成、型构、建构和延续而通过人的身份——角色中介提供一个模板。根据这个模板,文化在社会过程中外化为一种作为社会存在的确定形式。这样,文化作为人们的信仰理念和人们之间的共同知识的“文本汇聚”,成为文化事实延存、演化和变迁的连续性基因,对任何社会的原初型构及其生发和演进都有着重要的作用。反过来,各种文化事实本身也承载和保持着文化。

人说话是天性,但说某种语言,如说汉语、说侗语或说苗语等的能力肯定是文化的结果。因此,人类的观念、价值、行动乃至个人的感情,就如同人的神经系统本身一样,都是文化的产物。

按照以上的理解思路,把文化看作为某一人群所共享的、社会性地传承下来的知识和意义的公共符号交流体系,我们就可以把由个人的习惯、群体的习俗、社会的惯例、法律和其他种种制度所构成的综合体的序列,视作为文化在社会实存的体系结构上的体现与固化、外露与外化,也就是反过来把一个社会的文化体系视作为历史传统与生态系统背景下的种种事实序列在人们交流中所形成的观念体系。这样一来,我们就可以把过去人们所理解的文化要素包括习惯、习俗、惯例、法律和其他各种制度性规定等,看成是文化产物的分类,这是特定社会的社会实存,即人类生活世界的种种形式,而不是文化本身。而“文化”作为一种人们的行为记存,即是文本的汇聚、有序排列的意义的符号丛,这是不可观察的,而只是可以意会的。这样一来,文化从本质上说,就只能从对象化的人工器物、艺术品、建筑物、社会组织机构以及各种社会制度的存在实体上,以及从各种可以观察的社会活动和社会现象(如音乐、舞蹈、戏剧、祭祀、节日等活动)中被体悟出来,或者从文字、书写语言和书籍的文本中被解读出来。格尔兹也说过:“最好不要把文化视作为具体行为模式的复合体——诸如习俗、惯行、传统和一组习惯……而是应该把它视作为一套支配人的行为的控制机制。”也就是说,我们民族志中的资料最多只是文化的产物或文化事实,而不是文化。

我们需要进一步分析的工作,就是从民族志的资料中,也即是从村落里的文化事实中去解读文化。我们认为在这个民族志中,必须回答的问题就是从该民族志提供的该村落文化事实的具体形态去解读其文化,如:村民为什么要这样叙述“人类的起源”?为什么要讲述先民的迁徙故事?村民为什么要口述两个家族的组合故事?村民为什么要建筑自己的村落?为什么这样建就了自己的村落?村民为什么要把鱼、米、林作为他们的命根子?村落先民为什么要建立款组织,制定款约法?当今的村民为什么要组建老人协会?……从这些文化事实的背后寻求“文化”。

从村民叙述的“人类的起源”“先民的迁徙”到“家族祖先的落寨”以及村落家族的组合过程,这些都是文化事实,也即是文化的产物。在我们的民族志中,尽管也在力求厘清这些文化事实的来龙去脉,也试图分析这些文化事实的结构和功能,甚至其象征价值。所有这些分析,按照已有的人类学基本理论与方法去完成并不是一件难事,但是民族志的价值还不止于此,需要从这些文化事实的背后去理解文化。这些文化事实的背后所标识的族群“血缘”“领域——资源”和“时间”都在村民在与他人的社会博弈中,隐喻着村落各群体间的合作、分享与竞争,以解决生存资源问题。这些文化事实,不仅是一个“物”与“力”的问题,更主要的是一种族群身份的空间认同,实现着家族存在的合理性与合法性,并获得人们全面的认同。其实,这种认同也就形成了特定家族被确认的空间范围,由此而确立起特定家族的空间领域。在历史记忆的合理化修复过程中,这些文化事实成为村落社会环境与自然环境的产物,以此维护与调节村落人群认同与资源分配、分享体系,而实现村落人群的延续与发展。

村落的各种建筑与资源配置情况，是民族志资料中最丰富的部分。因为这些文化的产物是被外化而显现出来的，很容易被田野工作者所发现和记录。这些资料的记录对解读文化具有重要的意义。文化在社会过程中外化为一种作为社会存在的确定形式，本身也承载和保持着文化。这两者之间虽然是两个各自独立存在的体系，但它们在村民的现实生活世界中处于同一过程，甚至基本上是同构的。因此，透过民族志所记载的种种文化事实，可以感悟到形成这些文化事实的文化。在村落的调查中，村民不仅对村落的各种建筑物赋予各种不同的话语，使之成为村落的象征，而且与村民朝夕相处，生活其中。还有村民的山林、田土、溪流、鱼塘等也是如此，这些不论是公共资源还是私人的资源，都是村民的生存依托，村民对这些资源都赋予了特定的边界与意义。这些资源的组合形成了村落特定的空间领域，这种空间领域是神圣不可侵犯的。这些资源就成了村民记忆的历史话语，无文字民族的民间社会历史多是在口头的叙述、社会的记忆和特定建筑物的糅合中建构起来的。其实，村民如此建构起来的空间领域，也是从维护与调节村落人群认同与资源分配、分享体系出发的。在这样的“文化”（或是“文化心性”）指导下，产生出一系列的文化事实。

在我们的田野调查中，村民把“鱼”“稻”当成他们的命根子。对这些所谓的命根子形成了特定的本土知识体系（或叫“地方性知识体系”）。这套本土知识体系，是村民在历史过程中与自然环境交流的结果。这种知识体系，不仅具有技术性，而且具有特定的人文性，甚至具有了象征意义。这是村民日常生活中不可或缺的东西，每天眼睛都要看到而且手要摸到、嘴要吃到、鼻要闻到、耳要听到。这是田野工作者进入村落便不能回避的事实。在一个民族志中都会有大量的文化事实，这对理解村落的文化自然具有直接的作用与价值。民族志透过对这种本土知识体系的记载，形成对村民所属空间领域资源的配置与利用规范认识，以反映出村落人群的文化逻辑。这种文化逻辑就是在社会认同其生存空间领域的基础上，深化对资源的利用和完善对资源分享的体系，从而确保村落人群的生存安全。

村落中个人的习惯、群体的习俗，社会的惯例、法律和其他社会制度的存在与变迁，几乎是所有民族志都关注的对象，也成为民族志重点记述的内容，在民族志中所记录保存的资料也相当丰富。也就是说，在村落中这样的文化事实是普遍存在的。这种作为人类生活世界的种种社会事实，不管是作为一种事态、一种实物、一种秩序、一种情形、一种人们的行为模式中所呈现出来的常规性，还是作为一种非正式约束的惯例和作为正式约束规则体系的种种制度，如从村民的衣食住行、宗教信仰、行年做客、节日活动、音乐、舞蹈、戏剧等行为方式所构成的综合体到村落的“款”、老人协会等都成为村民日常生活的组成部分。它们作为社会实存（文化事实），对于田野工作者来说，是可以被观察、被发现、被记录下来的。在这些事实的背后，我们需要思考的是村民为什么需要这些文化事实？他们又是怎样利用这些文化事实？通过民族志的资料，我们可以发现这些文化事实的背后仍然是人类生存资源的协调利用与有效利用，维持合理的共享资源体系的机制在发挥作用。这就是文化，而村落中的文化事实也自然是村民生存发展的需要而通过文化的指导加以形成的。

我们在村落做调查，可以感悟到的一个事实是，村民的日常行为，包括非正式规约和正式规约下的行为，都是在与他人进行社会博弈，而不是在与村落中的文化事实进行博弈，并在社会博弈中获得生存与延续。村民在与他人的博弈过程中，都不可避免地使用了这些文化事实，甚至在博弈的过程中谁能够较好地利用文化事实与他人进行社会博弈，谁就可能处于优势。我们可以说，文化的产物是人们社会博弈的秩序和约束人们如何博弈的规则，而文化则是告知、训规和指导人们如何进行社会博弈的信息体系。其实，文化是指导人类生存发展与延续的信息系统。

参考文献

[1]Aaron Podolefsky and Peter J.Brown:*Applying Cultural Anthropology*,Mayfield publishing company,2001,p.5.

[2]Berman,Harold J.(1983)*Law and Revolution:The Formation of the Western Legal Tradition.* Cambridge,Mass.:Harvard University Press.

[3]Ciriacy-Wantrup,S.V.(1952)*Resource Conservation Economics and Policies*,Berkeley,Calif.,University of California Press.p.28.

[4] Victor M. Toledo: Ethnoecology: A conceptual Framework for the Study of Indigenous Knowledge on Nature. In:J.R.Stepp,et al(Eds). 2001.Ethnobiology and Biocultural Diversity,The University of Georgia Press.

[5]埃米尔·杜尔干:《社会分工论》,渠东译,三联书店2000年版。

[6]埃文思-普里查德:《努尔人——对尼罗河一个人群的生活方式和政治制度的描述》,褚建芳、阎书昌、赵旭东译,华夏出版社2002年版。

[7]安东尼·吉登斯:《社会的构成》,李康、李猛译,三联书店1998年版。

[8]布林·莫利斯:《宗教人类学》,今日中国出版社,1992年版。

[9]陈依、杨金荣、陈维刚:《桂北侗族的农业生产习俗》,《中南民族学院学报》1989年第2期。

[10][日]渡边欣雄:《民俗知识论的课题——冲绳的知识人类学》,凯风社1990年版。

[11]《马克思恩格斯选集》第4卷,人民出版社1972年版。

[12]费孝通:《江村农民生活及其变迁》,敦煌文艺出版社1997年版。

[13]费孝通:《乡土中国 生育制度》,北京大学出版社1998年版。

[14]冯·哈耶克:《哈耶克论文集》,邓正来选编译,首都经济贸易大学出版社2001年版。

[15]高德步:《产权与增长:论法律制度的效率》,中国人民大学出版社1999年版。

[16]高富平:《土地使用权和用益物权——我国不动产物权体系研究》,法律出版社2001年版。

[17]郭长生:《侗族的“打标”习俗》,《民族研究》1982年第6期。

[18][德]哈贝马斯:《交往行动理论》,洪佩郁等译,重庆出版社1994年版。

[19][德]哈贝马斯:《作为“意识形态”的技术与科学》,李黎、郭官义译,学林出版社1999年版。

[20][美]赫伯特·西蒙:《现代决策理论的基石》,北京经济学院出版社1989年版。

[21][美]亨利·威廉·斯皮格尔:《经济思想的成长》,晏智杰、刘宇飞等译,中国社会科学出版社1999年版。

[22]侯伯鑫:《我国杉木的起源及发展史》,《农业考古》1996年第1期。

[23]湖南少数民族古籍办主编:《侗款》,岳麓书社1988年版。

[24]黄泽:《神圣的解构》,广西教育出版社1998年版。

[25][美]加里·贝尔克:《口味经济学分析》,李杰、王晓刚译,首都经济贸易大学出版社2001年版。

[26][美]加里·贝克尔:《人类行为的经济分析》,王业宇、陈琪译,上海三联书店出版社1995年版。

[27]江应梁:《百夷传校注》,云南人民出版社1980年版。

[28][美]克利德福·吉尔兹:《地方性知识——阐释人类学论文集》,王海龙、张家瑄译,中央编译出版社2000年版。

[29][英]拉德克利夫-布朗:《社会人类学方法》,夏建中译,华夏出版社2002年版。

[30][英]雷蒙德·弗斯:《人文类型》,费孝通译,华夏出版社2002年版。

[31]李银河:《性的问题》,中国青年出版社1999年版。

[32]梁治平:《清代习惯法:社会与国家》,中国政法大学出版社1996版。

[33]梁祖霞:《糯稻杂谈》,《中国土特产》1998年第5期。

[34][法]列维-施特劳斯:《野性的思维》,商务印书馆1987年版。

[35]刘兆发:《农村非正式结构的经济分析》,经济管理出版社2002年版。

[36]刘芝凤:《中国侗族民俗与稻作文化》,人民出版社1999年版。

[37][美]露丝·本尼迪克特:《文化模式》,何锡章、黄欢译,华夏出版社1987年版。

[38][美]罗伯特·F·墨菲:《文化与社会人类学引论》,商务印书馆1991年版。

[39][德]马克斯·韦伯:《经济与社会》,商务印书馆1997年版。

[40]马戎、周星主编:《二十一世纪:文化自觉与跨文化对话》,北京大学出版社2001年版。

[41][美]马塞尔·莫斯:《礼物》,汲洁译,上海人民出版社2002年版。

[42][美]马文·哈里斯:《母牛·猪·战争·妖巫——人类文化之谜》,王艺、李红雨译,上海文艺出版社1990年版。

[43][美]马歇尔·萨林斯:《文化与实践理性》,赵丙祥译,上海人民出版社2002年版。

[44][英]麦克尔·卡里瑟斯:《我们为什么有文化》,陈丰译,辽宁教育出版社1998年版。

[45][美]墨菲:《文化和社会人类学》,吴玫译,中国文联出版公司1988年版。

[46]潘年英:《民间民俗民族》,贵州民族出版社1994年版。

[47][英]琼 ·罗宾逊:《现代经济导论》,商务印书馆1982年版。

[48][美]史蒂芬·科尔:《科学的制造——在自然界与社会之间》,林建成、王毅译,上海人民出版社2001年版。

[49][美]斯塔夫里阿诺斯:《全球通史——1500年以前的世界》,吴象婴、梁赤民译,上海社会科学院出版社1999年版。

[50]谭明华:《试论民族的发展极其度量》,《民族研究》1992年第5期。

[51][法]涂尔干:《社会学方法的准则》,狄玉明译,商务印书馆1995年版。

[52][美]托马斯·哈定等:《文化与进化》,韩建军等译,浙江人民出版社1987年版。

[53]王均等编:《壮侗语族语言简志》,民族出版社1984年版。

[54]王明珂:《羌在汉藏之间》,中华书局2008年5月版。

[55]王铭铭:《文化格局与人的表述——当代西方人类学思潮评介》,天津人民出版社1997年版。

[56]《闻一多全集》,三联书店1993年版。

[57]肖尊田:《侗乡鱼俗趣闻》,《南风》1987年第1期。

[58][美]小摩里斯·N·李克特:《科学是一种文化过程》,顾昕等译,三联书店1989年版。

[59]邢湘臣:《稻田养鱼小史及其现实意义》,《农业考古》1984 年第 2 期。

[60]杨庭硕、罗康隆、潘盛之:《民族文化与生境》,贵州人民出版社 1992 年版。

[61][美]伊曼纽尔·沃勒斯坦:《现代世界体系》,吕丹等译,高等教育出版社 1998 年版。

[62]游修龄编著:《农史研究文集》,中国农业出版社 1999 年版。

[63][英]约翰·依特韦尔、[美]墨里·米尔盖特、[美]彼得·纽曼编:《新帕尔格雷经济学大词典》,经济科学出版社 1996 年版。

[64][美]詹姆斯·科斯特:《农民的道义经济学:东南亚的反叛与生存》,程立显等译,译林出版社 2001 年版。

[65]张民:《水牛是侗族图腾》,见《侗学研究》(三),贵州民族出版社 1998 年版。

[66]张世珊、杨昌嗣:《侗族文化概论》,贵州人民出版社 1992 年版。

[67]竹立家、李登祥等编译:《国外组织理论精选》,中共中央党校出版社 1997 年版。

[68]庄孔韶:《人类学通论》,山西教育出版社 2004 年版。

[69]庄锡昌、孙志民编著:《文化人类学的理论构架》,浙江人民出版社 1988 年版。

后　记

该书在面世之际，让我回想起 1994 年去阳烂侗族村落进行田野调查的场景。这是我心中挥之不去的场景。从此，开启了笔者独立从事民族学的田野调查与对民族学研究方法的反思。

1987 年，从贵州民族学院历史系毕业，在史继忠、杨庭硕、翁家烈老师的极力推荐下，我到黔东南地方志办公室获得了一份职务，负责《地理志》的编辑工作。在预期之内完成资料搜集、编辑与出版工作。这对我来说是一个充满激情的岁月，更是充满梦想的人生。当时考研究生必须要单位领导同意才能报考，我几番去找领导，领导都不肯签字，我处于失望中，拿到《地理志》出版的稿费后，1992 年 10 月，我径直去了深圳，应聘于《深圳企业导报》，不几月，我离职而返，途径怀化，借宿怀化师范高等专科学校，觉得该校可释放我的激情。于次日冒昧地去找该校书记张子仲先生，毛遂自荐。张子仲书记要我当即写了一份简历，他看后立即通知我到学校的政史系试教。由于本科没有受到教学法的训练，板书不像样。但在场听课老师一致同意我进入怀化学院工作。第二年 3 月，我收到一份调令来学校学报工作。

到怀化学院工作后，得到领导支持，建立了学校的民族文化研究所，每年经费 5000 元用于田野调查。1994 年，暑假带学生到通道侗族地区社会实践，在多个侗族村落的调查后，发现了这里的鼓楼有别于其他侗族村落，不高大宏伟,矮而敦实。我猜想这里肯定有着别样的故事,于是选择了通道平坦乡的阳烂侗寨作为了长期观察的田野点,我被看成了村里的一员,村里所有人都认识我,大人叫我罗教授,小孩叫我罗老师。我参加过村民的婚礼、寿诞,也参加过村民的葬礼,更多的是参与了村里村外的节庆活动。至今已有 27 年了,在这 27 年里,我要么带学生去,要么自己一人去,从不间断。当年的小男孩都已成家,外出务工了;当年的小女孩都已出嫁当娘了;当年的年轻人都老了,留守在村里;当年的老人一个个离开了这个世界。

我每次去阳烂调查都会有新的发现,每次去村里百姓都有跟我讲不完的故事。也正是因为如此,我的田野调查无法终结,我对阳烂侗族文化的认识无法全面,我对侗族文化的理解无法到位。这不是用"参与观察"就能达成的,也不是用"深描"就能揭示的,更不是用文化模式所能分析的,甚至也不是能够用集体意识、集体无意识就能说明的。于是,我只好请了两位乡民来记录他们的日常生活,来追记他们的历史。于是,开启了笔者不在场的"乡村日记与学者跟踪"的资料收集方法。这个方法使得我的研究资料更加丰富起来。资料越是丰富,我越是不敢下笔,不敢做研究,不敢发表自己的观点,生怕把阳烂侗寨的文化理解偏了,而对不起阳烂的侗族老乡,对不起侗族同胞。为了把阳烂侗族文化能够让外界知晓,我便给我的村落报道人龙建云老人刊出了《阳烂古侗寨》资料书,并安排了几批硕士研究生到那里做研究,发表了 6 篇硕士学位论文。

在我去阳烂二十年之际,在阳烂召开了一次由村民作为参会主体的"阳烂历史文化学术讨论会",来检验笔者 20 年的田野调查成果,在会上阳烂村老人协会、村委会给我颁发了"荣誉村民"的证书,我至今一直认为这是我最珍贵的证书。正是因为有了这次由村民检验田野调查成果的会议之后,我才开始动笔来展开研究,至今写成了《本土知识与资源管理》和这本小册子。就笔者所获得的资料来看,还可以写出五本小册子来,若加上研究生的学位论文成果,估计至少可以出版 10 部专著。即使出版这 10 部专著,也难以说尽阳烂的侗族文化，难以系统释读阳烂的侗族文化。出于当代高校科研教学的需要，按照云南大学教育部西南少数民族研究中心聘请的要求，故将此成果呈现出来。

在该书出版过程中，得到了人民出版社武丛伟老师的帮助，我的学生朱合伟同学帮我把照片插入文中，还有不少的研究生参与调查，在云南大学教育部西南少数民族研究中心的支持下得以出版。特表感谢。

罗康隆

2021 年 3 月 14 日于三泉书院

责任编辑：武丛伟
封面设计：林芝玉

图书在版编目(CIP)数据

资源配置视野下的聚落社会：以湖南通道阳烂为案例/罗康隆 著. —北京：人民出版社,2021.8
ISBN 978-7-01-023341-3

Ⅰ.①资… Ⅱ.①罗… Ⅲ.①村落-自然资源-资源利用-案例-通道侗族自治县 Ⅳ.①X372.645

中国版本图书馆 CIP 数据核字(2021)第 065954 号

资源配置视野下的聚落社会
ZIYUAN PEIZHI SHIYEXIA DE JULUO SHEHUI
——以湖南通道阳烂为案例

罗康隆 著

人民出版社 出版发行
(100706 北京市东城区隆福寺街 99 号)

中煤(北京)印务有限公司印刷 新华书店经销

2021 年 8 月第 1 版 2021 年 8 月北京第 1 次印刷
开本:710 毫米×1000 毫米 1/16 印张:18.5
字数:262 千字

ISBN 978-7-01-023341-3 定价:68.00 元

邮购地址 100706 北京市东城区隆福寺街 99 号
人民东方图书销售中心 电话 (010)65250042 65289539